高职高专机电类"十三五"规划教材
国家级精品课程系列教材

机械设计基础

主　编　宋　敏
参　编　王奇利　贺健琪　孙建香

西安电子科技大学出版社

内 容 简 介

本书为国家级精品课程"机械设计基础"的配套教材。全书分为五篇，共 16 章，主要内容包括静力学公理和物体的受力分析、平面汇交力系和平面力偶系、平面任意力系、空间力系、轴向拉伸与压缩、剪切和挤压及扭转、弯曲、平面机构的运动简图、平面连杆机构、凸轮机构、间歇运动机构、齿轮传动、轮系、带传动、联接和轴系零部件等。

本书适用于高职高专院校机电一体化技术、机械制造与自动化、数控技术、液压与气动技术等专业，同时也可作为相关工程技术人员的参考书。

图书在版编目(CIP)数据

机械设计基础/宋敏主编. 一西安：西安电子科技大学出版社，2012.8(2022.8 重印)
国家级精品课程系列教材
ISBN 978 - 7 - 5606 - 2775 - 5

Ⅰ. ① 机… Ⅱ. ① 宋… Ⅲ. ① 机械设计－高等学校－教材 Ⅳ. ① TH122

中国版本图书馆 CIP 数据核字(2012)第 054709 号

策 划 毛红兵
责任编辑 买永莲 毛红兵
出版发行 西安电子科技大学出版社(西安市太白南路 2 号)
电 话 (029)88202421 88201467 邮 编 710071
网 址 www. xduph. com 电子邮箱 xdupfxb001@163.com
经 销 新华书店
印刷单位 西安日报社印务中心
版 次 2022 年 8 月第 1 版第 3 次印刷
开 本 787 毫米×1092 毫米 1/16 印 张 18
字 数 417 千字
定 价 42.00 元
ISBN 978 - 7 - 5606 - 2775 - 5/TH

XDUP 3067001 - 3
＊＊＊如有印装问题可调换＊＊＊

前　　言

高等职业教育的教学改革，缩短了课堂的有效教学时间，因此，为了实现教学目标，就必须对课程进行综合化与模块化的改革。"机械设计基础"课程就是在这样的背景下诞生的，它以机械设计为主线，将理论力学、材料力学、机械原理、机械零件等课程的主要内容进行精选，优化组合，从而成为了一门完整、系统的综合化课程。

本书着眼于高等职业教育对人才培养目标的要求，体现高等职业教育的特色。因此，本书内容以应用为目的，以"必需、够用"为原则，简化繁琐的理论推导，突出实用性、知识的综合应用性和能力与素质的培养。同时也注意适当地扩大学生的知识面，为学生的继续教育和终身教育打下一定的基础。

本教材参考教学时数为 100～130 学时。

参加本书编写的有西安航空学院的宋敏教授(绪论、第 9、10 章)、王奇利副教授(第 1～7 章)、贺健琪副教授(第 11～16 章)，以及烟台工程职业技术学院的孙建香老师(第 8 章)。全书由宋敏担任主编。

为方便教学，作者制作了大量的机械设计基础网络教学素材，包括虚拟零件库、机构运动仿真、网上实训室、虚拟实验室、动态电子辅助教材、电子教案、在线学习等，需要者可登录网站 www.xihangzh.com/jxkj 下载。

由于编者水平有限，书中难免有不妥之处，恳请读者批评指正。

编　者
2012 年 1 月于西安

作者简介

宋敏，国家级精品课程"机械设计基础"课程负责人。作为第一完成人，其"高职高专机械类课程资源共享平台的建设与实践"获 2007 年陕西省高等教育教学成果特等奖。2008 年享受政府特殊津贴。2009 年被评为第五届陕西省教学名师，2009 年度省级教学团队"机械基础系列课程教学团队"带头人。主持并完成了陕西省高职高专教育教学改革与建设研究项目"高职高专机械制造与自动化专业人才培养规格和课程体系改革、建设的研究与实践"。

目　　录

第一篇　静　力　学

第二篇 材料力学

第三篇　常用机构

第四篇　常用机械传动

第五篇　通用机械零部件

绪　　论

0.1　本课程概述

　　人类在长期的生产实践和社会生活中为了节省劳动、提高效率，不断改进所使用的工具，从而创造、发展了机械和机械学科。从最早的杠杆、斜面等最简单的机械发展到建筑机械、各种机床设备、海陆空交通工具、机器人等种类繁多、结构复杂、技术先进、功能全面的机械。正是机械的不断发展和进步，极大地推动着生产力的进步和社会的向前发展。因此，随着科学技术的发展，使用机器进行生产的水平已经成为衡量一个国家生产技术水平和现代化程度的重要标志之一。为了适应社会及高职高专学校教学的需求，新的"机械设计基础"课程打破传统模式，将理论力学、材料力学、机械原理和机械零件整合在一起形成了一门综合性课程，旨在培养学生的认知能力、应用能力及创新能力，它是高职高专院校学生必须掌握的专业基础课程。

0.1.1　本课程的性质、研究对象和内容

　　"机械设计基础"是一门综合性的专业技术基础课，其研究对象和内容分别是：

　　(1)"静力学"的研究对象为刚体或刚体系统，主要研究刚体在载荷作用下的平衡问题，为设计构件承载能力提供理论依据。

　　(2)"材料力学"的研究对象为变形固体，主要研究变形固体的强度和刚度问题，为机械零件设计确定合理的材料、截面形状和几何尺寸提供理论基础。

　　(3)"常用机构"的研究对象为常用的机构，如平面连杆机构、凸轮机构等，主要研究常用机构的组成、工作原理、运动特性以及设计方法。

　　(4)"常用机械传动"的研究对象为常用的机械传动，如齿轮传动、带传动等，主要研究机械传动的工作原理、结构特点和运动特性以及设计方法。

　　(5)"通用机械零部件"的研究对象是在各种机器中普遍使用的零部件，如轴、轴承、键等，主要研究机械中通用零部件的工作原理、结构特点、选用和设计方法。

0.1.2　本课程的任务

　　通过对本课程的学习，应该达到以下基本要求：

　　(1)能熟练地运用力系平衡条件求解简单力系的平衡问题。

　　(2)掌握零部件的受力分析及强度计算方法。

　　(3)熟悉常用机构、常用机械传动和通用零部件的工作原理、特点、应用、结构和国家

标准，掌握它们的选用和基本设计方法，具备正确分析、使用、维护机械的能力，并初步具备设计简单机械传动装置的能力。

（4）具备与机械设计有关的解题、运算、绘图能力和应用标准、手册、图册等有关技术资料的能力。

0.1.3　本课程在机械工程中的意义和应用

"机械设计基础"主要研究机械设计中的基本问题，是进行机械设计工作的技术基础，在日常生活和工程实践中都具有极其广泛的应用。

目前，在进行机械设计工作时，首先是根据产品的功能需求确定机构组成，然后分析各构件在工作过程中的运动情况及受载时的平衡问题，再根据不同构件具体的受载情况，合理选择材料、热处理方式，确定构件的形状、结构、几何尺寸、制造工艺等，最后根据上述各环节的结果绘制零件工作图。传统机械设计的这一设计流程就是本课程所研究内容的系统应用过程。

0.1.4　本课程的学习方法

由于本课程是一门综合性的专业基础课，所以在学习过程中，除了应坚持做好课前预习、认真听课、及时复习、独立完成作业、实验实训等基本学习环节外，还应注意以下几点：

（1）学会综合运用所学知识，能够融会贯通。在实际生产和生活中要勤于观察、善于思考，寻找实例和所学理论进行验证，从而使所学知识得到升华。同时，逐渐学会综合运用所学知识及其他课程知识，解决实际生产和生活中所遇到的简单机械设计问题。

（2）做到理论、技能和实践相结合。本课程是一门实践性比较强的课程，在学习过程中除了要完成课程所安排的实验、设计训练环节外，还要注重理论知识和实践设计、制造环节的结合，正确合理地处理零部件的结构设计和生产工艺性等问题。

（3）学会创新。科学的灵魂在于创新，机械科学的产生与发展本身就是一个创新的过程，只有灵活运用所学知识并结合生产生活实际，勇于创新，才能将所学的知识真正变成改变人类生活、推动社会前进的力量。

0.2　机　械　概　述

0.2.1　机器、机构和机械

在人们的生产和生活实践中广泛地使用着各种机器，如蒸汽机、内燃机、发电机、各种机床设备及计算机等。图 0-1 所示内燃机，是由活塞 1、连杆 2、曲轴 3、齿轮 4 和 5、凸轮 6、气门顶杆 7、汽缸缸体 8 等实体组成的。当可燃混合气体在缸体内燃烧推动活塞 1 时，与之相连的连杆 2 就会将运动传至曲轴 3，从而使曲轴 3 转动，向外输出运动和动力。内燃机的基本功能就是使可燃混合气体在缸内经过"吸气—压缩—燃烧—排气"这一过程，将燃烧所得的热能转化成机械能。

又如图 0-2 所示的颚式碎石机，是由机架 1、偏心轴 2、活动颚板 3、肘板 4、带轮 5、固定颚板 6 等组成的。其中，偏心轴 2 与带轮 5 固连，电动机通过带传动驱动偏心轴转动，使活动颚板作平面运动，从而轧碎活动颚板与固定颚板之间的矿石。颚式碎石机就是通过活动颚板的平面运动实现了轧碎矿石的机械功。

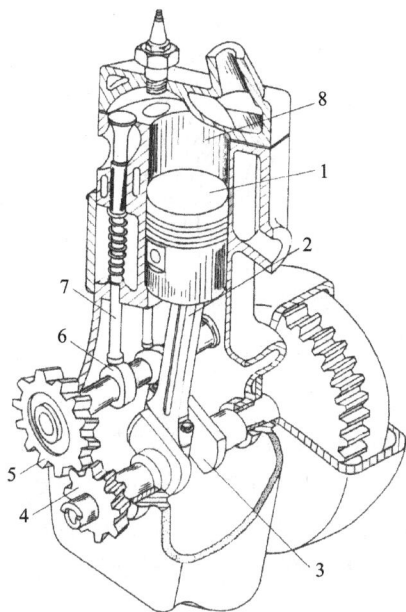

图 0-1 内燃机

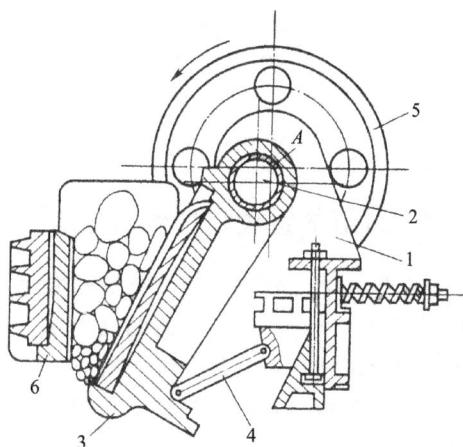

图 0-2 颚式碎石机

尽管机器的种类繁多，其功能、结构、工作原理也各不相同，但从结构和功能来看，各种机器都具有以下三个特征：

(1) 都是人为的各种实物组合；

(2) 组成机器的各种实物间具有确定的相对运动；

(3) 可代替或减轻人类的劳动，完成有用的机械功或实现能量转换。

同时具有以上三个特征的称为机器，仅具备前两个特征的称为机构。所谓的机构，是具有确定相对运动的各种实物组合，能实现预期的机械运动，主要用来传递和变换运动。由此可见，机器是由机构组成的，但从运动角度来分析，两者并无区别，工程上将机器和机构统称为机械。

0.2.2 零件和构件

零件是组成机器的最小单元，是机器的制造单元。机器是由若干个不同的零件组装而成的。零件可分为两类，一类是通用零件，是各机器中经常使用的零件，如螺栓、螺母、轴、齿轮等；另一类是专用零件，是仅在特定类型的机器中使用的零件，如活塞、曲轴等。

构件是机构的运动单元。构件可以是单一零件，如内燃机的曲轴，如图 0-3 所示；也可以是多个零件的刚性组合体，如内燃机的连杆，如图 0-4 所示。

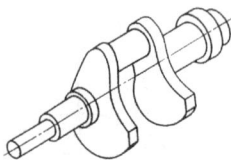

图 0-3　内燃机的曲轴　　　　　　　　图 0-4　内燃机的连杆

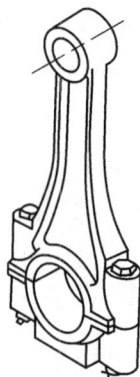

0.2.3　机器的组成和机械的分类

　　就功能而言，一部完整的机器一般包括四个组成部分:动力部分、传动部分、控制部分和执行部分。动力部分是机器的动力来源，常用的有电动机、内燃机等；传动部分和执行部分是机器的主体，由各种机构组成；控制部分可以使机器的动力部分、传动部分和执行部分按一定的顺序和规律运动，它包括各种控制机构、电气装置、计算机和液压系统、气压系统等。

　　根据用途的不同，机械可分为四种类型:动力机械、加工机械、运输机械和信息机械。

思考与练习题

　　0-1　简述机器的组成和类型。

　　0-2　各列举出两个具有下列功能的机器实例:原动机、将机械能转换成其他形式能量的机器、变换或传递信息的机器、传递机械能的机器。

　　0-3　指出下列机器的动力部分、传动部分、控制部分和执行部分:汽车、电动自行车、车床、录音机。

第一篇 静 力 学

　　静力学是研究物体在力系作用下的平衡条件的科学。

　　静力学中所指的物体都是刚体。所谓刚体，是指在力的作用下，其内部任意两点之间的距离保持不变的物体。这是一个理想化的力学模型。

　　力是指物体之间的相互机械作用。这种作用对物体有两种效应，即使物体的机械运动状态发生变化和使物体发生变形，前者称为力的外效应，后者称为力的内效应。因为静力学研究的对象是刚体，所以只研究力的外效应。

　　力系是指作用于物体上的一群力。

　　平衡是指物体相对于地球(惯性参考系)保持静止或作匀速直线运动的状态。

　　实践表明，力对物体的作用效果取决于三个要素：力的大小，力的方向，力的作用点。因此，力是矢量。通常把这三个要素称做力的三要素。本书中凡是力矢量都用黑体表示，例如力 F，而力的大小用普通字体 F 表示。在国际单位制中，力的单位是牛(顿)N 或千牛(顿)kN。

　　力的图示一般是用一个箭头(有向线段)表示，箭头的长度(按比例)代表力的大小，指向为力的方向，箭头所在的直线称为力的作用线，而箭头的端点可用来表示力的作用点。

　　在静力学中我们将研究以下问题：

　　(1) 物体的受力分析。分析某个物体共受几个力，以及每个力的作用位置和方向。

　　(2) 力系的简化或等效替换。将作用在物体上的一个力系用另一个与它等效的力系(或单个力)来代替，这两个力系互称等效力系。如果用一个简单力系等效地代替一个复杂力系，则称为力系的简化。如果某力系与一个力等效，则此力称为该力系的合力，而该力系的各个力称做该力的分力。

　　(3) 建立各种力系的平衡条件。所谓平衡条件是指使物体保持平衡状态的条件。

　　工程中常见的力系，按其作用线所在的位置，可分为平面力系和空间力系两大类；按其作用线的相互关系，分为共线力系、平行力系、汇交力系和任意力系。满足平衡条件的力系称为平衡力系。

　　力系的平衡条件在工程中有着十分重要的意义，是设计结构、构件和机械零件时静力计算的基础，因此，静力学在工程中有着十分广泛的应用。

第1章 静力学公理和物体的受力分析

本章主要介绍静力学的一些基本公理和工程中常见的约束及其约束反力的分析方法，同时在此基础上对物体进行受力分析，并画出受力图。

1.1 静 力 学 公 理

所谓公理，就是人们在生活和生产实践中长期积累的经验总结，又经过实践反复检验，被确认为符合客观实际的最普遍、最一般的规律。

静力学的全部理论都是以静力学公理为前提而建立的，因此静力学公理是静力学的基础。

1. 二力平衡公理

作用在刚体上的两个力，使刚体保持平衡的必要和充分条件是：这两个力的大小相等、方向相反，且作用在同一直线上（简称等值、反向、共线）。

这个公理揭示了作用于刚体上的最简单的力系的平衡条件，它是静力学中最基本的平衡条件。对刚体而言，这个条件既是充分条件也是必要条件；对变形体而言，二力平衡公理只是必要条件，但不是充分条件。

例如在绳索两端施加一对等值、反向、共线的拉力（必要条件）时可以平衡，如图 1-1 (a)所示。但受到一对等值、反向、共线的压力（充分条件）时就不能平衡了，如图 1-1(b)所示。

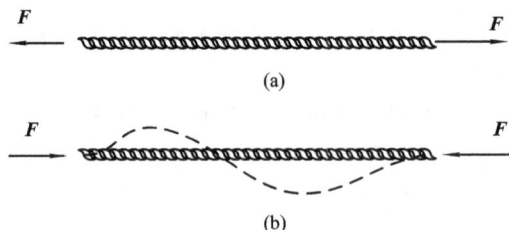

图 1-1 绳索受力情况

2. 加减平衡力系公理

在作用于刚体的已知力系上，加上或者减去一个任意的平衡力系，并不改变原力系对刚体的作用效果。这个公理是简化力系、力系等效代换的重要理论依据。

与二力平衡公理相同，加减平衡力系公理只适用于刚体。对于变形体，加减平衡力系将会改变物体的变形情况。

推论 1 　 力的可传性原理

作用在刚体上某点的力，可以沿其作用线移动到刚体内任意一点，并不改变该力对刚体的作用效果，这就是力的可传性原理。（证明从略）

如图 1 - 2 所示的小车，在 A 点的作用力 F（图 1 - 2(a)）可沿其作用线滑移到 B 点（图 1 - 2(b)），而对小车的作用效果是相同的。

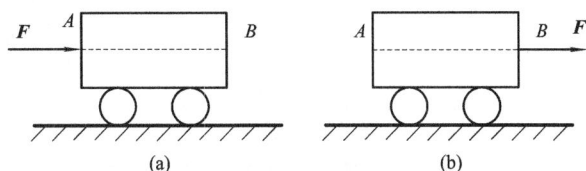

图 1 - 2 　 力的可传性原理

由此可见，对刚体而言，力的作用点已经不是决定力的作用效应的要素，它已为作用线所代替。因此，作用于刚体上的力的三要素为力的大小、方向和作用线。

必须注意，力的可传性原理只适用于刚体。作用于刚体上的力可沿着作用线移动，这种矢量称为滑移矢量。

3. 力的平行四边形公理

作用在刚体上同一点的两个力，可以合成为一个合力。合力的作用点也在该点，合力的大小和方向，由这两个力为邻边构成的平行四边形的对角线确定。如图 1 - 3(a)所示，F_R 是 F_1 和 F_2 的合力，力的平行四边形公理符合矢量加法法则，即

$$F_R = F_1 + F_2$$

亦可另作一力三角形，求两汇交力合力的大小和方向（即力的三角形法则），如图 1 - 3(b)、(c)所示。

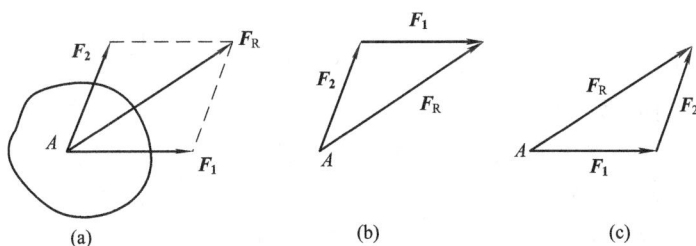

图 1 - 3 　 力的三角形法则

推论 2 　 三力汇交原理

某刚体受三个共面但不相互平行的力作用而处于平衡，则此三个力的作用线必然汇交于一点，这就是三力汇交原理。（证明从略）

4. 作用与反作用公理

两个相互作用的物体，其作用点总存在相互作用力与反作用力，作用力与反作用力大小相等、方向相反、作用线相同，且分别作用在两个相互作用的物体上，这就是作用与反

作用公理。若用 F 表示作用力，用 F' 表示反作用力，则

$$F = -F'$$

这个公理概括了物体间相互作用的关系，表明作用力与反作用力总是成对出现的。由于作用力与反作用力分别作用在两个物体上，因此，不能视为平衡力系。

1.2 约束和约束反力

1.2.1 约束的概念

1. 约束

凡是能限制某些物体运动的其他物体，都称为约束。需要说明的是，约束本身也是物体，是针对研究对象的不同相对而言的，如铁轨相对于机车，轴承相对于电机转子，机床刀架相对于刀具等，都是约束。在静力学受力分析时，特别是物体系的受力分析时，正确理解约束的相对性，是受力分析的基础。

2. 约束反力

约束对物体的作用实质上就是力的作用，其作用力称为约束反力，简称约束力或反力。约束力的作用点是约束与物体的接触点。约束力的方向总是与该约束所能限制的运动方向相反。运用这一准则，可以确定约束反力的方向或作用线的位置，至于约束反力的大小总是未知的，以后可以利用相关平衡条件求出。

1.2.2 常见约束及其约束反力的特点

1. 柔性约束

所谓柔性约束，是指由柔软的绳索、链条、带等物体构成的约束。

此类约束的特点是：柔软易变形，只能受拉，不能受压，不能抵抗弯曲，如图 1-4(a) 所示，此类约束只能限制物体沿约束伸长方向的运动而不能限制其他方向的运动。因此，柔性约束的约束反力只能是拉力，作用线通过接触点与柔性约束轴线重合，约束力指向必背离物体。柔性约束力通常以 F_T 来表示。

如图 1-4(b) 所示，其中 F_T 即绳索给球的约束反力。

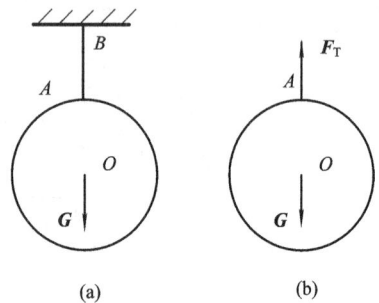

图 1-4 柔性约束

2. 光滑接触面约束

两个相互接触的物体，其接触处表面的摩擦通常忽略不计，这类约束称为光滑接触面约束，简称光滑面约束或光滑面。在静力学受力分析时，如果没有特别强调，一般摩擦力忽略不计。

这类约束的特点是：无论两物体间的接触面是平面还是曲面，只能限制物体沿接触面

法线方向的运动而不能限制物体沿接触面切线方向的运动。因此,光滑面约束的约束反力必然垂直于接触处的公切线指向物体。此类约束反力通常用 F_N 表示。

　　光滑面约束在工程实践中很常见。图 1-5(a)表示重力为 G 的圆柱置于 V 形架上,两物体接触于 A、B 两点。V 形架作用于圆柱的反力为 F_{NA}、F_{NB},它们分别沿接触点处的公法线指向圆柱,如图 1-5(b)所示。V 形架所受圆柱的作用力 F'_{NA}、F'_{NB} 如图 1-5(c)所示。其中,F_{NA} 与 F'_{NA}、F_{NB} 与 F'_{NB} 互为作用力与反作用力。

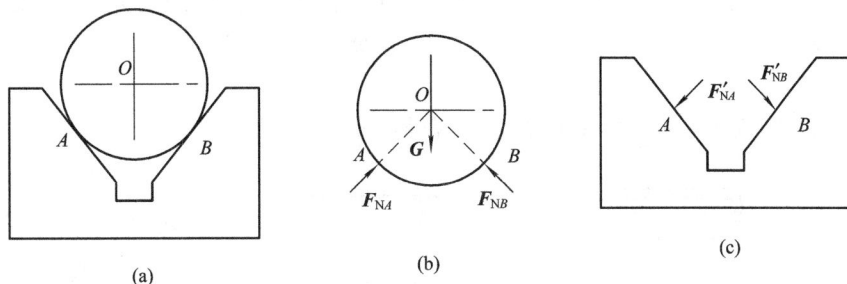

图 1-5　光滑面约束

3. 光滑铰链约束

　　光滑铰链约束也叫光滑圆柱形铰链约束,简称铰链约束。在需要连接物体的连接处各钻一直径相同的孔,用一圆柱形销钉将它们穿在一起就形成了铰链,事实上铰链是一个简单的机构。这种铰链应用比较广泛,如门、窗的合页,活塞与连杆的连接等。铰链约束通常分为三种类型,即固定铰链支座(固定铰链)、中间铰链约束(中间铰链)和活动铰链支座(活动铰链)。

　　(1)固定铰链支座。当圆柱形铰链中有一构件为固定的时,称为固定铰链支座,其结构和简图分别如图 1-6(a)、(b)所示。显然,固定铰链支座是光滑接触面约束的一种特殊情况,因为其约束反力的方向不易确定,一般将其分解为两个正交分力,如图 1-6(c)所示。

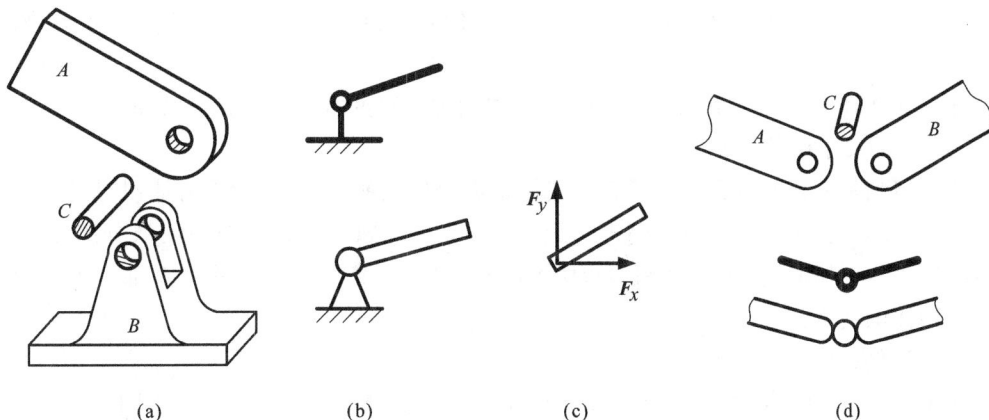

图 1-6　固定铰链约束

　　(2)中间铰链约束。中间铰链约束的结构及简图如图 1-6(d)所示,和固定铰链支座结构基本相同，也是用销钉 C 穿入带有圆孔的构件 A、B 的圆孔构成的，但与固定铰链不同的是，中间铰链的连接件也是研究对象。通常其约束反力的处理方式和固定铰链相同，在无法确定其约束反力的方向的情况下，也用一组正交分力表示，画法也是图 1-6(c) 所示形式。

(3) 活动铰链支座。在铰链支座与支承面之间装上辊轴，就成为活动铰链支座(或称为辊轴铰链支座)，如图 1-7(a) 所示。这种支座不限制构件沿支承面的移动和绕销钉轴线的转动，只限制构件沿支承面法线方向的移动。因此，活动铰链支座的约束反力必垂直于支承面，通过铰链中心，指向待定。在力学计算中，常用图 1-7(b) 的简图来表示活动铰链支座。

活动铰链支座的约束反力常用符号 F_N 表示，如图 1-7(c) 所示。

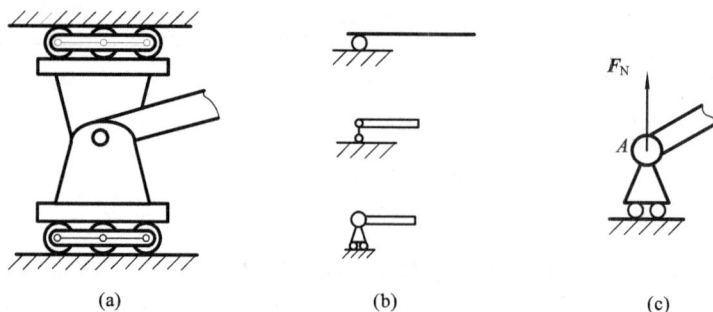

图 1-7　活动铰链约束

以上介绍了几种常见的约束类型，在工程实际中连接部位的连接方式是复杂的，必须根据问题的性质将实际约束抽象为上述相应的典型约束。

1.3　受　力　图

在工程实际中，为了求出未知的约束力，需要根据已知力，应用平衡条件求解。为此，首先要确定构件受到几个力，每个力的作用位置和力的作用方向等，这个过程称为物体的受力分析。

作用在物体上的力可分为两类：一类是主动力，如重力等，一般是已知的；另一类是约束力，是需要求解的未知力。

为了清晰地表示物体的受力情况，我们把需要研究的物体(称为受力体)从周围的物体(称为施力体)中分离出来，单独画出它的简图，这个步骤叫取研究对象或取分离体；然后把该物体受到的所有力(主动力和约束力)全部画出来，这个表示有物体全部受力的简图，称作该物体的受力图。

下面举例说明受力图的画法。

例 1-1　重力为 G 的球体 A，用绳子 BC 系在光滑的铅直墙壁上，如图 1-8(a) 所示，画出球体 A 的受力图。

解　(1) 解除墙壁和绳子的约束，画出球 A 的分离体简图(图 1-8(b))。

(2) 画出球所受主动力，即重力 G。作用点在球心 A 点，如图 1-8(c) 所示。

（3）根据约束的性质，画出球 A 所受全部约束反力。球 A 在 B 点受柔性约束，约束反力 F_T 沿绳线背离球体；在 D 点受光滑面约束，约束反力 F_N 沿接触面 D 点的公法线指向球体。球 A 的受力图如图 1-8(d)所示。

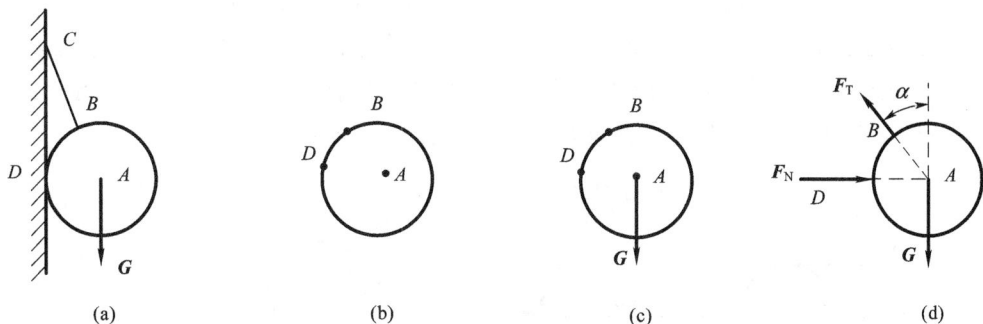

图 1-8　球体受力分析

以后受力图不必画(b)、(c)两个过程图，仅画出图(d)即可。

例 1-2　图 1-9(a)所示为一三拱桥，由左、右两半拱铰接而成。设半拱自重不计，在半拱 AB 上作用有载荷 F，画出左半拱片 AB 的受力图。

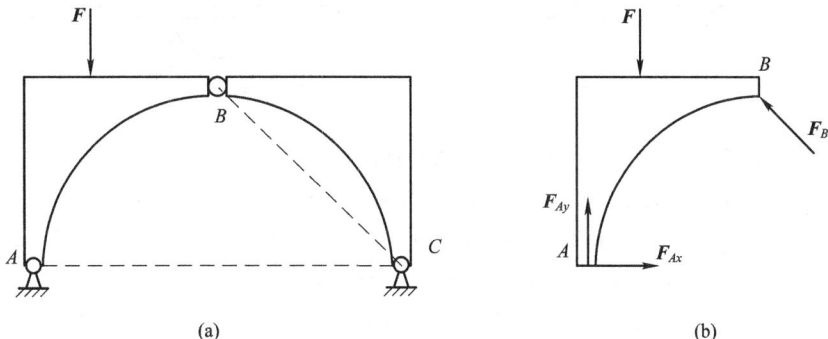

图 1-9　拱桥力学模型

解　（1）以左半拱片 AB 为研究对象，画出分离体（见图 1-9(b)）。

（2）画出分离体上所受的主动力 F。

（3）画出分离体上所受的约束反力。

左半拱片 A 端受固定铰支座约束，故可以用一对正交分力 F_{Ax}、F_{Ay} 表示；B 端属于中间铰链，也可用一组正交力表示，但分析可知，BC 半拱在 B、C 两处受约束而处于平衡，由二力平衡公理可知，B、C 两点所受的力必然共线，因此，B 点的力作用线必然在 BC 连线上，根据 B 点运动趋势可知，B 点的约束反力 F_B 指向左上，如图 1-9(b)所示。

在受力分析时，凡是受到两个力而平衡的物体，称为二力杆。正确快速判断出二力杆并正确判断其为拉、压杆，对受力分析特别是求解平衡问题十分重要。

例 1-3　如图 1-10(a)所示结构由杆 AC、CD 与滑轮 B 铰接而成。重力为 G 的物体用绳索挂在滑轮上。如不计杆、滑轮及绳索的自重，并忽略各处的摩擦，试分别画出滑轮 B、杆 AC 及整体系统的受力图。

解　（1）滑轮 B 的受力图。取滑轮为研究对象，画出分离体图（无主动力）；在 B 处滑

轮通过中间铰 B 受到杆 AC 的约束，在解除约束的 B 处可用两个正交分力 $\boldsymbol{F}_{Bx}$、$\boldsymbol{F}_{By}$ 来表示，在 E、H 处受绳子柔索约束，其拉力用 $\boldsymbol{F}_{TE}$、$\boldsymbol{F}_{TH}$ 表示，如图 1-10(b)所示。

（2）杆 AC 的受力图。取杆 AC 为研究对象，画出分离体图（无主动力）；杆 AC 在 A 处受固定铰链支座约束，在解除约束的 A 处可用两个正交分力 $\boldsymbol{F}_{Ax}$、$\boldsymbol{F}_{Ay}$ 来表示，在 B 处通过中间铰 B 受到滑轮的约束，可在 B 处画出约束反力 $\boldsymbol{F}'_{Bx}$、$\boldsymbol{F}'_{By}$，它们分别与 $\boldsymbol{F}_{Bx}$、$\boldsymbol{F}_{By}$ 互为作用力与反作用力。在 C 处受到杆 CD 的约束，很明显 CD 杆为二力杆，并且可判断出为拉杆，CD 杆给予 ABC 杆的约束反力为 $\boldsymbol{F}_{CD}$，如图 1-10(c)所示。

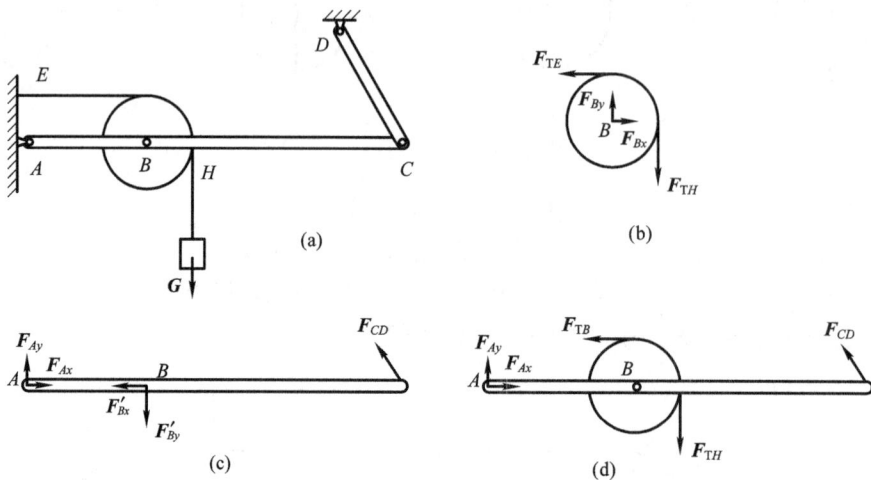

图 1-10　滑轮杆件受力分析

（3）整体系统的受力图。取整体系统研究，画出分离体图；主动力为 $\boldsymbol{G}$，在 A 处受固定铰链支座的约束，其约束反力同 AC 杆的 A 处画法，C 处亦然；E 处约束反力和滑轮受力图(b)在 E 处的拉力相同。结构整体系统的受力图如图 1-10(d)所示。

对物体进行受力分析，即恰当地选取分离体并正确地画出受力图是解决力学问题的基础，不能有任何错误，否则以后的分析计算将会得出错误的结论。为了能正确地画出受力图，现提出以下几点供参考：

（1）要明确哪个物体是研究对象，并将研究对象从它周围的约束中分离出来，单独画出其简图。

（2）受力图上要画出研究对象所受的全部主动力和约束反力，并用习惯使用的字母加以标记。为了避免漏画某些约束反力，要注意分离体在哪几处被解除约束，则在这几处必作用着相应的约束反力。

（3）每画一力要有依据，要能指出它是哪个物体（施力体）施加的，不要妄加实际上并不存在的力，尤其不要把其他物体所受的力画到分离体上。

（4）约束反力的方向要根据约束的性质来判断，切忌凭感觉任意猜测。

（5）在画物体系统的受力图时，系统内任何两物体间相互作用的力（内力）不应画出。当分别画两个相互作用物体的受力图时，要特别注意作用力与反作用力的关系，作用力的方向一经设定，反作用力的方向就应与之相反。

思考与练习题

1-1 什么是平衡、平衡条件、平衡力系?

1-2 什么是刚体? 为什么加减平衡力系只适用于刚体?

1-3 说说力的可传性原理的适用前提。

1-4 "分力总小于合力"这种说法对吗? 为什么?

1-5 两连杆的连接如题 1-5 图所示,能不能根据力的可传性原理将作用于杆 AC 上的力 F 沿其作用线移至 BC 杆上?

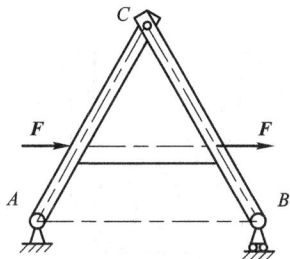

题 1-5 图

1-6 "凡是两端铰接的直杆都是二力杆"这一说法对吗? 为什么?

1-7 如题 1-7 图所示,设在刚体上 A 点作用有 F_1、F_2、F_3 三个力,如三力均不为 0,且 F_1 与 F_2 共线,问:刚体在这三力作用下能否平衡?

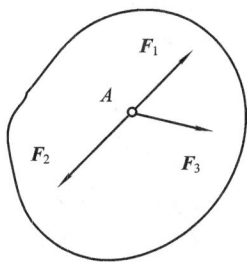

题 1-7 图

1-8 分别画出题 1-8 图中标有 A、AB 或 ABC 的构件的受力图。

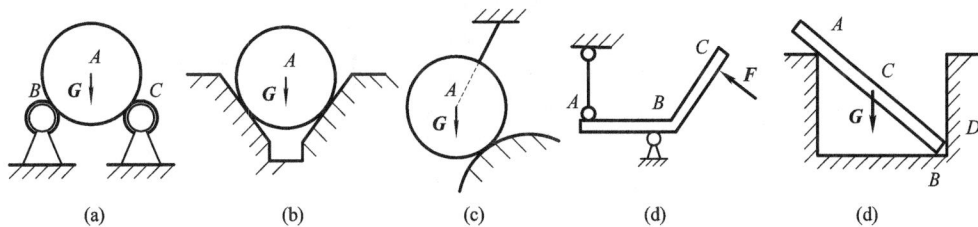

| (a) | (b) | (c) | (d) | (d) |

题 1-8 图

1-9 试分别画出题 1-9 图所示各物体系中每个物体的受力图。设各接触处均为光滑面，未画重力的物体的重量不计。

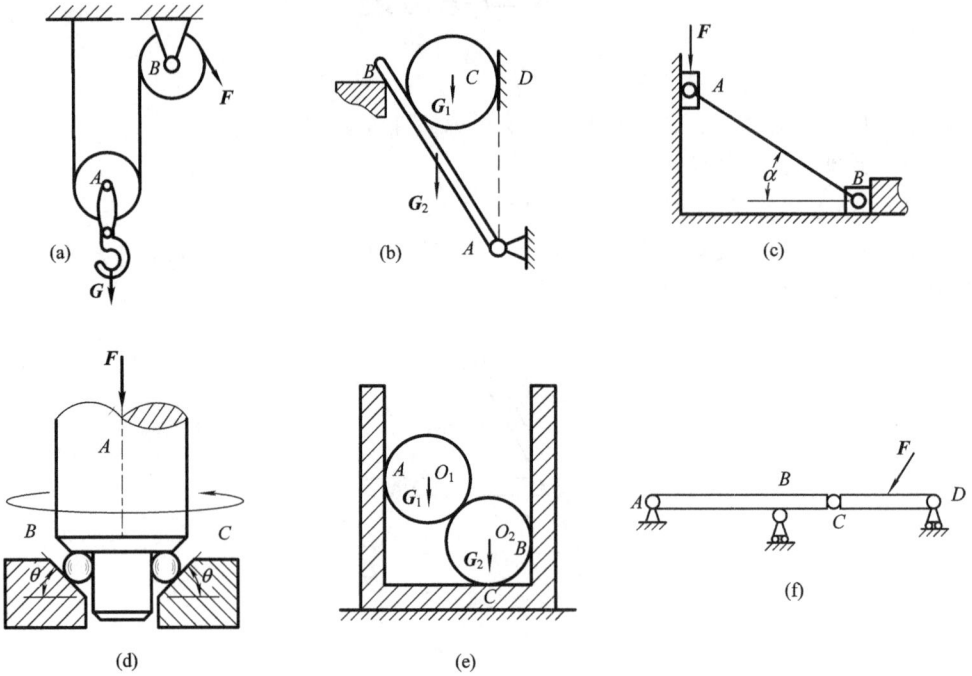

题 1-9 图

1-10 如题 1-10 图所示，梯子的两部分 AB 和 AC 在点 A 处铰接，又在 D、E 两点用绳子连接。梯子放在光滑水平面上，若自重不计，在 AB 的中点 H 处作用一垂直载荷 F。试分别画出绳子 DE 和梯子的 AB、AC 两部分以及整个梯子的受力图。

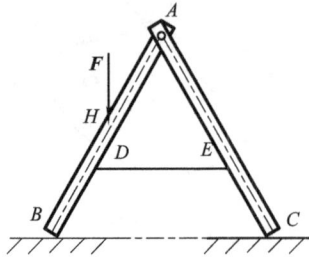

题 1-10 图

第 2 章　平面汇交力系和平面力偶系

平面汇交力系和平面力偶系是两种简单力系，研究这两种力系是研究复杂力系的基础。本章介绍平面汇交力系的合成与平衡问题的求解、力矩、力偶及力偶系的合成与平衡问题的求解。

2.1　平面汇交力系的合成

2.1.1　平面汇交力系合成的几何法

设在刚体某平面上有一汇交力系 F_1、F_2、F_3、$\cdots$、F_n 作用并汇交于 O 点，该平面汇交力系的合力 F_R 可用矢量式表示为

$$F_R = F_1 + F_2 + F_3 + \cdots + F_n$$

如图 2-1 所示，连续使用力的三角形法则可求其合力 F_R，即先作 F_1 与 F_2 的合力 F_{12}，再将 F_{12} 与 F_3 合成为 F_{123}，最后求出 F_{123} 与 F_n 的合力 F_R，力 F_R 即该汇交力系的合力。

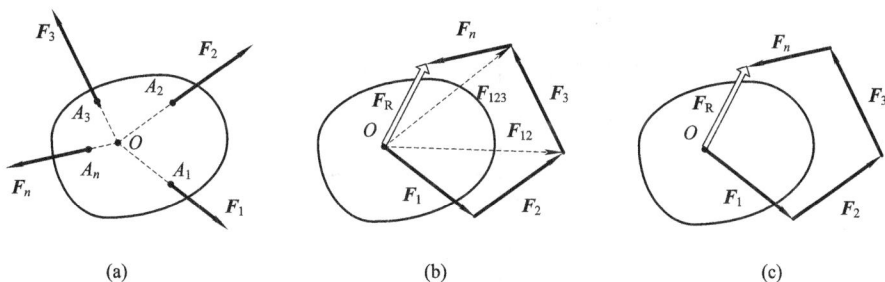

图 2-1　平面汇交力系

由图 2-1(b) 可见，F_{12}、F_{123} $\cdots$ 亦可省略。故求某汇交力系的合力 F_R 时，只需将力系中各力依次首尾相接，形成一条折线，连接起点和终点后得到一个多边形，而起点到终点的有向线段即合力 F_R，合力的方向与各个力的方向不同。此法称为平面汇交力系合成的多边形法则，简称力的多边形法则。

由力的多边形法则求得的合力 F_R，其作用点仍为各力的汇交点，而且合力 F_R 的大小、方向与各力相加次序无关。

若平面汇交力系包含 n 个力，以 F_R 表示它们的合力，上述关系可用矢量表达式表述如下：

$$F_R = F_1 + F_2 + \cdots + F_n = \sum F \tag{2-1}$$

例 2-1 在 A 点作用有四个平面汇交力，如图 2-2 所示，已知 $F_1 = 100$ N，$F_2 = 100$ N，$F_3 = 150$ N，$F_4 = 200$ N，用几何法求力系的合力 F_R。

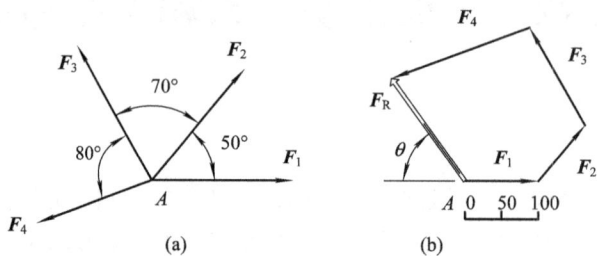

图 2-2 平面汇交力系的简化

解 选用比例尺如图 2-2(b) 所示，将 F_1、F_2、F_3、F_4 首尾相接并依次画出，得到力多边形，如图 2-2(b) 所示，其封闭边就表示合力 F_R。经测量得

$$F_R \approx 170 \text{ N}, \quad \theta \approx 54°$$

合力的作用点仍在 A 点。

2.1.2 平面汇交力系合成的解析法

1. 力在坐标轴上的投影

已知力 F 作用于刚体平面内 A 点，且与水平线成 α 的夹角。建立平面直角坐标系 xOy，如图 2-3 所示。通过力 F 的两端点 A、B 分别向 x、y 轴引垂线，垂足在 x、y 轴上截下的线段 $\overline{ab}$、$\overline{a_1b_1}$ 分别称为力 F 在 x、y 轴上的投影，记作 F_x、F_y。

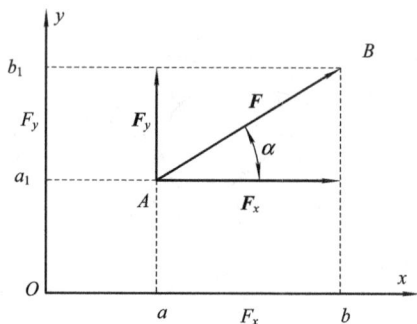

图 2-3 力的投影

力在坐标轴上的投影是代数量，其正负规定为：由起点 a 到终点 b（或由 a_1 到 b_1）的指向与坐标轴的正向一致时为正，反之为负。

一般地，有

$$\left.\begin{aligned} F_x &= \pm F \cos\alpha \\ F_y &= \pm F \sin\alpha \end{aligned}\right\} \tag{2-2}$$

式中，α 为力 F 与 x 轴所夹的锐角。

图 2-3 中，力 F 在 x、y 轴上的投影为

$$F_x = F \cos\alpha$$
$$F_y = F \sin\alpha$$

反过来，若力 $\boldsymbol{F}$ 在 x 及 y 轴上的投影 F_x 及 F_y 已知，则可确定 $\boldsymbol{F}$ 的大小和方向：

$$\left. \begin{array}{l} F = \sqrt{F_x^2 + F_y^2} \\ \tan\alpha = \left| \dfrac{F_y}{F_x} \right| \end{array} \right\} \tag{2-3}$$

式中，α 表示力 $\boldsymbol{F}$ 与 x 轴所夹的锐角，$\boldsymbol{F}$ 的指向由投影 F_x、F_y 的正负号确定。

如果将力 $\boldsymbol{F}$ 沿 x、y 坐标轴分解，所得分力 $\boldsymbol{F}_x$、$\boldsymbol{F}_y$ 的大小与力 $\boldsymbol{F}$ 在同轴上的投影 F_x、F_y 的绝对值相等。（只有当采用平面直角坐标系时，才有这种关系。如果 x 与 y 不相垂直，读者试作图证明两分力的大小不等于两投影的绝对值）。但须注意，力的投影是代数量，而力的分力则是矢量。

2. 合力投影定理

设刚体上 O 点作用有平面汇交力系，其合力 $\boldsymbol{F}_R$ 即可连续使用力三角形法则来求解，如图 2-4 所示。其矢量表示为

$$\boldsymbol{F}_R = \boldsymbol{F}_1 + \boldsymbol{F}_2 + \cdots + \boldsymbol{F}_n = \sum \boldsymbol{F}_i \tag{2-4}$$

将上式两边分别向 x、y 坐标轴投影，有

$$\left. \begin{array}{l} F_{Rx} = F_{1x} + F_{2x} + \cdots F_{nx} = \sum F_x \\ F_{Ry} = F_{1y} + F_{2y} + \cdots F_{ny} = \sum F_y \end{array} \right\} \tag{2-5}$$

式（2-5）称为合力投影定理，即力系的合力在某轴上的投影，等于力系中各分力在同一轴上投影的代数和。

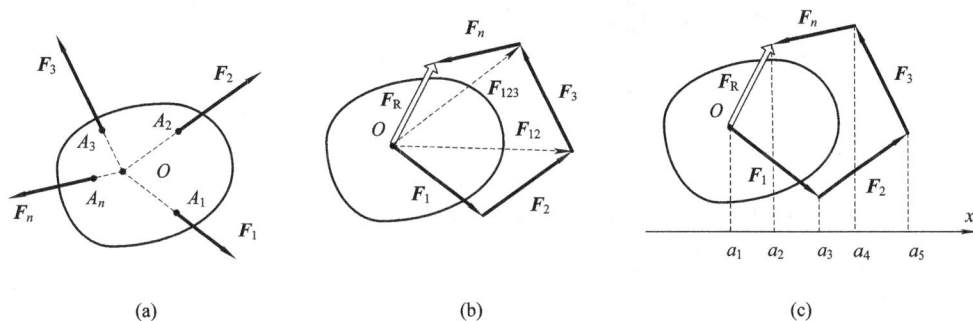

(a)   (b)   (c)

图 2-4 合力投影定理

3. 平面汇交力系合成的解析法

若进一步按式（2-3）运算，则可求得合力 $\boldsymbol{F}_R$ 的大小及方向

$$\left. \begin{array}{l} F_R = \sqrt{F_{Rx}^2 + F_{Ry}^2} = \sqrt{\left(\sum F_{ix} \right)^2 + \left(\sum F_{iy} \right)^2} \\ \tan\alpha = \left| \dfrac{F_{Ry}}{F_{Rx}} \right| = \left| \dfrac{\sum F_{iy}}{\sum F_{ix}} \right| \end{array} \right\} \tag{2-6}$$

式中，α 为合力 $\boldsymbol{F}_R$ 与 x 轴所夹的锐角。合力 $\boldsymbol{F}_R$ 的指向由 $\sum F_x$、$\sum F_y$ 的正负号确定。

例 2-2 如图 2-5(a)所示为一吊环，受到三条钢丝绳的拉力作用。已知 $F_1 = 4$ kN，水平向左；$F_2 = 5$ kN，与水平成 30°角；$F_3 = 3$ kN，铅垂向下，试求合力大小。

解 以三力交点 O 为坐标原点，建立直角坐标系，如图 2-5(a)所示。首先分别计算各力的投影。

F_1：
$$F_{1x} = -F_1 = -4 \text{ kN}, \ F_{1y} = 0$$

F_2：
$$F_{2x} = -F_2 \cos 30° = -5 \times 0.86 = -4.3 \text{ kN}$$
$$F_{2y} = -F_2 \sin 30° = -5 \times 0.5 = -2.5 \text{ kN}$$

F_3：
$$F_{3x} = 0, \ F_{3y} = -F_3 = -3 \text{ kN}$$

由式(2-5)、(2-6)可得

$$F_x = \sum F_x = F_{1x} + F_{2x} + F_{3x} = -4 - 4.3 + 0 = -8.3 \text{ kN}$$

$$F_y = \sum F_y = F_{1y} + F_{2y} + F_{3y} = 0 - 2.5 - 3 = -5.5 \text{ kN}$$

$$F = \sqrt{F_x^2 + F_y^2} = \sqrt{8.3^2 + 5.5^2} = 10.12 \text{ kN}$$

因为 F_x、F_y 都是负值，所以合力应在第三象限(图 2-5(b))。

$$\cos\alpha = \frac{|F_x|}{F} = \frac{8.3}{10.12} = 0.82$$

$$\alpha = 34.9°$$

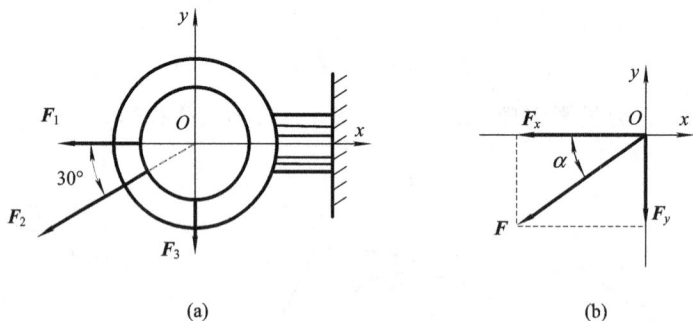

(a)　　　　　　　　　　(b)

图 2-5 吊环

例 2-3 用解析法求例 2-1 所示力系合力的大小和方向。

解 如图 2-6 所示建立直角坐标系。

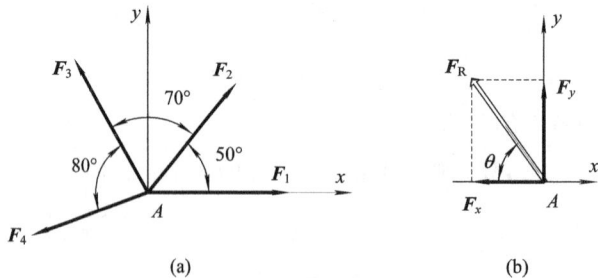

(a)　　　　　　　　　　(b)

图 2-6 汇交力系合成

由式(2-5)计算合力 F_R 在 x、y 轴上的投影：

$$F_{Rx} = \sum F_{ix} = F_{1x} + F_{2x} + F_{3x} + F_{4x}$$

$$= F_1 + F_2 \cos 50° - F_3 \cos 60° - F_4 \cos 20°$$

$$= 100 + 64.28 - 75 - 187.94$$

$$= -98.62 \text{ N}$$

$$F_{Ry} = \sum F_{iy} = F_{1y} + F_{2y} + F_{3y} + F_{4y}$$

$$= 0 + F_2 \sin 50° + F_3 \sin 60° - F_4 \sin 20°$$

$$= 0 + 76.60 + 129.90 - 68.40$$

$$= 138.1 \text{ N}$$

故合力 $\boldsymbol{F}_R$ 的大小和方向为

$$F_R = \sqrt{F_{Rx}^2 + F_{Ry}^2} = \sqrt{(-98.62)^2 + (138.1)^2} = 169.7 \text{ N}$$

$$\tan\theta = \left| \frac{F_{Ry}}{F_{Rx}} \right| = \left| \frac{138.1}{-98.62} \right| = 1.4$$

$$\theta = 54.47°$$

由于 F_{Rx} 为负值，F_{Ry} 为正值，所以合力 F_R 指向第二象限，如图 2-6(b)所示，合力的作用线通过力系的汇交点 O。

2.2　平面汇交力系的平衡

2.2.1　平面汇交力系平衡的几何条件

平面汇交力系平衡的必要与充分条件就是合力等于零，即

$$F_R = 0 \tag{2-7}$$

或

$$\boldsymbol{F}_R = \boldsymbol{F}_1 + \boldsymbol{F}_2 + \cdots + \boldsymbol{F}_n = 0$$

设物体在 A 点受到五个力 $\boldsymbol{F}_1$、$\boldsymbol{F}_2$、$\boldsymbol{F}_3$、$\boldsymbol{F}_4$、$\boldsymbol{F}_5$ 组成的平面汇交力系作用而处于平衡状态，如图 2-7(a)所示。我们可以用力多边形法则求得其中任意四个力(如 $\boldsymbol{F}_1$、$\boldsymbol{F}_2$、$\boldsymbol{F}_3$、$\boldsymbol{F}_4$)的合力 $\boldsymbol{F}_R$，则原力系($\boldsymbol{F}_1$，$\boldsymbol{F}_2$，$\boldsymbol{F}_3$，$\boldsymbol{F}_4$，$\boldsymbol{F}_5$)与力系($\boldsymbol{F}_R$，$\boldsymbol{F}_5$)等效，如图 2-7(b)所示。由于原力系是平衡力系，故力系($\boldsymbol{F}_{R1}$，$\boldsymbol{F}_5$)也是平衡力系。根据二力平衡公理，$\boldsymbol{F}_{R1}$ 与 $\boldsymbol{F}_5$ 等值、反向、共线。由此可得平面汇交力系平衡的几何条件：力的多边形自行封闭，如图 2-7 (c)所示。

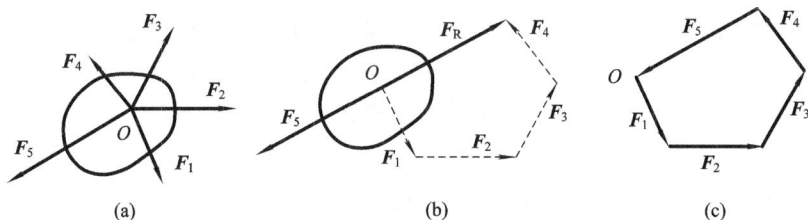

图 2-7　平面汇交力系平衡的几何条件

例 2-4 图 2-8(a)所示起重机，吊起一重量为 $G=10\ \text{kN}$ 的钢管，已知 $\alpha=30°$。试求钢索 AB、AC 及 AE 的拉力。

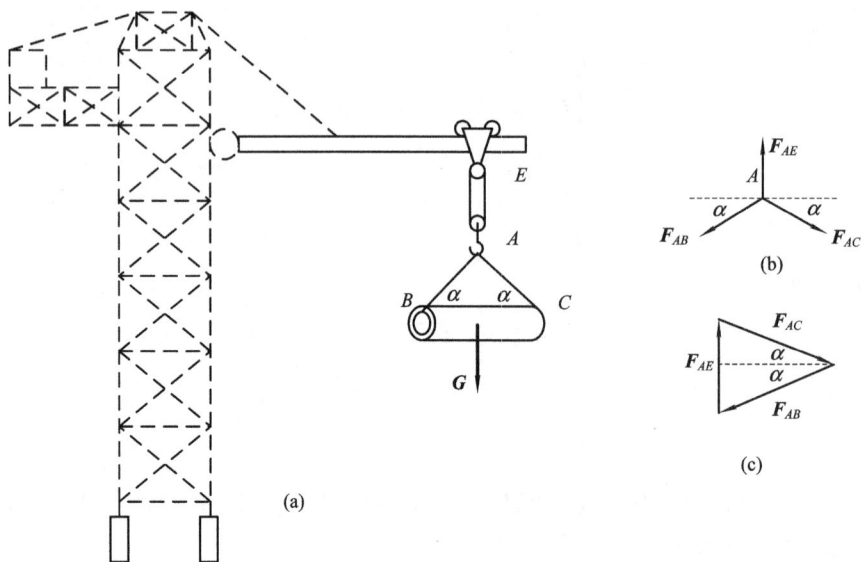

图 2-8 起重机

解 （1）选取 A 点为研究对象，画出其受力图，如图 2-8(b)所示，已知 $F_{AE}=G$（为什么?）。

（2）以 $\boldsymbol{F}_{AB}$、$\boldsymbol{F}_{AC}$、$\boldsymbol{F}_{AE}$ 为边，首尾相接，画力的三角形，如图 2-8(c)所示。由几何关系可知，所画三角形为正三角形，那么就有

$$F_{AB} = F_{AC} = F_{AE} = G = 10\ \text{kN}$$

2.2.2 平面汇交力系平衡的解析条件

如前所述，平面汇交力系平衡的必要与充分条件是该力系的合力为零，即 $F_R=0$，根据式(2-6)可得

$$F_R = \sqrt{F_{Rx}^2 + F_{Ry}^2} = 0$$

即

$$\left. \begin{array}{l} \sum F_x = 0 \\ \sum F_y = 0 \end{array} \right\} \tag{2-8}$$

上式称为平面汇交力系平衡的解析条件，即平面汇交力系的平衡方程。它是由两个独立方程组成的。利用这组方程，可以求解平面汇交力系平衡问题中的两个未知量。

用解析法求解平面汇交力系平衡问题的步骤如下：

（1）确定研究对象，画分离体受力图；

（2）建立合适的直角坐标系，列平衡方程；

（3）求解。

例 2-5 重为 $G=1\ \text{kN}$ 的球，用过 O 点与斜面平行的绳索 AB 系住，并放置在斜面

上，如图 2-9(a)所示，已知 $\alpha=30°$，求绳索 AB 所受的拉力及球对斜面的压力。

解法一　(1) 取球 O 为研究对象，画分离体受力图，如图 2-9(b)所示。这是一平面汇交力系。

(2) 建立直角坐标系 xOy，如图 2-9(b)所示。列平衡方程：

$$\sum F_x = 0, \quad F_T \cdot \cos\alpha - F_N \cdot \sin\alpha = 0 \qquad （I）$$

$$\sum F_y = 0, \quad F_T \cdot \sin\alpha + F_N \cdot \cos\alpha - G = 0 \qquad （II）$$

(3) 联立解（I）与（II）方程，得

$$F_T = 0.5 \text{ kN}$$

$$F_N = 0.866 \text{ kN}$$

解法二　建立如图 2-9(c)所示直角坐标系 xOy，列平衡方程如下：

$$\sum F_x = 0, \quad F_T - G\sin\alpha = 0$$

$$\sum F_y = 0, \quad F_N - G\cos\alpha = 0$$

解方程得

$$F_T = 0.5 \text{ kN}, \quad F_N = 0.866 \text{ kN}$$

根据作用与反作用公理知，绳 AB 所受的拉力 $F_T' = F_T = 0.5 \text{ kN}$；球对斜面的压力 $F_N' = F_N = 0.866 \text{ kN}$，其指向与图中的指向相反。

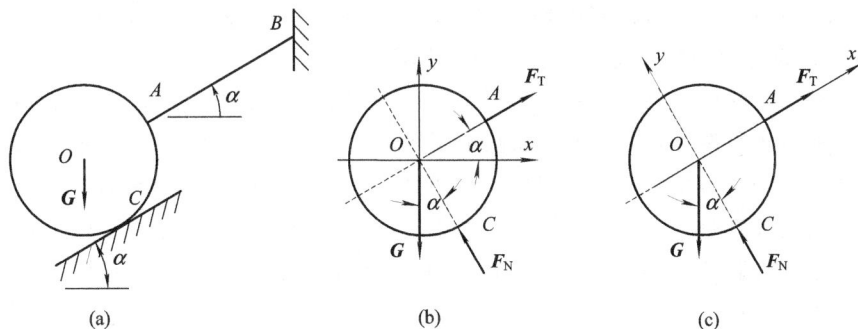

图 2-9　斜面重球受力分析

通过本例可以看出，直角坐标系（轴）的选取恰当与否，对计算过程的繁简有直接影响。本题的解法二坐标系显然优于解法一坐标系，这是由于解法二坐标轴与未知力垂直（或平行），可简化投影及联立方程等的复杂数学计算过程。

例 2-6　图 2-10(a)所示为一简易起重机装置，重量 $G=2 \text{ kN}$ 的重物吊在钢丝绳的一端，钢丝绳的另一端跨过定滑轮 A，绕在绞车 D 的鼓轮上，定滑轮用直杆 AB 和 AC 支承，定滑轮半径较小，大小可忽略不计，定滑轮、直杆以及钢丝绳的重量不计，各处接触都为光滑。试求当重物被匀速提升时，杆 AB、AC 所受的力。

解　(1) 因为不计滑轮 A 的尺寸，而杆 AB、AC 及钢索都与滑轮连接，所以，取滑轮为研究对象，画其受力图并以其中心为原点建立直角坐标系（如图 2-10(b)所示）。

(2) 列平衡方程并求解：

$$\sum F_y = 0, \quad -F_{NAC}\sin 30° - F_{AD}\cos 30° - G = 0$$

解得

$$F_{NAC} = \frac{-G - F_{AD}\cos 30°}{\sin 30°} = \frac{-2 - 2 \times 0.866}{0.5} = -7.46 \text{ kN}$$

$$\sum F_x = 0, \quad -F_{NAB} - F_{NAC}\cos 30° - F_{AD}\sin 30° = 0$$

解得

$$F_{NAB} = -F_{NAC}\cos 30° - F_{AD}\sin 30° = -7.46 \times 0.866 - 2 \times 0.5 = 5.46 \text{ kN}$$

F_{NAC} 为负值，表明 $\boldsymbol{F}_{NAC}$ 的实际指向与假设方向相反，即 AC 杆为受压杆件。

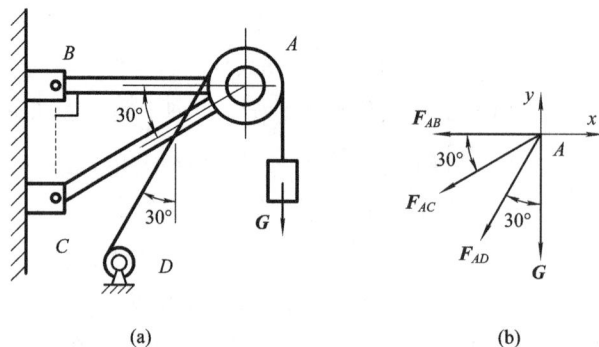

(a)　　　　　　　　　　　(b)

图 2 - 10　简易起重机

通过以上例题，我们可以看出静力学分析的方法在求解静力学平衡问题中的重要性。下面就将有关静力学平衡问题的一般方法和步骤作一总结：

（1）正确选择研究对象，画其受力图。所选研究对象应以包含已知力、未知力的物体优先，这样有利于平衡方程的求解。而画出正确的受力图，是静力学平衡问题求解的前提。

（2）建立恰当的直角坐标系，列出平衡方程。建立适当的直角坐标系，可使平衡方程简单，从而简化计算过程。本书所使用的直角坐标系均为右手坐标系，即从 x 轴正向逆时针转过 $90°$ 为 y 轴正向。在列平衡方程并求解时，要注意各力投影的正负号。

（3）求解方程，并分析结果。如何求解方程，是一个纯粹的数学问题，在此不做叙述。关键是要对计算的结果进行分析并做必要的说明。例如，计算结果中出现负号时，说明原假设的力方向与实际受力方向相反。

2.3　力矩与平面力偶系

2.3.1　力对点之矩的概念

在长期的生产活动中人们认识到，力不仅能使物体产生移动，还能使物体产生转动。例如，在利用扳手拧螺母时，扳手连同螺母一起绕螺母的中心线转动。又由经验可知，松紧螺母的效应不仅与作用力的大小和方向有关，而且还与力的作用线到螺母中心线的相对位置有关。在工程中将力使物体产生转动效应的物理量称为力矩。如图 2 - 11 所示为扳手及其所受力在垂直于螺母中心线的平面上的投影。图中螺母中心线在平面上的投影点 O 称为力矩中心（简称矩心），力的作用线到力矩中心 O 点的距离 d 称为力臂。

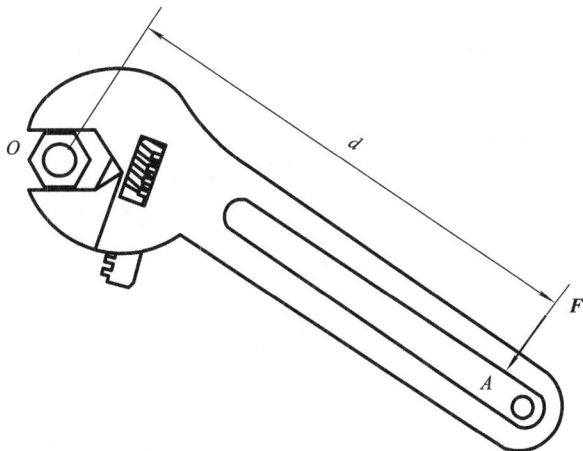

图 2-11　扳手工作示例

实践证明：力使扳手绕 O 点的转动效应取决于力 F 的大小与力臂 d 的乘积 $F \cdot d$，用符号 $M_O(F)$ 来表示，称为力 F 对 O 点之矩。在平面问题中，力矩是个代数量，规定逆时针转动为正，顺时针转动为负，即

$$M_O(F) = \pm F \cdot d \qquad (2-9)$$

在国际单位制中，力矩的单位是牛米，即 N·m 或千牛米 (kN·m)。

由力矩的定义可知：

(1) 若将力 F 沿其作用线移动，则因为力的大小、方向和力臂都没有改变，所以不会改变该力对某一矩心的力矩。

(2) 若 $F=0$，则 $M_O(F)=0$；若 $M_O(F)=0$ 而 $F \neq 0$，则必须是 $d=0$，即力 F 通过 O 点。所以，力矩等于零的条件是：力等于零或力的作用线通过矩心。

2.3.2　合力矩定理

平面汇交力系的合力对平面内任意一点之矩，等于其所有分力对同一点的力矩的代数和。此定理不仅适用于平面汇交力系，也适用于平面任意力系。其表达式为

$$M_O(F_R) = \sum M_O(F) \qquad (2-10)$$

2.3.3　力对点之矩的计算方法

通常在求平面内力对某点的矩时，一般采用以下两种方法：

(1) 用力矩的定义式，即力和力臂的乘积求力矩。这种方法的关键在于确定力臂 d。需要注意的是，力臂 d 是矩心到力作用线的垂直距离。

(2) 运用合力矩定理求力矩。在工程实际中，当力臂的几何关系较复杂而不易确定时，可将作用力分解为两个正交分力，然后应用合力矩定理求其分力对矩心的力矩的代数和。

例 2-7　如图 2-12 所示，构件 OBC 的 O 端为铰链支座约束，力 F 作用于 C 点，其方向角为 α，又知 $OB=l$，$BC=h$，求力 F 对 O 点的力矩。

解　(1) 利用力矩的定义进行求解。如图 2-12 所示，过点 O 作出力 F 作用线的垂线，

力臂 d 由几何关系计算，有

$$d = OD \cdot \sin\alpha = (l - h \cdot \cot\alpha) \cdot \sin\alpha = l \cdot \sin\alpha - h \cdot \cos\alpha$$

$$M_O(F) = F \cdot d = F \cdot (l \cdot \sin\alpha - h \cdot \cos\alpha)$$

此处取正号因为 F 对 O 点之矩为逆时针。

（2）利用合力矩定理求解。由于力 $\boldsymbol{F}$ 的力臂 d 的几何关系较为复杂，不易直接求出，所以可以利用合力矩定理求力矩。如图 2 - 12 所示，可先将力 $\boldsymbol{F}$ 分解成一对正交的分力 $\boldsymbol{F}_x$、$\boldsymbol{F}_y$。则力 $\boldsymbol{F}$ 的力矩就可以用这两个分力对点 O 的力矩的代数和求出。即

$$M_O(F) = M_O(F_x) + M_O(F_y) = -(F \cdot \cos\alpha) \cdot h + (F \cdot \sin\alpha) \cdot l$$

即
$$M_O(F) = F \cdot (l \cdot \sin\alpha - h \cdot \cos\alpha)$$

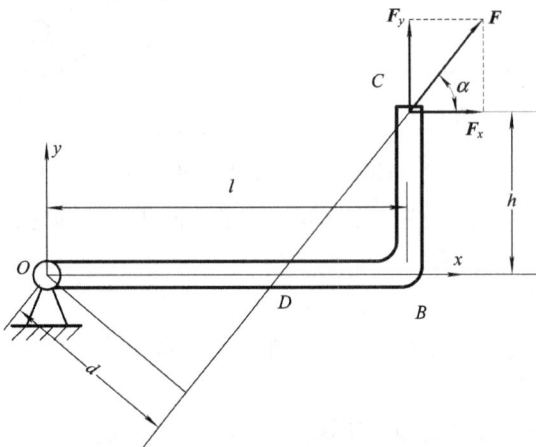

图 2 - 12　力矩计算

2.4　力偶及其性质

2.4.1　力偶的定义

在工程实践中常会见到物体受两个大小相等、方向相反、作用线相互平行却不重合的力的作用，使物体产生转动。例如，用手拧水龙头、转动方向盘等（如图 2 - 13 所示）。在力学研究中，将作用在物体上的一对大小相等、方向相反、作用线相互平行且不重合的两个力称为力偶，记作（$\boldsymbol{F}$，$\boldsymbol{F}'$）。

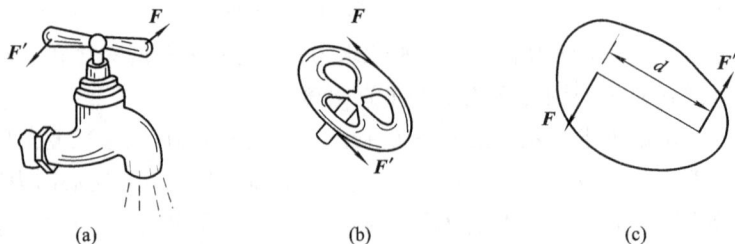

(a)　　　　　　　　　　(b)　　　　　　　　　　(c)

图 2 - 13　力偶示例

　　像力一样，力偶也是一个基本的物理量，具有一些独特的性质。组成力偶的两个力既不平衡，也不能合成为一个合力，是一个特殊的力系，它们对物体的作用效应，只能使物体产生转动。我们把力偶两个力所在的平面称为力偶的作用面，两力作用线之间的距离称作力偶臂（以 d 来表示），力偶使物体转动的方向称为力偶的转向。

　　力偶对物体的转动效应，取决于力偶中的力与力偶臂的乘积，称为力偶矩。记作 $M(\boldsymbol{F}, \boldsymbol{F}')$ 或 M，即

$$M(\boldsymbol{F}, \boldsymbol{F}') = \pm F \cdot d \qquad (2-11)$$

　　力偶同力矩一样，是一代数量。其正负号只表示力偶的转动方向，通常规定，力偶逆时针转向时，力偶矩为正，反之为负。力偶矩的单位是 N・m 或 kN・m。力偶矩的大小、转向和力偶的作用面称为力偶的三要素。

2.4.2　力偶的性质

　　性质 1　力偶无合力，即力偶不能用一个力来平衡，力偶只能用力偶来平衡。

　　由于力偶中的两个力是等值、反向的，故它们在任意坐标轴上的投影的代数和恒为零，因此，力偶对物体只有转动效应而无移动效应。从而力偶对物体的作用效果不能用一个力来代替，也不能用一个力来平衡。可以将力和力偶看成组成力系的两个基本物理量。

　　性质 2　力偶对其作用平面内任一点的力矩，恒等于其力偶矩，而与矩心的位置无关。

　　如图 2-14 所示一力偶 $M(\boldsymbol{F}, \boldsymbol{F}') = F \cdot d$，对于平面任意一点 O 的力矩，可用组成力偶的两个力分别对 O 点力矩的代数和度量，记作 $M_O(\boldsymbol{F}, \boldsymbol{F}') = \pm F \cdot d$，即

$$M_O(\boldsymbol{F}, \boldsymbol{F}') = F(d+x) - F'x = F \cdot d + F \cdot x - F' \cdot x$$

而

$$F = F'$$

则有

$$M_O(\boldsymbol{F}, \boldsymbol{F}') = F \cdot d$$

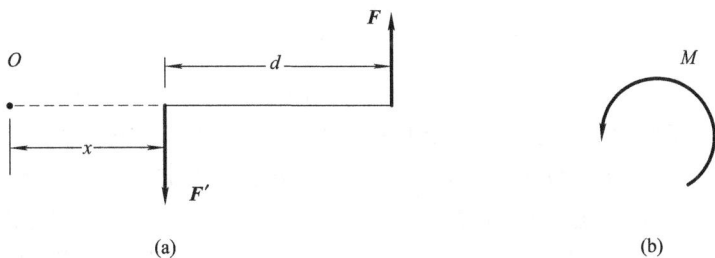

(a)　　　　　　　　　　　　　　　(b)

图 2-14　力偶

　　性质 3　力偶的等效性，即作用在同一平面内的两个力偶，如果它们的力偶矩大小相等、力偶的转向相同，则这两个力偶是等效的。

　　根据力偶的等效性，可以得出两个推论：

　　推论 1　力偶可以在其作用面内任意移转而不改变它对物体的转动效应，即力偶对物体的转动效应与它在作用面内的位置无关。

　　推论 2　在保持力偶矩大小和力偶转向不变的情况下，可以同时改变力偶中力的大小和力臂的长短，而不会改变力偶对物体的转动效应。

值得注意的是,力偶的等效性仅适用于刚体,不适用于变形体。鉴于力偶的以上性质,通常可以把力偶用力偶矩 M 表示,图示如图 2-14(b)所示。

2.4.3 平面力偶系的合成与平衡

平面力偶系是作用在刚体上同一平面内的多个力偶的总称。

1. 平面力偶系的合成

从力偶的性质可知,力偶对物体只产生转动效应,而且转动效应的大小完全取决于力偶矩的大小及转向。那么,对于物体内某一平面内受多个力偶组成的力偶系作用时,也只能使物体产生转动效应。显然,其力偶系对物体转动效应的大小等于各力偶转动效应的总和。

设平面力偶系由 M_1、M_2、$\cdots$、M_n 组成,则其合力偶矩 M 的表达式为

$$M = M_1 + M_2 + \cdots + M_n = \sum M \tag{2-12}$$

2. 平面力偶系的平衡

既然平面力偶系合成的结果为一个合力偶,因而要使力偶系平衡,就必须使合力偶矩等于零,即

$$\sum M = 0 \tag{2-13}$$

平面力偶系平衡的必要与充分条件是:力偶系中各力偶矩的代数和等于零。

例 2-8 梁 AB 受一主动力偶作用(见图 2-15(a)),其力偶矩 $M=100$ N·m,梁长 $l=5$ m,梁的自重不计,求两支座的约束反力。

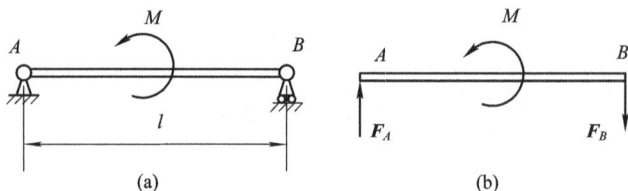

图 2-15 简支梁

解 (1)以梁为研究对象,进行受力分析并画出受力图,如图 2-15(b)所示。

作用于梁上的力矩为 M 的力偶,两支座的约束反力为 $\boldsymbol{F}_A$、$\boldsymbol{F}_B$。由活动铰支座的约束性质可知,$\boldsymbol{F}_B$ 的方位可定,而 $\boldsymbol{F}_A$ 的方位不定。由于不计梁的自重,根据力偶只能用力偶来平衡的性质,可知 $\boldsymbol{F}_A$ 必须与 $\boldsymbol{F}_B$ 组成一个力偶,即力 $\boldsymbol{F}_A$ 必须与 $\boldsymbol{F}_B$ 大小相等、方向相反、作用线平行。

(2)列解平衡方程。由 $\sum M = 0$ 得

$$-F_B l + M = 0$$

$$F_A = F_B = \frac{M}{l} = \frac{100}{5} = 20 \text{ N}$$

例 2-9 电机轴通过联轴器与工件相连接,联轴器上四个螺栓 A、B、C、D 的孔心均匀地分布在同一圆周上,如图 2-16 所示,此圆周的直径 $d=150$ mm,电机轴传给联轴器的力偶矩 $T=2.5$ kN·m,求每个螺栓所受的力。

解　以联轴器为研究对象。作用于联轴器上的有
电机轴传给联轴器的力偶矩 T、四个螺栓的约束反力。
假设四个螺栓的受力均匀，则 $F_1 = F_2 = F_3 = F_4 = F$，其
方向如图所示。由平面力偶系平衡条件可知，F_1 与 F_3、
F_2 与 F_4 组成两个力偶，并与电机轴传给联轴器的力
偶矩 T 平衡。据平面力偶系的平衡条件，得

$$\sum M = 0, \quad T - Fd - Fd = 0$$

解之得

$$F = \frac{T}{2d} = \frac{2.5}{2 \times 0.15} = 8.33 \text{ kN}$$

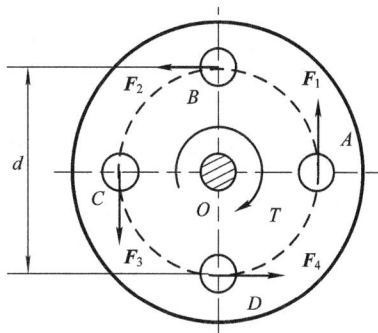

图 2-16　联轴器

思考与练习题

2-1　手推磨如题 2-1 图所示，试解释当杆 AB 与转轴 O 共线时，手推磨为何不
转动。

2-2　为什么力偶不能用一力来平衡，如何解释题 2-2 图所示之转轮的平衡现象？

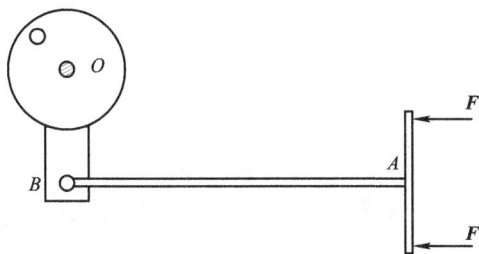

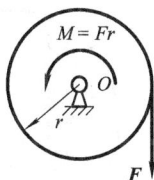

题 2-1 图　　　　　　　　　　　　　　　　题 2-2 图

2-3　如题 2-3 图所示刚体上，作用二力偶$(\boldsymbol{F}, \boldsymbol{F}')$ 和 $(\boldsymbol{F}_1, \boldsymbol{F}_1')$，四个力在 x 轴和 y
轴上投影的代数和都等于零，问：刚体是否平衡？为什么？

2-4　物体受 $\boldsymbol{F}_1$、$\boldsymbol{F}_2$ 两个力的作用（见题 2-4 图），试在物体上找出一点 O，使 $\boldsymbol{F}_1$、
$\boldsymbol{F}_2$ 两力对 O 点之矩均等于零。

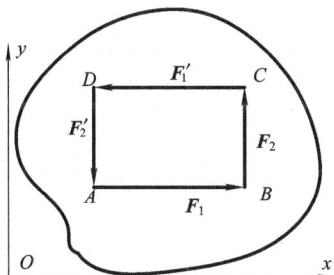

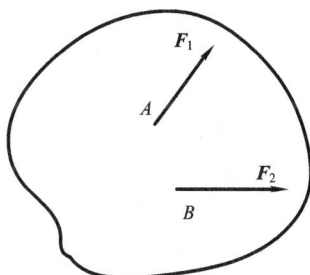

题 2-3 图　　　　　　　　　　　　　　　　题 2-4 图

2-5　汽车司机有时可以用一只手转动方向盘，但钳工在攻螺纹时，一定要用两只手

转动丝锥铰杆手柄,而不允许用一只手操作,为什么?

2-6 试分别计算题2-6图所示各种情况下力 F 对 O 点之矩。

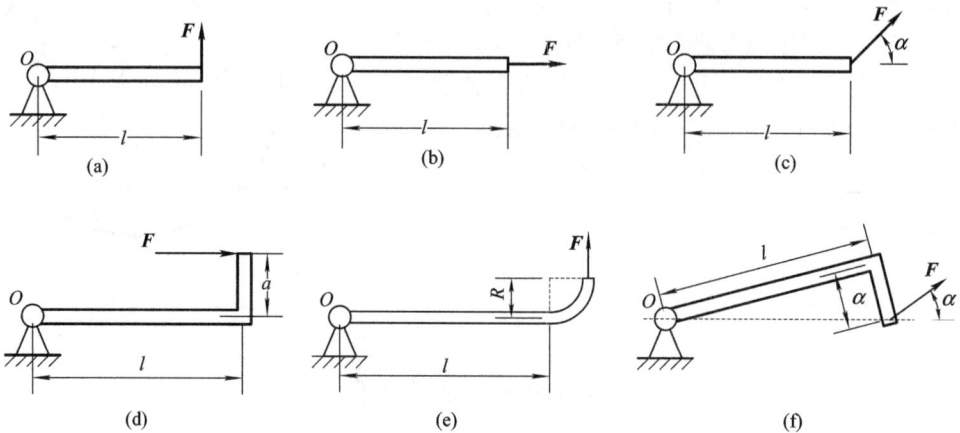

题 2-6 图

2-7 求题2-7图中力 F 对 A 点之矩。已知 $r_1=20$ cm, $r_2=50$ cm, $F=300$ N。

2-8 如题2-8图所示,梁 AB 长 l,作用一力偶矩 $M=Fa$ 的力偶。若不计梁自重,试求支座 A、B 的约束反力。

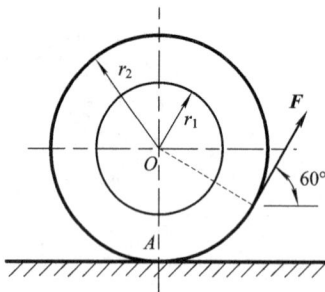

题 2-7 图

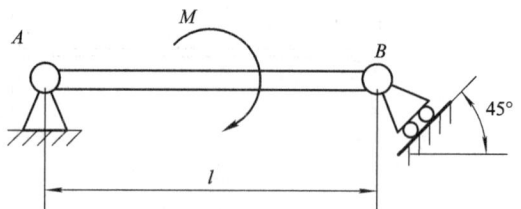

题 2-8 图

2-9 沿着刚体上正三角形 ABC 的三条边分别作用有力 F_1、F_2、F_3,如题2-9图所示。已知正三角形的边长为 a,$F_1=F_2=F_3=F$。试证明这三个力可以合成一个力偶,并求出力偶矩的大小。

2-10 车间有一矩形钢板(见题2-10图),边长 $a=4$ m,$b=2$ m,为使钢板转一角度,顺着长边加两个力 F 和 F',设能够转动钢板所需的力 $F=F'=200$ N。试问应如何加力可使所费的力最小,并求出这个最小力的大小。

2-11 题2-11图所示结构中,已知 $OA=40$ cm,$O_1B=60$ cm,$M_1=100$ N·m,转向如图所示。结构处于平衡状态,试求 M_2。

2-12 题2-12图为多轴钻床在工件上同时钻四个直径相同的孔,每个孔均受到钻头切削刃的力偶作用,其力偶矩均为 $M=10$ N·m。工件在 A、B 两处用螺栓固定,A、B 二孔距离 $l=250$ mm,求两螺栓在工件平面内所受到的力。

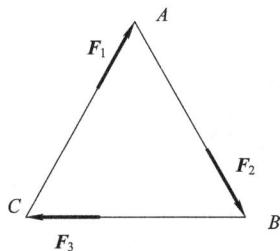

题 2 - 9 图

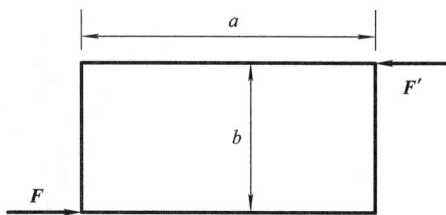

题 2 - 10 图

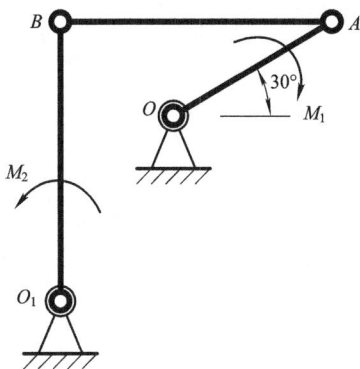

题 2 - 11 图

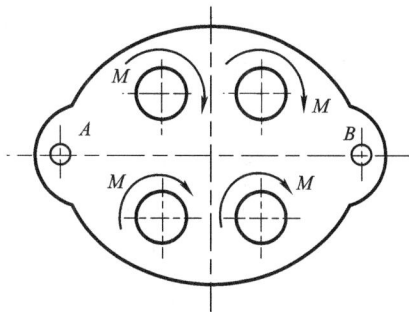

题 2 - 12 图

2 - 13　曲柄滑块机构在题 2 - 13 图所示位置处于平衡状态。已知 $F = 100$ kN，曲柄 $AB = r = 1$ m。不计杆重且 OB 与 OA 的夹角为 $30°$，试求作用于曲柄 AB 上的力偶矩 M 的大小。

2 - 14　如题 2 - 14 图所示，锻锤在工作时，由于锻头受工件的反作用力有偏心，使锻头发生偏斜。已知打击力 $F = 1000$ kN，偏心距 $e = 20$ mm，锻锤高度 $h = 200$ mm。试求锻锤对两侧导轨的压力。

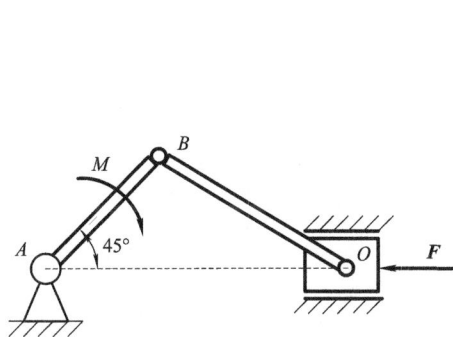

题 2 - 13 图

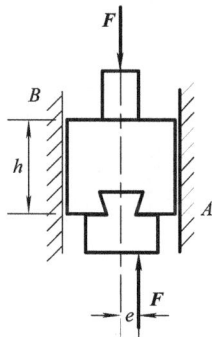

题 2 - 14 图

2 - 15　一单级圆柱齿轮减速器如题 2 - 15 图所示，在减速器的输入轴Ⅰ上作用一力偶，其力偶矩 $M_1 = 500$ N·m，输出轴Ⅱ上作用阻力偶，其力偶矩 $M_2 = 2000$ N·m，转向如图示。已知 $l=100\ \mathrm{cm}$，不计减速器自重，求螺栓 A、B 所受的力。

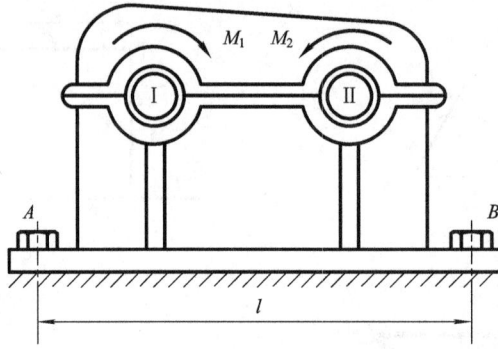

题 2-15 图

第 3 章　平面任意力系

如果作用在物体上的各力的作用线都在同一平面内，既不相交于一点又不完全平行，这样的力系称为平面任意力系。图 3-1 所示为起重机横梁 AB 受平面任意力系的作用。

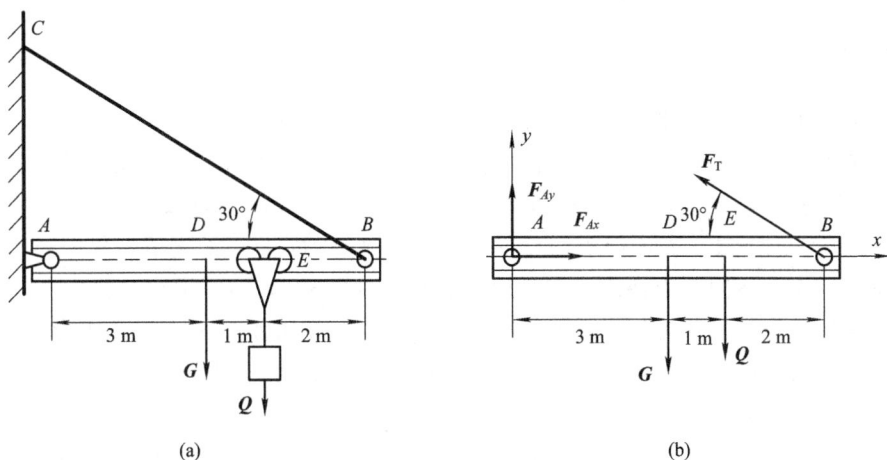

图 3-1　起重机横梁

3.1　平面任意力系的简化

3.1.1　力的平移定理

由力的可传性原理可知，作用于刚体上的力可沿其作用线在刚体内移动，而不改变其对刚体的作用效应。但如果将力平行于作用线移动到刚体内另一位置，它对刚体的作用效应又将如何呢？

如图 3-2(a)所示，欲将作用在刚体上 A 点的力 F 平行移动到刚体内任意一点 O，按加减平衡公理，可在 O 点加上一对平衡力 $F'=F''=F$，如图 3-2(b)所示，那么原力 F 和 F'' 为一等值、反向、不共线的平行力，组成了一个力偶，称为附加力偶，其力偶矩为 $M_O(F)$ 为

$$M(F, F'')=\pm Fd=M_O(F)$$

上式表示，附加力偶矩等于原力 F 对平移点的力矩。于是，在作用于刚体上平移点的力 F' 和附加力偶 M 的共同作用下，其作用效应就与力 F 作用在 A 点时的等效。

由此可以得出：作用于刚体上的力，可平移到刚体上的任意一点，但必须附加一力偶，其附加力偶矩等于原力对平移点的力矩。此即为力的平移定理。

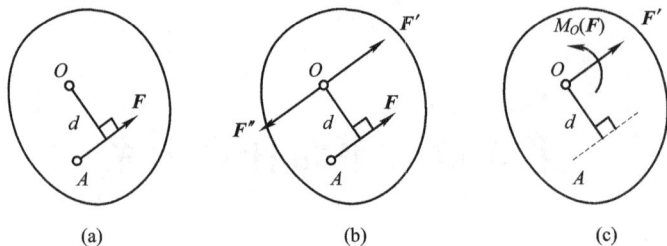

图 3 - 2 力的平移定理

力的平移定理在理论和实际应用中都具有重要意义，它不仅是力系向一点简化的理论依据，而且还可以直接用来解决许多工程实际问题。但是，这一定理只适用于刚体，对变形体一般不适用。

3.1.2 平面任意力系的简化

设在刚体上作用有一平面任意力系 F_1，F_2，$F_3 \cdots F_n$，其中 A_1，A_2，$A_3 \cdots$，A_n 为各力作用点，如图 3 - 3(a)所示。在力系所在平面内任取一点 O 作为简化中心，将力系中各力向 O 点平移，根据力的平移定理知，平移后各力的大小和方向没有改变，并产生一个附加力偶，那么，平面任意力系向 O 点简化的结果可以理解为：一个汇交于简化中心 O 的平面汇交力系与一个由各附加力偶组成的平面力偶，如图 3 - 3(b)所示。

由平面汇交力系理论可知，作用于简化中心 O 点的平面汇交力系可合成为一个力 F'_R，称为平面任意力系的主矢，其作用线过简化中心 O 点，如图 3 - 3(c)所示。

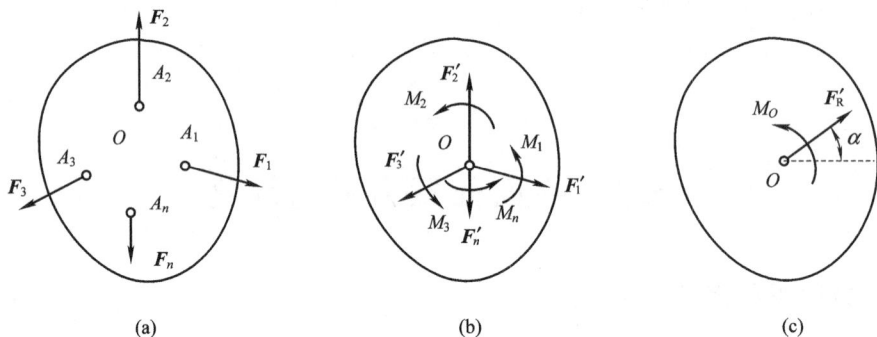

图 3 - 3 平面任意力系的简化

主矢 F'_R 的大小、方向为

$$\begin{cases} F'_R = \sqrt{\left(\sum F'_x \right)^2 + \left(\sum F'_y \right)^2} = \sqrt{\left(\sum F_x \right)^2 + \left(\sum F_y \right)^2} \\ \tan\alpha = \left| \dfrac{\sum F_y}{\sum F_x} \right| \end{cases} \quad (3-1)$$

附加力偶 M_1，M_2，$\cdots$，M_n 组成的平面力偶系的合力偶矩 M_O，称为平面任意力系的主矩。由平面力偶系的合成可知，主矩等于各附加力偶矩的代数和。由于每一个附加力偶矩等于原力对简化中心 O 点之矩，所以主矩等于各分力对简化中心 O 点之矩的代数和，如图 3 - 3(c)所示。

综上所述，平面任意力系向平面内一点简化，得到一个主矢 F'_R 和一个主矩 M_O，主矢的大小等于原力系中各分力投影的平方和再开方，作用在简化中心上。其大小和方向与简化中心的选择无关。主矩等于原力系各分力对简化中心力矩的代数和，其值一般与简化中心的选择有关。

1. 简化结果分析

平面任意力系向平面内任一点简化，得到一个主矢 F'_R 和一个主矩 M_O，但这不是力系简化的最终结果，如果进一步分析简化结果，则有下列情况：

（1）若 $F'_R \neq 0$，$M_O \neq 0$，则原力系简化为一个力和一个力偶。在这种情况下，根据力的平移定理的逆定理，这个力和力偶还可以继续合成为一个合力 F_R，如图 3-4 所示，其作用线距 O 点的距离为

$$d = \frac{M_O}{F'_R}$$

利用主矩 M_O 的转向可确定合力 F 的作用线在简化中心的哪一侧。

（2）若 $F'_R \neq 0$，$M_O = 0$，则原力系简化为一个力。在这种情况下，附加力偶系平衡，主矢 F'_R 即原力系的合力 F_R，作用于简化中心。

（3）若 $F'_R = 0$，$M_O \neq 0$，则原力系简化为一个力偶，其矩等于原力系对简化中心的主矩。在这种情况下简化结果与简化中心的选择无关，即无论力系向哪一点简化都是一个力偶，且力偶矩等于主矩。

（4）若 $F'_R = 0$，$M_O = 0$，则原力系是平衡力系。

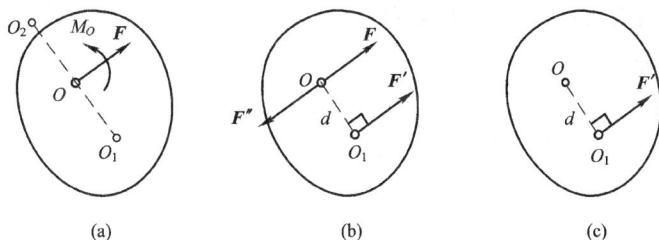

（a）　　　　　　　　　（b）　　　　　　　　　（c）

图 3-4　力的平移定理的逆定理

2. 固定端约束

固定端约束是工程中常见的一种约束，如夹紧在卡盘上的工件（见图 3-5(a)）、固定在刀架上的车刀（见图 3-5(b)）、嵌入墙中的雨罩（见图 3-5(c)）等。由约束的性质可知，固定端约束能限制物体沿任何方向的移动，也能限制物体在约束处的转动。所以，固定端 A 处

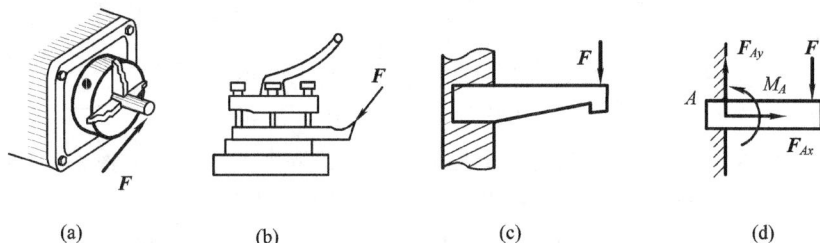

（a）　　　　　　　（b）　　　　　　　（c）　　　　　　　（d）

图 3-5　固定端约束

的约束反力可用两个正交的分力 $\boldsymbol{F}_{Ax}$、$\boldsymbol{F}_{Ay}$ 和力矩为 M_A 的力偶表示，如图 3-5(d)所示。

3.2 平面任意力系的平衡方程

1. 平面任意力系平衡的基本方程

由以上平面任意力系简化结果的讨论可知，当主矢、主矩同时为零，即 $F'_R=0$、$M_O=0$ 时，平面任意力系处于平衡。同理，如果力系是平衡力系，则该力系向平面内任意一点简化后所得的主矢、主矩必然为零。

因此平面任意力系平衡的必要与充分条件为 $F'_R=0$、$M_O=0$，即

$$F_R = \sqrt{\left(\sum F_x\right)^2 + \left(\sum F_y\right)^2} = 0,$$

$$M_O = \sum M_O(\boldsymbol{F}) = 0$$

由此可得平面任意力系的平衡方程为

$$\begin{cases} \sum F_x = 0 \\ \sum F_y = 0 \\ \sum M_O = 0 \end{cases} \tag{3-2}$$

上式为平面任意力系平衡方程的基本形式，也称为一矩式方程。由于这是一组三个独立方程，所以能求解出三个未知量。

2. 平面任意力系平衡方程的其他形式

二矩式方程为

$$\begin{cases} \sum F_x = 0 \\ \sum M_A(\boldsymbol{F}) = 0 \\ \sum M_B(\boldsymbol{F}) = 0 \end{cases} \tag{3-3}$$

附加条件为：A、B 两点的连线不能与 Ox 轴垂直。

三矩式方程为

$$\begin{cases} \sum M_A(\boldsymbol{F}) = 0 \\ \sum M_B(\boldsymbol{F}) = 0 \\ \sum M_C(\boldsymbol{F}) = 0 \end{cases} \tag{3-4}$$

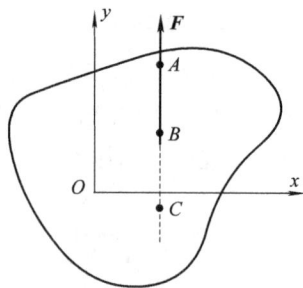

图 3-6 力

附件条件为：A、B、C 三点不能在一条直线上。

式(3-3)、式(3-4)是物体取得平衡的必要条件，但不是充分条件。这个结论可以由物体仅受一个力 $\boldsymbol{F}$ 作用的不平衡现象说明。图 3-6 表示物体只受一个力 $\boldsymbol{F}$ 作用，若取力 $\boldsymbol{F}$ 的作用线上 A、B 两点为矩心，并取投影轴 x 垂直于力 $\boldsymbol{F}$，则式(3-3)成立。因此，必须加上附加条件后，式(3-3)才能成为物体平衡的必要和充分条件。有关式(3-4)的附加条件，读者可自行推导。

以上三种形式的平衡方程,在实际应用时应当采用哪种形式,取决于计算是否方便。应尽量减少每个方程中的未知量个数,避免解联立方程。

3. 平面特殊力系的平衡方程

1) 平面汇交力系的平衡方程

如前所述,平面汇交力系就是力的作用线汇交于一点的平面力系,如图 3 - 7(a)所示,显而易见,平衡方程(3 - 2)中 $\sum M_O = 0$,则其独立的平衡方程为

$$\begin{cases} \sum F_x = 0 \\ \sum F_y = 0 \end{cases} \tag{3 - 5}$$

2) 平面平行力系的平衡方程

各力的作用线处于同一平面内且互相平行的力系,称为平面平行力系。它是平面任意力系的一种特殊情况。

在基本式中,坐标轴是任选的。现取 y 轴平行于各力,如图 3 - 7(b)所示,则平面平行力系中各力在 x 轴上的投影均为零,即 $\sum F_x = 0$。同样,平面平行力系只有两个独立的平衡方程,即

$$\begin{cases} \sum F_y = 0 \\ \sum M_O(\boldsymbol{F}) = 0 \end{cases} \tag{3 - 6}$$

不难看出,平面平行力系的二矩式平衡方程为

$$\begin{cases} \sum M_A(\boldsymbol{F}) = 0 \\ \sum M_B(\boldsymbol{F}) = 0 \end{cases} \tag{3 - 7}$$

其中 A、B 两点连线不能与各力的作用线平行。

平面平行力系只有两个独立的方程,因而最多能解出两个未知量。

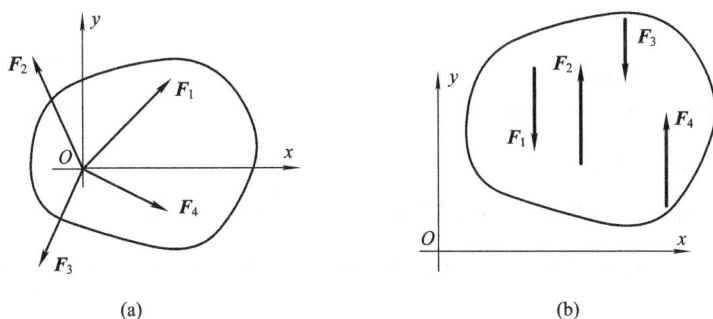

(a) (b)

图 3 - 7 平面汇交力系和平面平行力系

3) 平面力偶系的平衡方程

平面力偶系是特殊的力系,根据力偶的性质,在基本方程中的投影方程自然满足,所以只有一个方程,即

$$\sum M_O(\boldsymbol{F}) = 0 \tag{3 - 8}$$

通常情况下，应用平面任意力系平衡方程解题的步骤如下：

（1）根据题意，选取适当的研究对象。对所选研究对象进行受力分析并画出受力图。

（2）选取适当的直角坐标系。坐标轴应与较多的未知反力平行或垂直。一般情况下，水平和垂直的坐标轴可以不画，但其他特殊方向的坐标轴必须画出。

（3）列平衡方程，求解未知量。列力矩方程时，通常选未知力较多的交点为矩心。

（4）分析结果或校核。

应当注意：若由平衡方程解出的未知量为负，说明受力图上原假定的未知量的方向与其实际方向相反，而不必去改动受力图中原假设的方向。

例 3 - 1 已知一塔式起重机的结构简图如图 3 - 8 所示。设机架重力 $G=500$ kN，重心在 C 点，与右轨距离 $a=1.5$ m。最大起吊重量 $P=250$ kN，与右轨 B 最远距离 $l=10$ m。平衡物重力为 G_1，与左轨 A 距离 $x=6$ m，二轨相距 $b=3$ m。试求起重机在满载与空载时都不致翻倒的平衡重物 G_1 的取值范围。

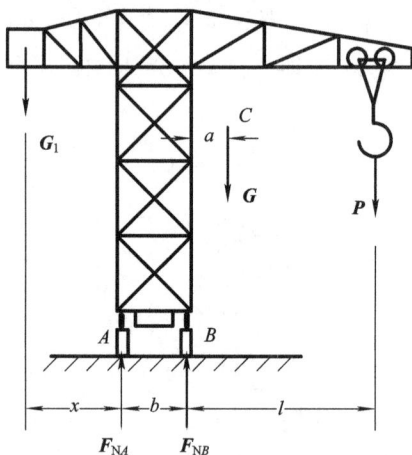

图 3 - 8　起重机力学模型

解　取起重机为研究对象。

作用于起重机上的力有主动力 G、平衡重物 G_1、起吊重量 P 及约束反力 F_{NA}、F_{NB}，这些力组成一平面平行力系。

要保障满载时机身平衡而不向右翻倒，则这些力必须满足平衡方程 $\sum M_B(\boldsymbol{F})=0$，在此状态下，$A$ 点将处于离地与不离地的临界状态，即有 $F_{NA}=0$。这样求出的 G_1 值是它应有的最小值。

$$\sum M_B(\boldsymbol{F})=0, \quad G_{1\,\min}(x+b)-Ga-Pl=0$$

$$G_{1\,\min}=\frac{Ga+Pl}{x+b}=\frac{500\times1.5+250\times10}{6+3}\text{ kN}=361\text{ kN}$$

要保障空载时机身平衡而不向左翻倒，则这些力必须满足平衡方程 $\sum M_A(\boldsymbol{F})=0$，在此状态下，$B$ 点将处于离地与不离地的临界状态，即有 $F_{NB}=0$。这样求出的 G_1 值是它应有的最大值（注意，此时 $P=0$）。

$$\sum M_A(\boldsymbol{F}) = 0, \quad G_{1\max} x - G(a+b) = 0$$

$$G_{1\max} = \frac{G(a+b)}{x} = \frac{500 \times (1.5+3)}{6} \text{ kN} = 375 \text{ kN}$$

因此，平衡重物 G_1 的取值范围为 361 kN $\leqslant G_1 \leqslant$ 375 kN。

例 3-2　求图 3-9(a)所示摇臂吊车横梁 AB 所受钢绳 BC 的拉力和铰链支座 A 的约束反力。已知梁的重力 $G = 4$ kN，载荷 $Q = 12$ kN，$AB = l = 6$ m，$AD = l/2$，$AE = x = 4$ m，$\angle ABC = \alpha = 30°$。

解　(1) 取横梁 AB 为研究对象，画受力图并建立坐标系，如图 3-9(b)所示。

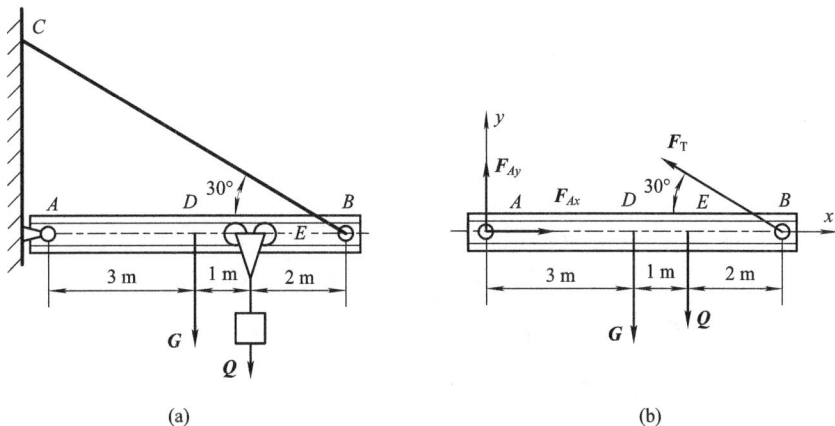

图 3-9　起重机横梁

(2) 列平衡方程并求解。取未知力 $\boldsymbol{F}_{Ax}$、$\boldsymbol{F}_{Ay}$ 的交点 A 为矩心，有

$$\sum M_A(\boldsymbol{F}) = 0, \quad F_T \cdot l \cdot \sin\alpha - Q \cdot x - G \cdot \frac{l}{2} = 0$$

$$F_T = \frac{2Qx + G \cdot l}{2 \cdot l \cdot \sin\alpha} = \frac{2 \times 12 \times 4 + 4 \times 6}{2 \times 6 \times \sin 30°} = 20 \text{ kN}$$

求出 F_T 之后，分别取 x、y 轴为投影轴，列投影方程并求解：

$$\sum F_x = 0, \quad F_{Ax} - F_T \cos\alpha = 0$$

$$F_{Ax} = F_T \cos 30° = 17.32 \text{ kN}$$

$$\sum F_y = 0, \quad F_{Ay} + F_T \sin\alpha - G - Q = 0$$

$$F_{Ay} = G + Q - F_T \sin\alpha = 4 + 12 - 10 = 6 \text{ kN}$$

讨论：因起重小车 E 在横梁上运动，则 $AE = x$ 是变化的，所以 $\boldsymbol{F}_T$、$\boldsymbol{F}_{Ax}$、$\boldsymbol{F}_{Ay}$ 也随之变化，如考虑钢绳 BC 和横梁 AB 的强度，则必须从 $x = 0 \sim l$ 全过程分析。

例 3-3　加料小车由钢索牵引沿倾角 $\alpha = 30°$ 的轨道匀速上升，如图 3-10(a)所示，C 为小车的重心。已知小车的重力 $G = 40$ kN，$a = 0.2$ m，$b = 1.7$ m，$e = 0.2$ m，$h = 0.6$ m，若不计小车与斜面的摩擦力，试求钢索拉力 $\boldsymbol{F}_T$ 和轨道作用于小车的约束反力。

解　(1) 取小车为研究对象，画出受力图，如图 3-10(b)所示。

(2) 本题的两个未知力 $\boldsymbol{F}_{NA}$、$\boldsymbol{F}_{NB}$ 互相平行，所以可取 C 为原点，x 轴方向平行轨道，建立坐标系如图 3-10(b)所示。

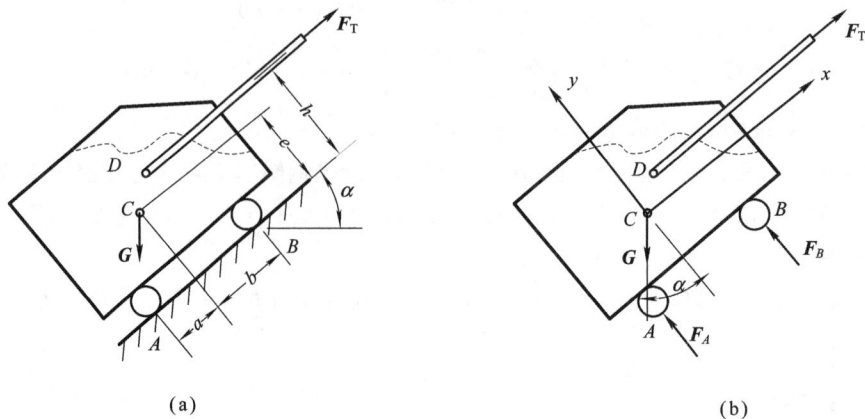

(a)　　　　　　　　　　　　(b)

图 3-10　小车工作受力分析

列平衡方程并求解：

$$\sum F_x = 0, \quad F_T - G \sin\alpha = 0$$

$$F_T = G \sin\alpha = 40 \times 0.5 = 20 \text{ kN}$$

$$\sum M_A(\boldsymbol{F}) = 0, \quad F_{NB}(a+b) - F_T h + Ge \sin\alpha - Ga \sin\alpha = 0$$

$$F_{NB} = \frac{G[a \cos\alpha + (h-e)\sin\alpha]}{a+b}$$

$$= \frac{40[0.2 \times \cos30° + (0.6-0.2)\sin30°]}{0.2+1.7} = 7.9 \text{ kN}$$

$$\sum F_y = 0, \quad F_{NA} + F_{NB} - G \cos\alpha = 0$$

$$F_{NA} = G \cos\alpha - \frac{G[a \cos\alpha + (h-e)\sin\alpha]}{a+b}$$

$$= 40 \cos30° - \frac{40[0.2 \times \cos30° + (0.6-0.2)\sin30°]}{0.2+1.7}$$

$$= 26.7 \text{ kN}$$

4. 物体系统的平衡问题及求解

工程中经常遇到工程机械和结构都是由多个构件通过一定的约束组成的系统，这称为物体系统，简称物系。

在求解物系的平衡问题时，不仅要考虑系统外物体对物系的作用力，同时还要考虑系统内部各构件之间的相互作用力。系统外部物体对系统的作用力称为物系外力；系统内部各构件之间的相互作用力称为物系内力。物系的外力和内力只是一个相对的概念，它们之间没有严格的区分。当研究整个系统的平衡时，由于其内力总是成对出现、相互抵消，因此可以不予考虑。当研究系统中某一构件或部分构件的平衡问题时，系统内其他构件对它们的作用力就又成为这一研究对象的外力，必须予以考虑。

若整个物系处于平衡，那么组成这一物系的所有构件也处于平衡。因此在求解有关物系的平衡问题时，既可以以整个系统为研究对象，也可以取单个构件为研究对象。对于每一种选取的研究对象，一般情况下都可以列出三个独立的平衡方程。所以，由 n 个构件组成的物系平衡时，最多可以列出 $3n$ 个独立的平衡方程，解出 $3n$ 个未知量。若系统的未知量个数恰巧为 $3n$ 个，称为静定问题；若系统的未知量个数大于 $3n$ 个，称为超静定问题。这类问题超出静力学的范畴，将在材料力学中解决。

下面举例说明物系平衡问题的解法。

例 3 - 4　图 3 - 11(a)所示为一三铰拱桥，左右两半拱通过铰链 C 连接起来，通过铰链 A、B 与桥基连接。已知 $G=40\ \text{kN}$，$P=10\ \text{kN}$。试求铰链 A、B、C 三处的约束反力。

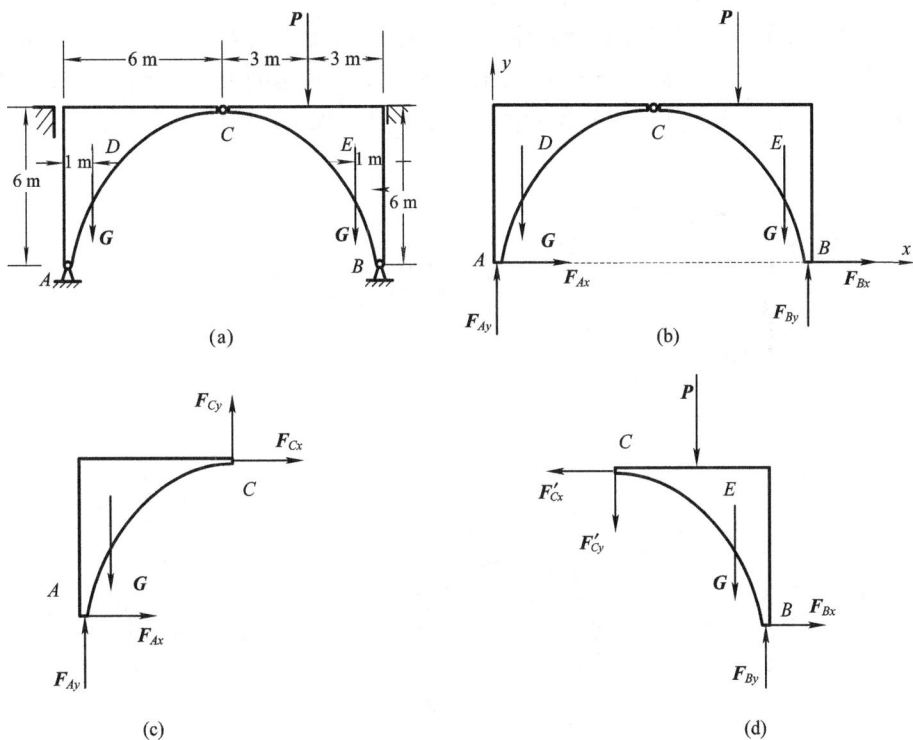

图 3 - 11　拱桥受力分析

解　(1) 取整体为研究对象，画出受力图并建立如图 3 - 11(b)所示的坐标系。列平衡方程并求解：

$$\sum M_A = 0, \quad 12F_{\text{NB}y} - 9P - 12G = 0$$

$$F_{\text{NB}y} = 47.5\ \text{kN}$$

$$\sum F_y = 0, \quad F_{\text{NA}y} + F_{\text{NB}y} - P - 2G = 0$$

$$F_{\text{NA}y} = 42.5\ \text{kN}$$

(2) 取左半拱为研究对象，画出受力图，并建立如图 3 - 11(c)所示坐标系。列平衡方程并求解：

$$\sum M_C = 0, \quad 6F_{\text{NA}x} + 5G - 6F_{\text{NA}y} = 0$$

$$F_{\text{NA}x} = 9.2\ \text{kN}$$

$$\sum F_x = 0, \quad F_{\text{NA}x} - F_{\text{NC}x} = 0$$

$$F_{\text{NC}x} = 9.2\ \text{kN}$$

$$\sum F_y = 0, \quad -F_{NCy} - P + F_{NAy} - 2G = 0$$

$$F_{NCy} = 2.5 \text{ kN}$$

（3）取整体为研究对象，列平衡方程并求解：

$$\sum F_x = 0, \quad F_{NAx} - F_{NBx} = 0$$

$$F_{NBx} = 9.2 \text{ kN}$$

例 3-5 如图 3-12(a)所示为柱塞式水泵的平面力学简图。齿轮 I 在力偶 M_O 的驱动下，通过齿轮 II 及连杆 AB 带动柱塞在刚体内往复运动。已知齿轮的压力角为 α，两齿轮分度圆半径分别为 r_1、r_2，曲柄 $O_2 A = r_3$，连杆 $AB = 5r_1$，柱塞的阻力为 $\boldsymbol{F}$。如不计各构件自重及摩擦力，当曲柄 $O_2 A$ 处于铅垂位置时，试求驱动力偶 M_O 的值。

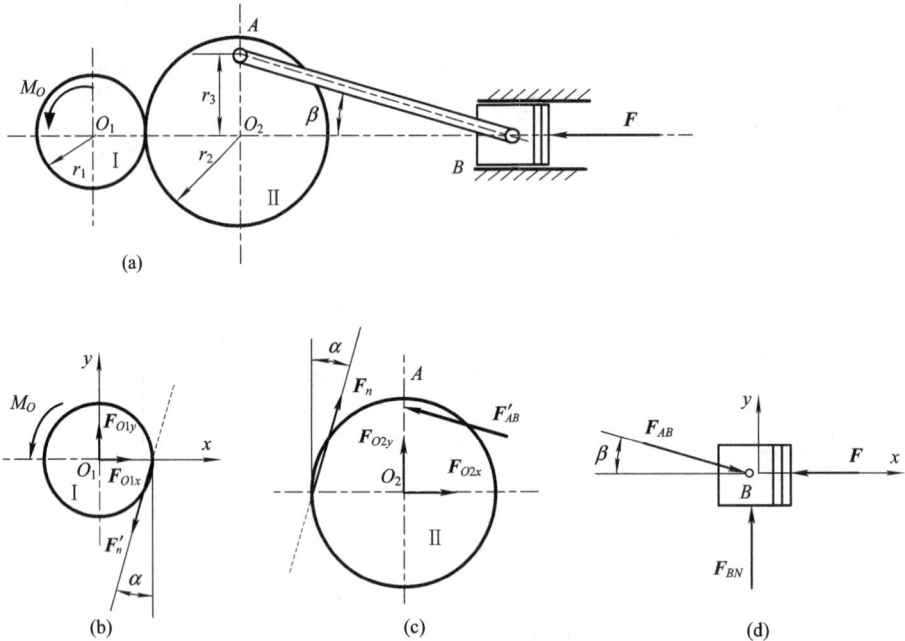

图 3-12 柱塞式水泵

解 （1）分别取齿轮 I、齿轮 II、柱塞 B 为研究对象，画出受力图，如图 3-12(b)、(c)、(d)所示。

（2）图 3-12(d)中，柱塞受平面汇交力系作用，只有 F_{AB}、F_{BN} 两未知力是可解的。

列平衡方程并求解：

$$\sum F_x = 0, \quad F_{AB} \cos\alpha - F = 0$$

$$F_{AB} = \frac{F}{\cos\beta}$$

（3）因为 F_{AB} 已解出，图 3-12(c)变得可解，列平衡方程并求解：

$$\sum M_{O2}(\boldsymbol{F}) = 0, \quad F_{AB} r_3 \cos\beta - F_n r_2 \cos\alpha = 0$$

$$F_n = \frac{F_{AB} r_3 \cos\beta}{r_2 \cos\alpha} = \frac{F r_3}{r_2 \cos\alpha}$$

（4）由图 3 - 12(b)列平衡方程并求解：

$$\sum M_{O1}(\boldsymbol{F}) = 0, \quad M_O - F_n' r_1 \cos\alpha = 0$$

$$M_O = F_n' r_1 \cos\alpha = \frac{F r_1 r_3}{r_2}$$

综上所述，求解平面力系平衡问题的方法和步骤如下：

（1）明确题意，正确选择研究对象。

（2）分析研究对象的受力情况，画出受力图。这是解题的关键一步，尤其在处理物系平衡问题时，每确定一个研究对象就必须单独画出它的受力图，不能将几个研究对象的受力图都画在一起，以免混淆。另外，还要注意作用力、反作用力及外力、内力的区别，在受力图上内力一般不画出。

（3）建立坐标系，列平衡方程。建立坐标系的原则是，每个方程中的未知量越少越好，最好每个方程中只有一个未知量。

（4）解平衡方程，求未知量。在计算结果中，负号表示预先假设的指向与实际的指向相反。在运算中应连同负号一起代入其他方程中继续求解。

（5）讨论并校核计算结果。

3.3　考虑摩擦的平衡问题

摩擦是自然界普遍存在的现象。前面章节里，我们在讨论物体平衡问题时，总是假定两物体间的接触表面是绝对光滑的，将摩擦忽略不计，但绝对光滑的表面在现实中是不存在的。工程中，摩擦力对物体的平衡与运动起着主要作用，因此必须考虑摩擦力。如皮带靠摩擦力传递运动、制动器靠摩擦力刹车、车床的卡盘靠摩擦力夹固工件等，都反映了摩擦有利的一面；而另一方面，由于摩擦的存在，给各种机械带来多余的阻力，从而消耗了能量，加剧了机件的磨损、降低了传动的精度和效率、缩短了机件的寿命，这些就是摩擦的不利之处。因此，研究摩擦的目的就是掌握摩擦现象的客观规律，最大限度地利用其有利的一面，减少和限制它不利的一面。

按照物体表面的相对运动情况，摩擦可分为滑动摩擦和滚动摩擦；按接触表面是否有润滑，摩擦又可分为干摩擦和湿摩擦。本节主要介绍静滑动摩擦及考虑摩擦时物体的平衡问题。

1. 滑动摩擦

两物体接触表面间具有相对滑动或相对滑动趋势时所产生的摩擦，称为滑动摩擦；两物体接触表面间只具有滑动趋势而无相对滑动时的摩擦称为静滑动摩擦，简称静摩擦；两物体接触表面间产生相对滑动时的摩擦称为动滑动摩擦，简称动摩擦。

1）静滑动摩擦

为了分析物体间产生静滑动摩擦的规律，可通过图 3 - 13 所示的实验进行说明。当水平力 $\boldsymbol{F}_T$ 很小时，B 盘没有滑动而只具有滑动趋势，此时物系将保持平衡。由平衡方程知，接触表面间的摩擦力 $\boldsymbol{F}_f$ 与主动力 $\boldsymbol{F}_T$ 大小相等。

当水平力 $\boldsymbol{F}_T$ 逐渐增大，$\boldsymbol{F}_f$ 也随之增加。这时 $\boldsymbol{F}_f$ 具有约束反力的性质，随主动力的变

化而变化。但不同的是，当 F_T 增加到某一临界值时，F_f 就达到其最大值 F_{max}，不会再增大；如果继续增大水平力 F_T，B 盘将开始滑动。因此，静摩擦力随主动力的不同而变化，其大小由平衡方程决定，但介于零与最大值之间，即

$$0 \leqslant F_f \leqslant F_{max} \tag{3-9}$$

大量实验证明，最大静摩擦力的方向与物体相对滑动趋势方向相反，大小与接触面法向反力（正压力）F_N 的大小成正比，即

$$F_{max} = f \cdot F_N \tag{3-10}$$

图 3-13 摩擦力实验装置

式（3-10）称为静摩擦定律。式中比例常数 f 称为静摩擦系数，f 的大小与两物体接触面的材料及表面情况（粗糙度、干湿度、温度等）有关，而与接触面积的大小无关。一般材料的静摩擦系数可在工程手册中查到。常用材料的 f 值见表 3-1。

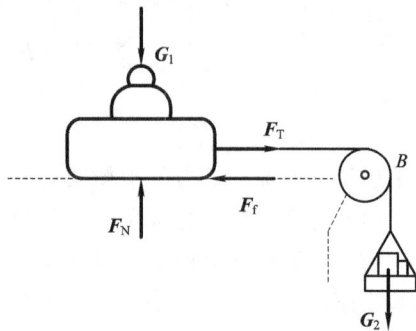

表 3-1 常用材料的滑动摩擦系数

材料名称	摩 擦 系 数			
	静滑动摩擦系数 f		动滑动摩擦系数 f'	
	无润滑剂	有润滑剂	无润滑剂	有润滑剂
钢-钢	0.15	0.1~0.12	0.15	0.05~0.10
钢-铸铁	0.3		0.18	0.05~0.15
钢-青铜	0.15	0.1~0.15	0.15	0.1~0.15
钢-橡胶	0.9		0.6~0.8	
铸铁-铸铁		0.18	0.15	0.07~0.12
铸铁-青铜			0.15~0.2	0.07~0.15
铸铁-皮革	0.3~0.5	0.15	0.6	0.15
铸铁-橡胶			0.8	0.5
青铜-青铜		0.10	0.2	0.07~0.10
木-木	0.4~0.6	0.10	0.2~0.5	0.07~0.15

注：此表摘自《机械设计手册》（化学工业出版社，1979 年第二版，表 1-9）。

掌握了上述摩擦规律之后，我们便可知道若要增大摩擦力，就可通过加大正压力或增大摩擦系数来实现。如皮带传动中，用张紧轮或 V 形带来增加正压力以增加摩擦力。若要减小摩擦力，则通过减小摩擦系数来实现，如提高接触表面的光洁度、加入润滑剂等。

2）动滑动摩擦

继续上述实验，当水平力 F_T 超过 F_{max} 时，盘 B 开始加速滑动，此时盘 B 所受到的摩擦阻力已由静摩擦力转化为动摩擦力 F_f'。大量实验证明，动摩擦力 F_f' 的大小与接触表面间的正压力 F_N 成正比，即

$$F_f' = f' \cdot F_N \tag{3-11}$$

式（3-11）称为动摩擦定律。式中比例常数 f' 称为动摩擦系数，其大小除了与两接触物体的材料及表面情况有关外，还与两物体的相对速度有关。常见材料的 f' 值见表 3-1，

可见，

$$f' < f$$

2. 摩擦角与自锁现象

在研究物体平衡时如果考虑静摩擦，物体接触面就受到正压力 F_N 和静摩擦力 F_f 的共同反作用，若将这两力合成，其合力 F_R 就代表了物体接触面对物体的全部约束反力，称为全约束反力，简称全反力。

如图 3-14(a)、(b)所示，全反力 F_R 与接触面法线的夹角为 φ，显然 φ 随静摩擦力的增大而增大，当静摩擦力达到最大时，夹角 φ 也达到最大值 φ_m，φ_m 称为摩擦角。

由此可知：

$$\tan\varphi_m = \frac{F_{f\,max}}{F_N} = \frac{f \cdot F_N}{F_N} = f \tag{3-12}$$

上式表明摩擦角的正切值就等于摩擦系数。摩擦角表示全反力与法线间的最大夹角。如果物体与支承面的静摩擦系数在各个方向都相同，则这个范围在空间就形成为一个锥体，称为摩擦锥，如图 3-14(c)所示。若主动力的合力 F_Q 作用在锥体范围内，则约束面必产生一个与之等值、反向且共线的全反力 F_R 与之平衡。但无论如何增加力 F_Q，物体总能保持平衡。全反力作用线不会超出摩擦锥的这种现象称为自锁。由此可见，自锁条件为

$$\alpha \leqslant \varphi_m \tag{3-13}$$

式中 α 为全反力与接触面法线之间的夹角。

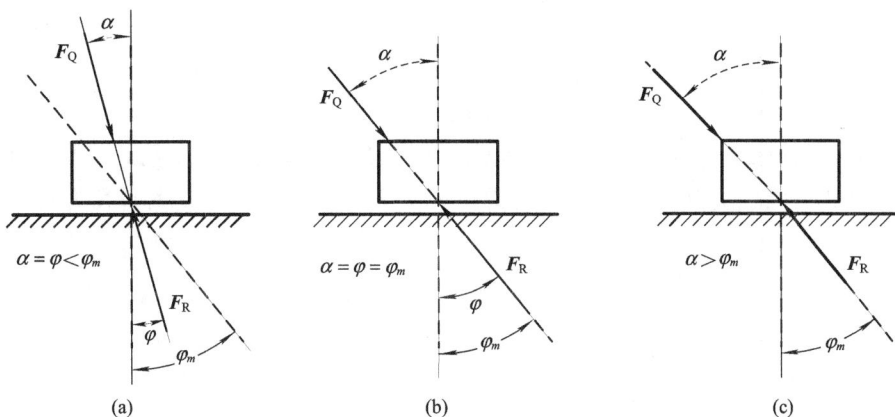

图 3-14　摩擦角

3. 考虑摩擦的平衡问题

考虑摩擦时构件的平衡问题的解法与不考虑摩擦时构件的平衡问题的解法基本相同，不同的是在画力图时要画出摩擦力，并需要注意摩擦力的方向与滑动趋势方向相反，不能随意假定。由于 F 是一个范围值，因此问题的解答也是一个范围值，称为平衡范围。这个范围的确定可采取两种方式，一种是分析平衡时的临界情况，假定摩擦力取最大值，以 $F = F_{max} = fF_N$ 作为补充条件，求解平衡范围的极值。另一种是直接采用 $F \leqslant fF_N$，以不等式进行运算。

例 3-6　如图 3-15(a)所示，一重力为 G 的物块放在倾角为 α 的斜面上，物块与斜面之间的摩擦系数为 f，且 $f < \tan\alpha$。求保持物块静止的水平推力 F 的大小。

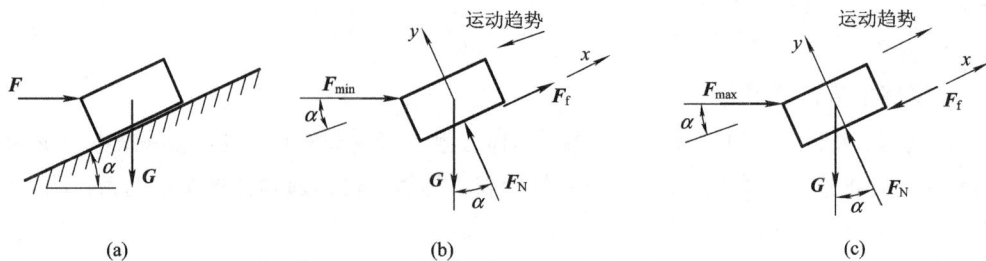

图 3-15 粗糙斜面上重物受力分析

解 要使物块在斜面上保持静止状态，力 F 既不能太大，也不能太小。力 F 过大，物块将沿斜面上移；力 F 过小，物块则会沿斜面下滑。因此，F 的数值必须在某一范围内。

（1）先考虑物块处于下滑趋势的临界状态，即力 F 为最小值 F_{min}，刚好维持物块不致下滑的临界状态。以物块为研究对象，画出受力图并沿斜面建立坐标系，如图 3-15(b) 所示。列平衡方程并求解：

$$\sum F_x = 0, \quad F_{min} \cos\alpha - G \sin\alpha + F_{f\,max} = 0$$

$$\sum F_y = 0, \quad F_N - F_{min} \sin\alpha - G \cos\alpha = 0$$

而

$$F_{f\,max} = f F_N$$

解之得

$$F_{min} = \frac{\sin\alpha - f \cos\alpha}{\cos\alpha + f \sin\alpha} G$$

（2）考虑物块处于上移趋势的临界状态，即力 F 为最大值 F_{max}，刚好维持物块不致上移的临界状态。画出此状态下物块的受力图，如图 3-15(c) 所示。列平衡方程及补充方程为

$$\sum F_x = 0, \quad F_{max} \cos\alpha - G \sin\alpha - F_{f\,max} = 0$$

$$\sum F_y = 0, \quad F_N - F_{max} \sin\alpha - G \cos\alpha = 0$$

又

$$F_{f\,max} = f F_N$$

解之得

$$F_{max} = \frac{\sin\alpha + f \cos\alpha}{\cos\alpha - f \sin\alpha} G$$

所以，使物块在斜面上处于静止的水平推力 F 的取值范围为

$$\frac{\sin\alpha - f \cos\alpha}{\cos\alpha + f \sin\alpha} G \leqslant F \leqslant \frac{\sin\alpha + f \cos\alpha}{\cos\alpha - f \sin\alpha} G$$

例 3-7 制动器的构造图如图 3-16(a) 所示，已知制动块之间的静摩擦系数为 f，鼓轮上所挂重物的重力为 G。求制动所需的最小力 F。

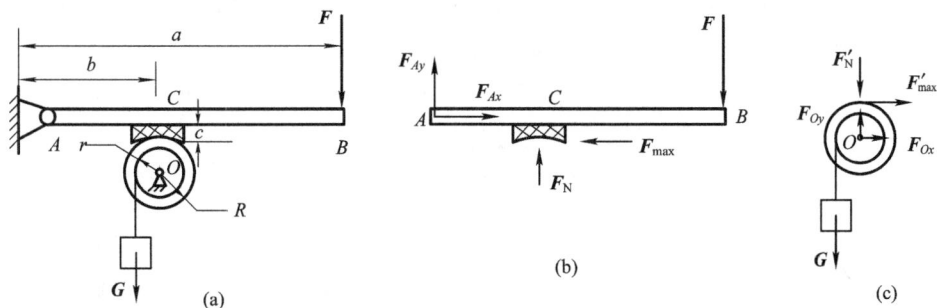

图 3 − 16 制动器受力分析

解 先由平衡方程求出 F_{max} 和 F'_N。

（1）取制动轮为研究对象，受力图如图 3 − 16(c)所示，列平衡方程：

$$\sum M_O(\boldsymbol{F}) = 0, \quad Gr - F'_{max}R = 0$$

解之得

$$F'_{max} = \frac{r}{R}G$$

（2）取制动杆为研究对象，受力图如图 3 − 16(b)所示，列平衡方程：

$$\sum M_A(\boldsymbol{F}) = 0, \quad F_N b - F_{max}c - Fa = 0$$

而

$$F'_N = F_N, \quad F'_{max} = F_{max} = \frac{r}{R}G$$

解之得

$$F_N = \frac{1}{b}\left(\frac{c \cdot r \cdot G}{R} + F \cdot a\right)$$

设制动轮与制动块处于临界平衡状态，列补充方程：

$$F \leqslant f \cdot F_N$$

将前面两步所得结果代入上式，即可求得制动所需的力：

$$F \geqslant \frac{Gr}{aR}\left(\frac{b}{f} - C\right)$$

当 $\left(\dfrac{b}{f} - c\right) > 0$ 时，F 为正值，必能制动；当 $\left(\dfrac{b}{f} - c\right) < 0$ 时，F 为负值，说明即使不加制动力，轮也能保持静止。

思考与练习题

3−1 汽车司机操纵方向盘时，可用双手对方向盘施加一力偶，也可用一只手对方向盘施加一个力。问：这两种操作方式对汽车的行驶来说，效果相同吗？这能否说一个力与一个力偶等效？

3−2 如题 3−2 图所示，在刚体上的 A、B、C 三点分别作用三个大小相等的力 $\boldsymbol{F}_1$、$\boldsymbol{F}_2$、$\boldsymbol{F}_3$，试问：此刚体是否平衡？若不平衡，其简化的最终结果是什么？

3-3 由4个力组成的一平面力系如题3-3图所示，已知 $F_1=F_2=F_3=F_4$，问：力系向 A 点和 B 点简化的结果是什么？两者是否等效？

3-4 有一绞车，三臂互成120°且等长，如题3-4图所示，其中 $F_1=F_2=F_3=F$，且各与臂垂直。试问：此三力向绞盘中心简化的结果是什么？

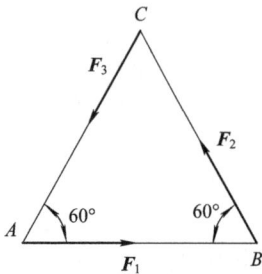
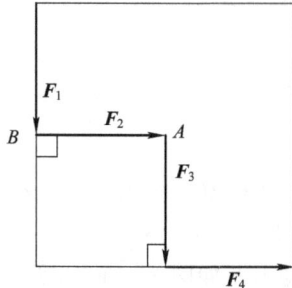
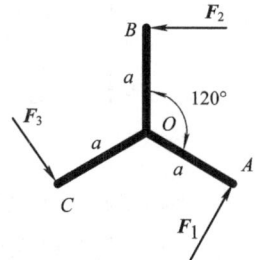

题 3-2 图   题 3-3 图   题 3-4 图

3-5 如题3-5图所示三铰拱，在构件 BC 上作用有力偶 M（题3-5(a)图）和力 **F**（题3-5(b)图）。当求铰链 A、B、C 的约束反力时，能否将力偶 M 或力 **F** 分别移到构件 AC 上？为什么？

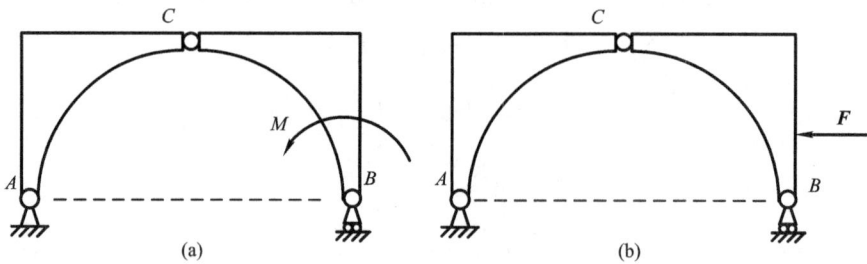

题 3-5 图

3-6 设平面任意力系向一点简化后为一合力。问：能否找到一个点为简化中心，使力系简化为一力偶？

3-7 刚体受力情况如题3-7图所示，当力系满足方程

$$\sum F_y = 0$$

$$\sum M_A(\mathbf{F}) = 0$$

$$\sum M_B(\mathbf{F}) = 0$$

时，刚体肯定平衡吗？

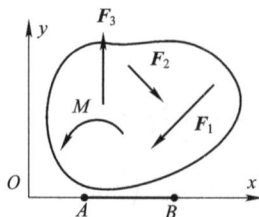

题 3-7 图

3-8　求题 3-8 图所示各梁支座的约束反力。已知 $F=2\text{ kN}$，$M=1.5\text{ kNm}$，$a=2\text{ m}$，$q=1\text{ kN/m}$。

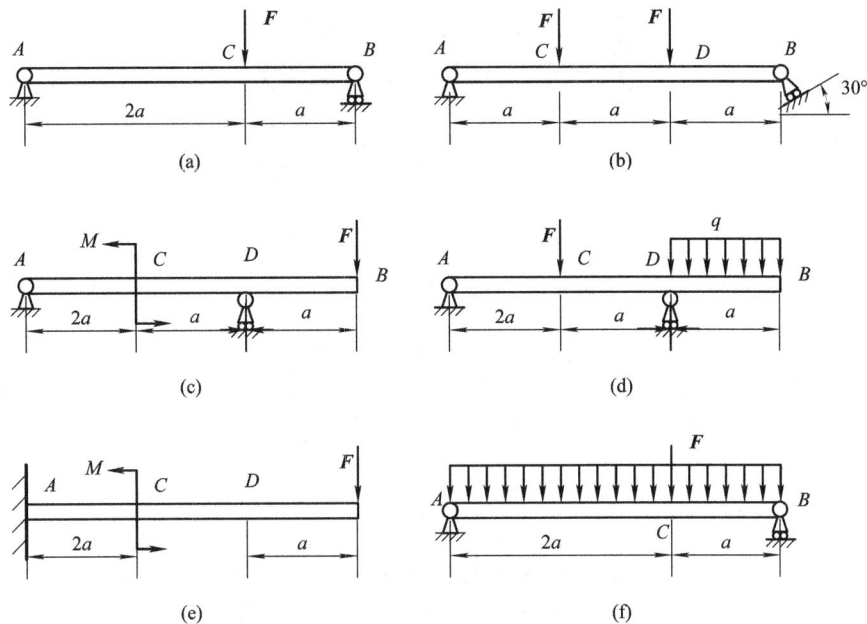

题 3-8 图

3-9　题 3-9 图所示为铁路起重机，平衡锤自重 $G=500\text{ kN}$，重心 C 在两铁轨的对称面内，最大起重力 $F=200\text{ kN}$。为保证起重机在空载和满载时都不致翻倒，求平衡重力 Q 及其距离 x 的取值范围。

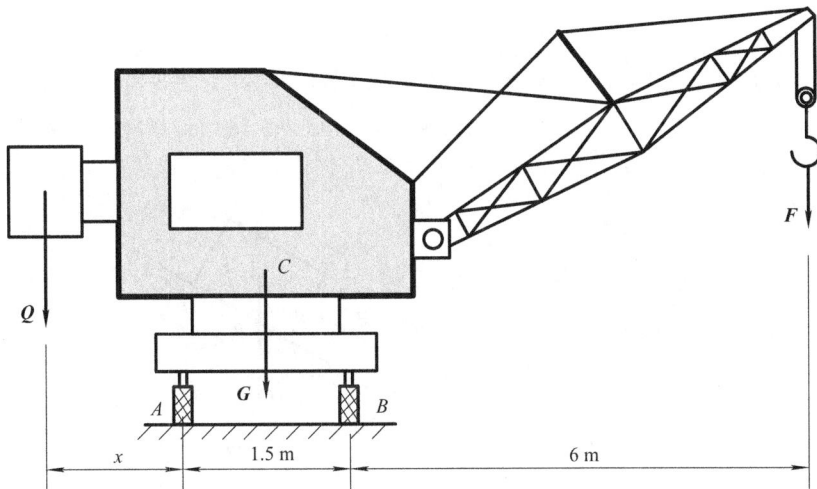

题 3-9 图

3-10　题 3-10 图所示构架由 AC 和 CD 组成，滑轮 B 上挂一重力为 $G=10\text{ kN}$ 的重物，不计各杆件和滑轮的重力。求支座 A 处的反力及 CD 杆所受的力。

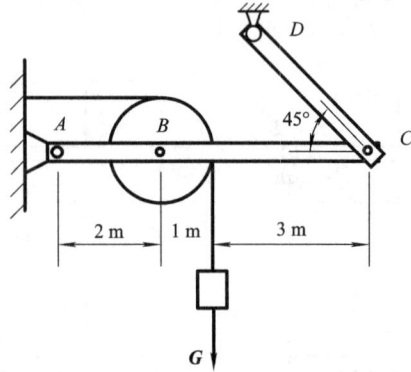

题 3-10 图

3-11 题 3-11 图所示桥由 AC、BC 构成，结构完全对称。已知桥自重 $G_1=G_2=40$ kN，其上作用载荷 $P=20$ kN，其他尺寸如图示。试求铰 A、B、C 处的约束反力。

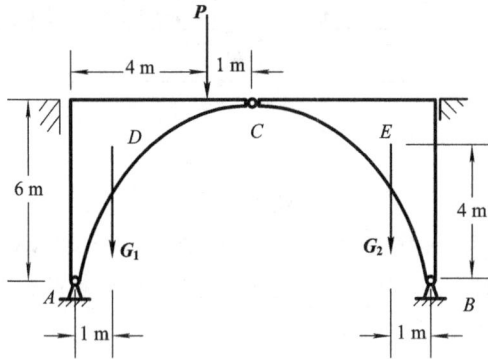

题 3-11 图

3-12 如题 3-12 图所示，已知重力 $G=100$ N，$\alpha=30°$，物块与斜面间静、动摩擦系数分别为 $f=0.38$，$f'=0.37$，求物块与斜面间的摩擦力。试问：物块在斜面上是静止、下滑还是上移？如果要使物块上移，那么作用在物块上并与斜面平行的力 F 至少应多大？

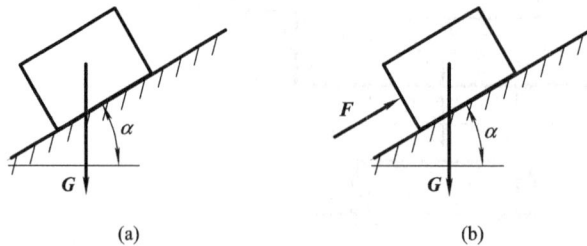

(a)   (b)

题 3-12 图

3-13 题 3-13 图所示绞车，它的鼓轮半径 $r=15$ cm，制动轮半径 $R=25$ cm，重物 $G=1000$ N，$a=100$ cm，$b=40$ cm，$c=50$ cm，制动轮与制动块间的摩擦系数 $f=0.6$，试求：当绞车吊着重物时，要刹住车使重物不致落下，加在杆上的力 F 至少应为多大？

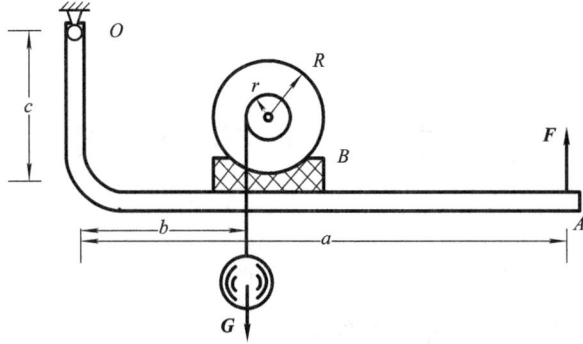

题 3 - 13 图

3 - 14　题 3 - 14 图所示摇臂钻床的衬套能在距轴心 $b = 22.5$ cm 处的垂直力 F 的作用下，沿着垂直轴滑动，设摩擦系数 $f = 0.1$。试求能保证滑动的衬套高度 h。

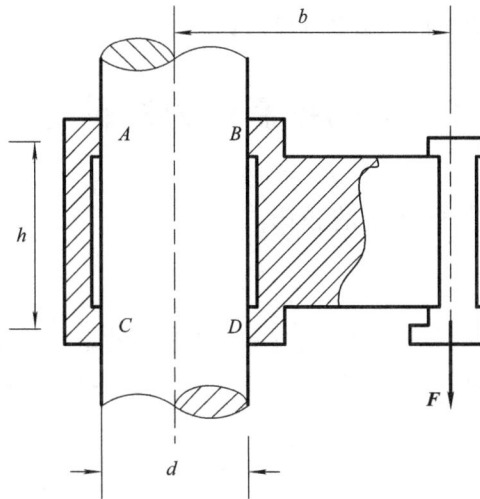

题 3 - 14 图

第 4 章　空 间 力 系

　　本章介绍力在空间直角坐标轴上的投影、力对轴之矩、空间任意力系的简化和平衡方程，以及物体重心的概念和求物体重心与平面图形形心的方法。

　　如果力系中各力的作用线不在同一平面内，则称该力系为空间力系。与平面力系一样，空间力系可分为空间汇交力系、空间平行力系、空间任意力系。

　　在工程实际中，经常会遇到空间力系的问题，例如车床主轴、起重设备、绞车等，设计这些结构时，必须用空间力系的平衡条件进行计算。

4.1　力的投影和力对轴之矩

4.1.1　力在空间直角坐标轴上的投影

1. 直接投影法

　　力在空间直角坐标轴上的投影定义与在平面力系中的定义相同。若已知力 F 与 x、y、z 坐标轴之间的夹角分别为 α、β、γ，如图 4-1 所示，就可以直接依照定义求出力在各坐标轴上的投影，即

$$\begin{cases} F_x = \pm F \cos\alpha \\ F_y = \pm F \cos\beta \\ F_z = \pm F \cos\gamma \end{cases} \qquad (4-1)$$

这种求解方法称为直接投影法。

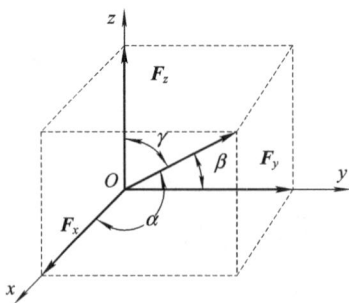

图 4-1　直接投影法

　　力在轴上的投影为代数量，其正负号规定：从力的起点到终点投影后的趋向与坐标轴正向相同，力的投影为正，反之为负。

本书所用空间坐标系均为右手坐标系。

2. 间接投影法(二次投影法)

当力 F 与坐标轴 Ox、Oy 间的夹角无法确定时,可把力 F 先投影到平面 Oxy 上,得到力 F 在平面 Oxy 的投影 F_{xy},然后再把 F_{xy} 投影到 x、y 轴上,分别得到在 x、y 轴上的投影 F_x、F_y。而力 F 在 z 轴上的投影 F_z 可按一次投影法求得。

如图 4-2 所示,已知力 F 与 z 轴的夹角为 γ,力 F 和 z 轴确定的平面与 x 轴的夹角为 φ,则用二次投影法得到的 F_x、F_y、F_z 可表示如下:

$$F \Rightarrow \begin{cases} F_z = F\cos\gamma \\ F_{xy} = F\sin\gamma \end{cases}$$

于是

$$\begin{cases} F_x = F_{xy}\cos\varphi \\ F_y = F_{xy}\sin\varphi \end{cases}$$

即可得出二次投影法的表达式:

$$\begin{cases} F_x = F\sin\gamma\,\cos\varphi \\ F_y = F\sin\gamma\,\sin\varphi \\ F_z = F\cos\gamma \end{cases} \qquad (4-2)$$

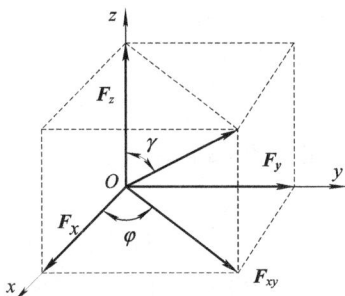

图 4-2 间接投影法

如果已知力 F 在三个坐标轴上的投影 F_x、F_y、F_z,也可以求出力 F 的大小和方向。其形式如下

$$\begin{cases} F = \sqrt{F_{xy}^2 + F_z^2} = \sqrt{F_x^2 + F_y^2 + F_z^2} \\ \cos\alpha = \left|\dfrac{F_x}{F}\right|, \quad \cos\beta = \left|\dfrac{F_y}{F}\right|, \quad \cos\gamma = \left|\dfrac{F_z}{F}\right| \end{cases} \qquad (4-3)$$

其中,α、β、γ 分别为力 F 与 x、y、z 轴之间所夹的锐角。

例 4-1 已知圆柱斜齿轮所受到的啮合力 $F_n = 1410$ N,齿轮压力角 $\alpha = 20°$,螺旋角 $\beta = 25°$,如图 4-3(a)所示。试计算斜齿轮所受到的圆周力 F_t、轴向力 F_a 和径向力 F_r 的大小。

解 取坐标系如图 4-3(a)所示,使得 x、y、z 轴分别沿齿轮的轴向、圆周的切线方向和径向。先把啮合力 F_n 向 z 轴和 Oxy 坐标平面投影,得

$$F_z = -F_r = -F_n\sin\alpha = -1410 \times \sin20° = -482 \text{ N}$$

.

F_n 在 Oxy 平面上的分力 F_{xy}，其大小为

$$F_{xy} = F_n \cos\alpha = 1410 \times \cos20° = 1325 \text{ N}$$

然后再把 F_{xy} 投影到 x、y 轴上，得

$$F_x = F_a = -F_{xy} \sin\beta = -F_n \cos20° \sin25° = -560 \text{ N}$$

$$F_y = F_t = -F_{xy} \cos\beta = -F_n \cos20° \cos25° = -1201 \text{ N}$$

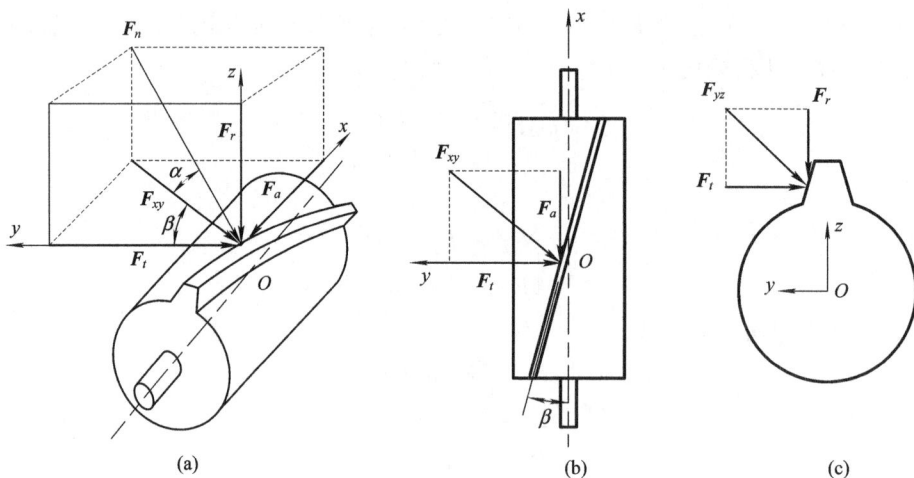

图 4-3　圆柱斜齿轮受力分析

4.1.2　力对轴之矩

在工程中，常常遇到刚体绕定轴转动的情况，为了度量力对绕定轴转动刚体的作用效果，必须掌握力对轴之矩的概念。

如图 4-4 所示，力 F 作用在门上，使门绕固定轴 z 转动。现将力 F 分解为平行于 z 轴的分力 F_z 和与 z 轴垂直的平面内的分力 F_{xy}。由经验可知，分力 F_z 不能使门绕 z 轴转动，只有分力 F_{xy} 才能使门绕 z 轴转动。因此，力 F 对 z 轴之矩就是分力 F_{xy} 对 O 点之矩，即

$$M_z(F) = M_z(F_{xy}) = M_O(F_{xy}) = \pm F_{xy}d \tag{4-4}$$

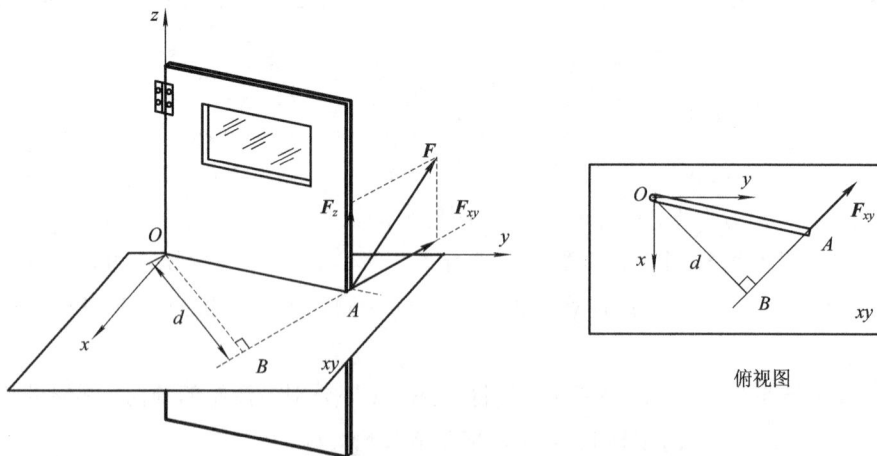

俯视图

图 4-4　力对轴之矩

式中，点 O 为分力 $\boldsymbol{F}_{xy}$ 所在的平面与 z 轴的交点；d 为点 O 到分力 $\boldsymbol{F}_{xy}$ 的作用线的距离；力对轴之矩的单位在国际单位制中为 N·m(牛米)或 kN·m(千牛米)。

综上可得，力对轴之矩就是力使刚体绕该轴转动效果的度量，其绝对值等于力在与该轴垂直的平面上的投影对该轴与平面交点之矩。力对轴之矩为代数量，其正负号规定如下：沿 z 轴反方向看，使物体逆时针转动的力矩为正，反之为负。

读者亦可按右手螺旋法则判定力矩的正负。

由式(4-4)可知，以下情况中力对轴之矩为零：① 力的作用线与轴相交时；② 力的作用线与轴平行时。也就是说，力与轴共面时，力对该轴之矩等于零。

4.1.3　合力矩定理

空间力系与平面力系类似，也有合力矩定理，即空间力系的合力 $\boldsymbol{F}_R$ 对某轴之矩等于力系中各分力对同一轴之矩的代数和，可表示为

$$\begin{cases} M_x(\boldsymbol{F}_R) = M_x(\boldsymbol{F}_1) + M_x(\boldsymbol{F}_2) + \cdots + M_x(\boldsymbol{F}_n) = \sum M_x(\boldsymbol{F}) \\ M_y(\boldsymbol{F}_R) = M_y(\boldsymbol{F}_1) + M_y(\boldsymbol{F}_2) + \cdots + M_y(\boldsymbol{F}_n) = \sum M_y(\boldsymbol{F}) \\ M_z(\boldsymbol{F}_R) = M_z(\boldsymbol{F}_1) + M_z(\boldsymbol{F}_2) + \cdots + M_z(\boldsymbol{F}_n) = \sum M_z(\boldsymbol{F}) \end{cases} \quad (4-5)$$

例 4-2　如图 4-5 所示，手柄 $ABCD$ 在平面 Axy 内，力 $\boldsymbol{F}$ 在垂直于 y 轴的平面上，与铅垂线的夹角为 α，其作用点在 D 处。已知 $CD=b$，杆 BC 平行于 x 轴，杆 CD 平行于 y 轴，杆 AB 和 BC 的长度为 l，求力 $\boldsymbol{F}$ 分别对 x、y 和 z 轴的矩。

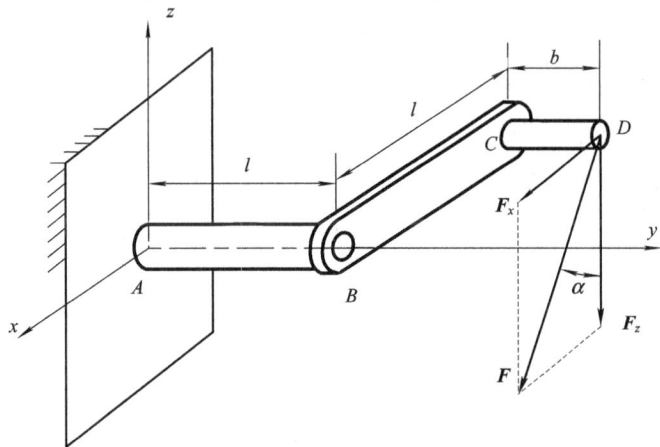

图 4-5　力对轴之矩示例

解　(1) 将力 $\boldsymbol{F}$ 沿坐标轴分解为 $\boldsymbol{F}_x$ 和 $\boldsymbol{F}_z$ 两个分力：

$$F_x = F \sin\alpha, \quad F_z = F \cos\alpha$$

(2) 根据合力矩定理求得力 $\boldsymbol{F}$ 对各轴的矩：

$$M_x(\boldsymbol{F}) = M_x(\boldsymbol{F}_x) + M_x(\boldsymbol{F}_z) = 0 - F_z(AB + CD)$$
$$= -F(l+b)\cos\alpha$$

$$M_y(\boldsymbol{F}) = M_y(\boldsymbol{F}_x) + M_y(\boldsymbol{F}_z) = 0 - F_z BC$$
$$= -Fl \cos\alpha$$
$$M_z(\boldsymbol{F}) = M_z(\boldsymbol{F}_x) + M_z(\boldsymbol{F}_z) = -F_x(AB + CD) + 0$$
$$= -F(l+b)\sin\alpha$$

4.2　空间力系的平衡方程及应用

4.2.1　空间任意力系的平衡方程

与平面任意力系一样，利用力的平移定理，可将空间力系简化为一个主矢 $\boldsymbol{F}'_R$ 和一个主矩 M_O。空间任意力系的平衡条件为主矢和主矩均为零，即

$$\begin{cases} \boldsymbol{F}'_R = 0 \\ M_O = 0 \end{cases}$$

由此，可得到空间任意力系的平衡方程为

$$\begin{cases} \sum F_x = 0, \ \sum F_y = 0, \ \sum F_z = 0 \\ \sum M_x(\boldsymbol{F}) = 0, \ \sum M_y(\boldsymbol{F}) = 0, \ \sum M_z(\boldsymbol{F}) = 0 \end{cases} \tag{4-6}$$

其中，第一行三个方程称为投影方程，第二行三个方程称为力矩方程。

式(4-6)表明，空间任意力系平衡的必要和充分条件为：各力在三个坐标轴上的投影的代数和为零，各力对三个轴之矩的代数和也为零。

利用这六个独立方程，可解出六个未知量。

1. 空间汇交力系的平衡方程

空间力系中各力的作用线汇交于一点，称为空间汇交力系。如选取汇交点为坐标原点，式(4-6)中力矩方程为恒等式，则可得到空间汇交力系的平衡条件为

$$\begin{cases} \sum F_x = 0 \\ \sum F_y = 0 \\ \sum F_z = 0 \end{cases} \tag{4-7}$$

式(4-7)称为空间汇交力系的平衡方程。此式有三个独立方程，可解出三个未知量。

2. 空间平行力系的平衡方程

空间力系中各力的作用线相互平行，称为空间平行力系。如选取 z 轴和力的作用线平行，式(4-6)中 $\sum F_x = 0$, $\sum F_y = 0$, $\sum M_z(\boldsymbol{F}) = 0$ 为恒等式，则空间平行力系的平衡条件为

$$\begin{cases} \sum F_z = 0 \\ \sum M_x(\boldsymbol{F}) = 0 \\ \sum M_y(\boldsymbol{F}) = 0 \end{cases} \tag{4-8}$$

式(4-8)称为空间平行力系的平衡方程。此式有三个独立方程，可解出三个未知量。

4.2.2　空间力系平衡问题解法举例

求解空间力系平衡问题的基本方法和步骤与平面力系平衡问题相同，也是分三个步骤：

(1) 选取研究对象和适当的坐标系，并画出其受力图；

(2) 根据所选坐标系，列出平衡方程；

(3) 求解所列平衡方程，求出未知量。

和求解平面问题一样，空间问题的解题关键也是正确地选取研究对象并画出受力图。常见的空间约束及简化如表 4-1 所示。

表 4-1　常见的空间约束及简化

约 束 类 型	简　图	约 束 反 力
径向轴承 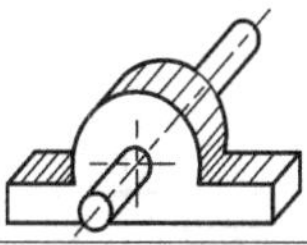  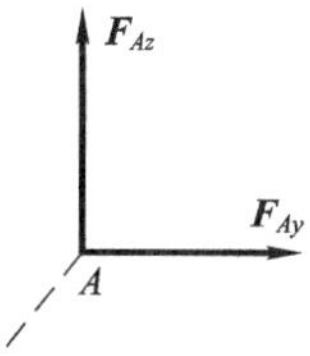		
柱销铰链 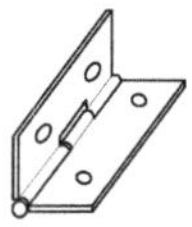		
导向轴承 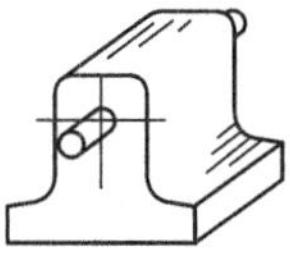		
球形铰   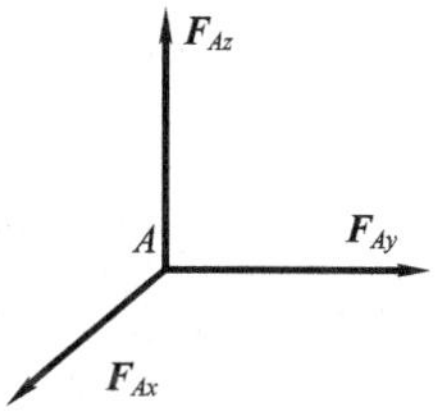		
推力轴承	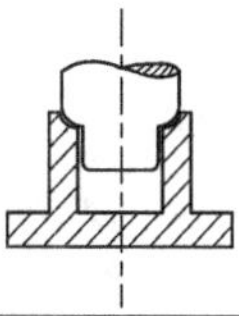	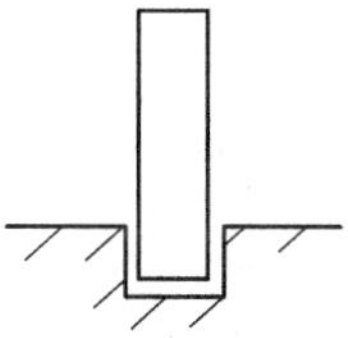
固定端 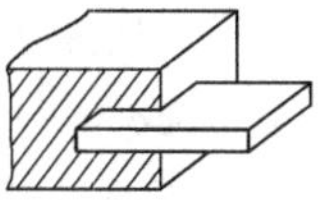 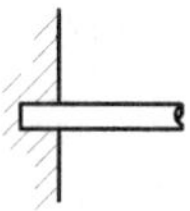 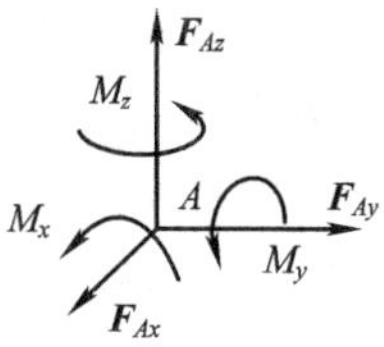		

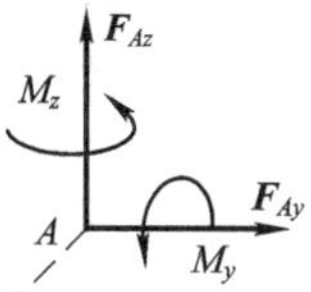

例 4 - 3 两杆 AB、AC 铰接于 A 点，在 A 点悬挂一重物 $G = 1000$ N，并用绳子 AD 系于 D 点，AB、AC 等长且互相垂直，A、B、C、O 在一个平面上，如图 4 - 6 所示。求杆及绳子所受到的力。

解 取销 A 为研究对象，AB、AC 均为二力杆，设 AB、AC 杆均受拉，销 A 的受力图如图 4 - 6 所示，建立图示空间直角坐标系。

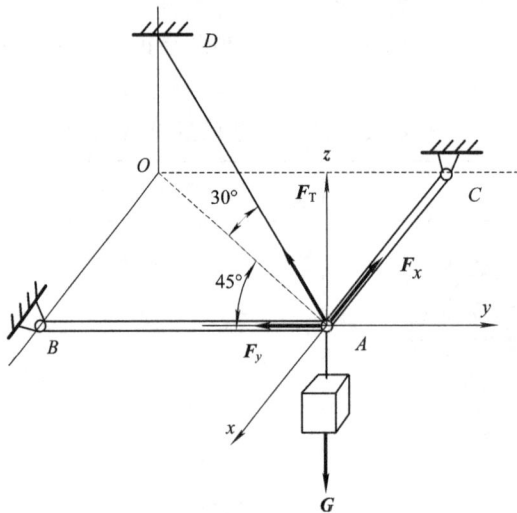

图 4 - 6 空间汇交力系

本题为一个空间汇交力系，有三个未知量，根据方程(4 - 7)列平衡方程：

$$\sum F_x = 0, \quad -F_x - F_T \cos30^\circ \sin45^\circ = 0$$

$$\sum F_y = 0, \quad F_x + F_T \cos30^\circ \cos45^\circ = 0$$

$$\sum F_z = 0, \quad F_T \sin30^\circ - G = 0$$

求解以上方程得

$$F_T = 2000 \text{ N}$$

$$F_x = F_y = -1225 \text{ N}$$

负号意义：图中所示力的方向与实际力的方向相反，图中假设两杆受拉，实际两杆均受压。

例 4 - 4 起重绞车如图 4 - 7 所示。已知 $\alpha = 20^\circ$，$R = 200$，$r = 100$，$G = 10$ kN，试求匀速提升重物时，轴承 A、B 的反力及齿轮所受的力 $\boldsymbol{F}$。（图中单位：mm）

解 对于齿轮传动，通常采用平面法求解，即将空间力系分别向三个坐标平面投影，得到三个平面力系，于是求解一个空间力系的问题被转换成求解三个平面力系的问题，此方法称为空间问题的平面解法。

取绞车为研究对象，建立坐标系并画受力图，如图 4 - 7(a)所示。

将此空间力系向三个坐标平面投影，得到如图 4 - 7(b)、(c)、(d)所示的三个平面力系。求解时，一般从符合求解条件的那个投影图开始。下面列平衡方程。

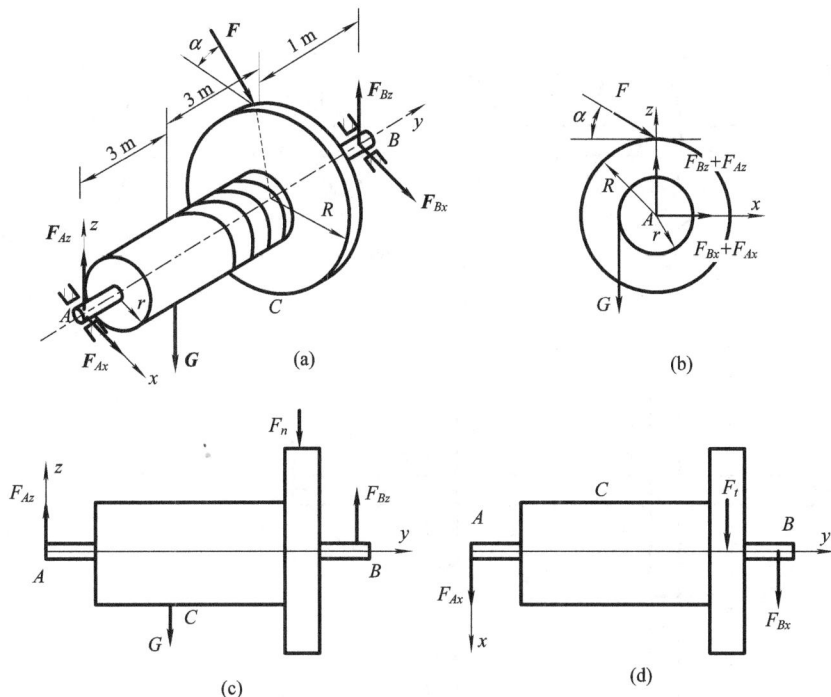

图 4 - 7 起重绞车

Axz 平面：

$$\sum M_A(\boldsymbol{F}) = 0, \quad G \cdot r - F \cdot R \cdot \cos\alpha = 0$$

$$F = \frac{G \cdot r}{R \cdot \cos\alpha} = \frac{10 \times 100}{200 \times \cos 20°} = 5.32 \text{ kN}$$

Ayz 平面：

$$\sum M_A(\boldsymbol{F}) = 0, \quad F_{Bz} \cdot 7000 - G \cdot 3000 - F \cdot \sin\alpha \cdot 6000 = 0$$

$$F_{Bz} = \frac{G \cdot 3000 + F \cdot \sin\alpha \cdot 6000}{7000} = 5.58 \text{ kN}$$

$$\sum F_z = 0, \quad F_{Az} + F_{Bz} - G - F \cdot \sin\alpha = 0$$

$$F_{Az} = -F_{Bz} + G + F \cdot \sin\alpha = -5.85 + 10 + 5.32 \sin 20° = 5.97 \text{ kN}$$

Axy 平面：

$$\sum M_A(\boldsymbol{F}) = 0, \quad F_{Bx} \cdot 7000 + F \cdot \cos\alpha \cdot 6000 = 0$$

$$F_{Bx} = -\frac{F \cdot \cos\alpha \cdot 6000}{7000} = -4.29 \text{ kN}$$

$$\sum F_x = 0, \quad F_{Bx} + F \cdot \cos\alpha + F_{Ax} = 0$$

$$F_{Ax} = -F_{Bx} - F \cdot \cos\alpha = 4.29 - 5.32 \cos 20° = -0.71 \text{ kN}$$

例 4 - 5 如图 4 - 8(a)所示的传动轴 AB，已知两齿轮的压力角均为 $\alpha = 20°$，齿轮 1、2 的分度圆直径分别为 $r_1 = 90$ mm，$r_2 = 60$ mm，齿轮 1 的圆周力 $F_{t1} = 2.64$ kN。求齿轮 2 的圆周力 F_{t2} 及 A、B 两轴承处的反力。

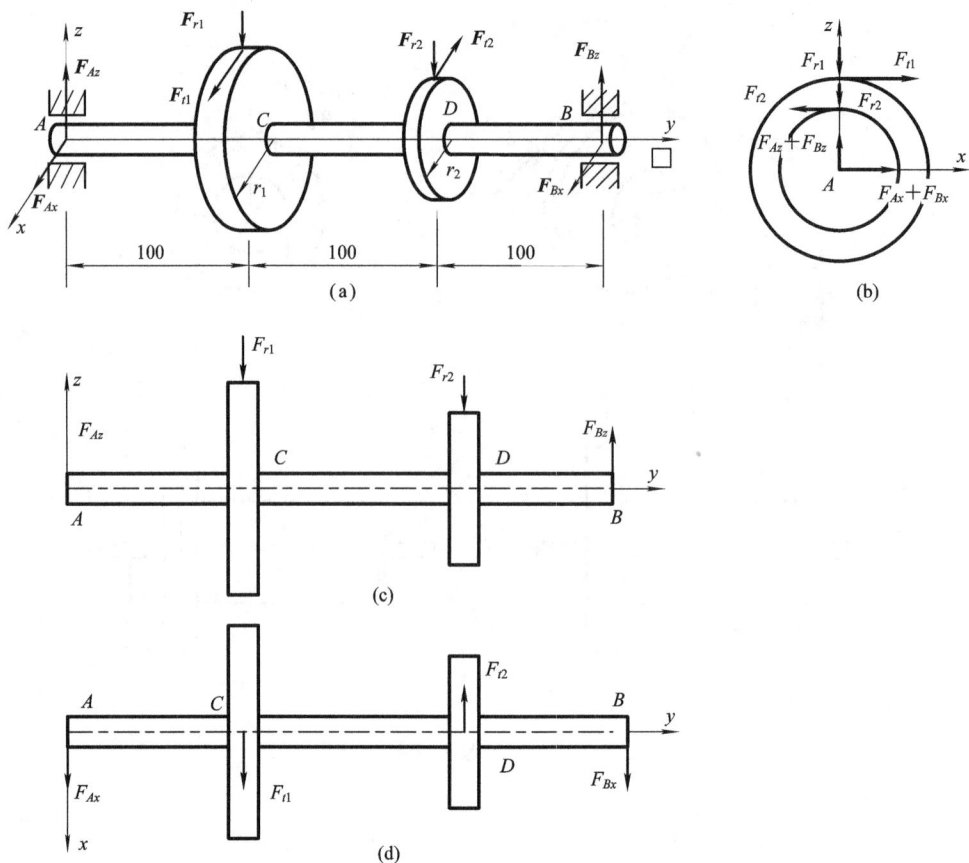

图 4 - 8　传动轴

解　（1）选轴 AB 及两齿轮整体为研究对象，画受力图，并选取适当的空间直角坐标轴（图 4 - 8(a)）。

（2）将各力分别在 Azx 平面（图 4 - 8(b)）、Azy 平面（图 4 - 8(c)）及 Axy 平面投影（图 4 - 8(d)），得到三个平面力系。

（3）分别对三个平面力系列相应的平衡方程。

Azx 平面：

$$\sum M_A(\boldsymbol{F}) = 0, \quad -F_{t1}r_1 + F_{t2}r_2 = 0$$

得

$$F_{t2} = \frac{F_{t1}r_1}{r_2} = \frac{2.64 \times 90}{60} = 3.96 \text{ kN}$$

Azy 平面：

$$\sum M_A(\boldsymbol{F}) = 0, \quad -F_{r1} \times 100 - F_{r2} \times 200 + N_{Bz} \times 300 = 0$$

$$\sum F_z = 0, \quad N_{Az} - F_{r1} - F_{r2} + N_{Bz} = 0$$

因 $F_{r1} = F_{t1}\tan 20° = 0.96 \text{ kN}$，$F_{r2} = F_{t2}\tan 20° = 1.44 \text{ kN}$，得

$$N_{Bz} = \frac{F_{r1} \times 100 + F_{r2} \times 200}{300} = \frac{0.96 \times 100 + 1.44 \times 200}{300} = 1.28 \text{ kN}$$

$$N_{Az} = F_{r1} + F_{r2} - N_{Bz} = 0.96 + 1.44 - 1.28 = 1.12 \text{ kN}$$

Axy 平面:

$$\sum M_A(\boldsymbol{F}) = 0, \quad -F_{t1} \times 100 + F_{t2} \times 200 - N_{Bx} \times 300 = 0$$

$$\sum F_x = 0, \quad N_{Ax} + F_{t1} - F_{t2} + N_{Bx} = 0$$

得

$$N_{Bx} = \frac{-F_{t1} \times 100 + F_{t2} \times 200}{300} = \frac{-2.64 \times 100 + 3.96 \times 200}{300} = 1.76 \text{ kN}$$

$$N_{Ax} = -F_{t1} + F_{t2} - N_{Bx} = -2.64 + 3.96 - 1.76 = -0.44 \text{ kN}$$

负号表示力的实际方向与假设方向相反。

说明:在 Azx 平面,力的投影图可以略去不画,其方程可用空间受力图中所有的力对 y 轴取矩代替,由此所列出的方程与根据 Azx 平面投影图列出的方程相同,即

$$\sum M_y(\boldsymbol{F}) = 0, \quad F_{t1} r_1 - F_{t2} r_2 = 0$$

例 4 - 6　车床主轴如图 4 - 9(a)所示,齿轮 C 的分度圆半径 $R = 100$ mm,三爪卡盘 D 夹住一半径 $r = 60$ mm 的工件。车刀给工件的切削力 $F_x = 260$ N,$F_y = 505$ N,$F_z = 1388$ N,齿轮 C 在啮合处所受力为 $\boldsymbol{F}$。求力 $\boldsymbol{F}$ 的大小及 A、B 两轴承处的反力。

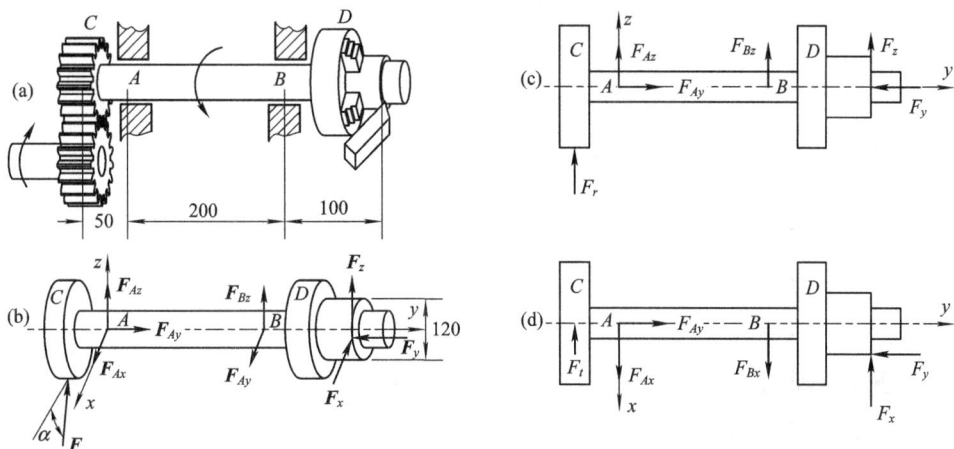

图 4 - 9　车床主轴

解　(1) 选主轴及工件为研究对象,画受力图,并选取适当的空间直角坐标轴(图 4 - 9(b))。

(2) 在空间受力图中(图 4 - 9(b)),所有的力对 y 轴取矩:

$$\sum M_y(\boldsymbol{F}) = 0, \quad F_t R - F_z r = 0$$

$$F_t = \frac{F_z r}{R} = \frac{1388 \times 60}{100} = 832.8 \text{ N}$$

则

$$F = \frac{F_t}{\cos 20°} = 886.2 \text{ N}$$

（3）将各力分别在 Azy 平面（图4-9(c)）及 Axy 平面投影（图4-9(d)），得到两个平面力系。

（4）分别对两个平面力系列相应的平衡方程。

Azy 平面：

$$\sum M_A(\boldsymbol{F}) = 0, \quad -F_r \times 50 + F_{Bz} \times 200 + F_z \times 300 = 0$$

$$\sum F_z = 0, \quad F_r + F_{Az} + F_{Bz} + F_z = 0$$

$$\sum F_y = 0, \quad F_{Ay} - F_y = 0$$

因 $F_r = F_t \tan 20° = 303.1$ N，得

$$F_{Bz} = \frac{F_r \times 50 - F_z \times 300}{200} = \frac{303.1 \times 50 - 1388 \times 300}{200} = -2006.2 \text{ N}$$

$$F_{Az} = -F_r - F_{Bz} - F_z = -303.1 + 2006.2 - 1388 = 315.1 \text{ N}$$

$$F_{Ay} = F_y = 505 \text{ N}$$

xAy 平面：

$$\sum M_A(\boldsymbol{F}) = 0, \quad -F_t \times 50 - F_{Bx} \times 200 + F_x \times 300 - F_y \times 60 = 0$$

$$\sum F_x = 0, \quad -F_t + F_{Ax} + F_{Bx} - F_x = 0$$

得

$$F_{Bx} = \frac{-F_t \times 50 + F_x \times 300 - F_y \times 60}{200}$$

$$= \frac{-832.8 \times 50 + 260 \times 300 - 505 \times 60}{200} = 30.3 \text{ N}$$

$$F_{Ax} = F_t - F_{Bx} + F_x = 832.8 - 30.3 + 260 = 1062.8 \text{ N}$$

4.3 重 心

4.3.1 重心的概念

在日常生活与工程实际中，总会遇到重心问题。例如，当我们用手推车推重物时，只有重物的重心正好与车轮轴线在同一铅垂面内时，才能比较省力。起重机吊起重物时，吊钩必须位于被吊物体重心的上方，才能在起吊过程中保持物体的平衡稳定。机械设备中高速旋转的构件，如电机转子、砂轮、飞轮等，都要求它的重心位于转动轴线上，否则就会使机器产生剧烈的震动，甚至引起破坏，造成事故。因此，重心与平衡稳定、安全生产有着密切的关系。另一方面，有的机构利用重心的偏移来制造打夯机、混凝土捣实机等，从而满足了生产上的需要，提高了劳动生产率。再如1975年修筑鹰夏铁路时，厦门岛与陆地之间有一段浅海，需要填海修筑长堤。当时工期紧，装卸石块效率低。为了解决这个问题，采用了快速抛石法。这个方法就是将石块装入竹笼，放在船上（图4-10）运到卸石地点，砍断绳索，并推下左边竹笼，使船体失去平衡向右倾斜，达到快速卸石的目的。由此可见，掌握重心位置的知识，在工程上是很有用的。

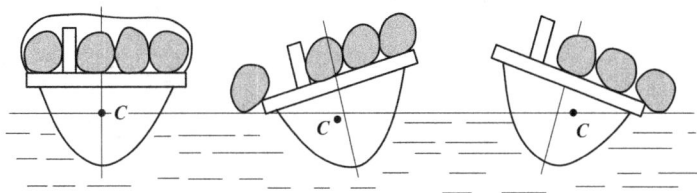

图 4 - 10　快速抛石法

地球上的物体内各质点都受到地球的吸引力，这些力可近似认为组成一个空间平行力系，该力系的合力为 G，称为物体的重力。不论物体怎样放置，这些平行力的合力作用点总是一个确定的点，这个点叫做物体的重心。

4.3.2　重心坐标公式

设一个物体由许多小块组成，每一小块都受到地球的吸引，其吸引力为 ΔG_1，ΔG_2，$\cdots$，ΔG_n，它们组成一个空间平行力系(图 4 - 11)。该空间平行力系的合力为 G，即该物体的重力，则

$$G = \sum (\Delta G_k)$$

若合力作用点为 $C(x_c，y_c，z_c)$，根据合力矩定理，对 y 轴则有

$$G \cdot x_c = \sum (\Delta G_k) \cdot x_k$$

所以

$$x_c = \frac{\sum (\Delta G_k) \cdot x_k}{G} \tag{4-9a}$$

同理，对 x 轴，则有

$$y_c = \frac{\sum (\Delta G_k) \cdot y_k}{G} \tag{4-9b}$$

若将物体连同坐标系绕 x 轴逆时针方向转过 $90°$，再对 x 轴应用合力矩定理，则可得

$$z_c = \frac{\sum (\Delta G_k) \cdot z_k}{G} \tag{4-9c}$$

点 C 为重力作用点，就是物体的重心。式(4 - 9)即重心的坐标公式。

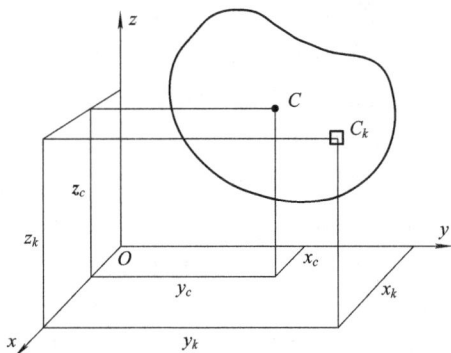

图 4 - 11　重心

若物体为均质体，则 $G=\gamma\cdot V$，$\Delta G_k=\gamma\cdot\Delta V_k$，代入式(4-9)，并消去 γ，可得

$$x_c=\frac{\sum(\Delta V_k)\cdot x_k}{V},\quad y_c=\frac{\sum(\Delta V_k)\cdot y_k}{V},\quad z_c=\frac{\sum(\Delta V_k)\cdot z_k}{V} \qquad (4-10)$$

可见，均质物体的重心位置完全取决于物体的形状。于是，均质物体的重心也就改称为形心。

如果物体不仅是均质的，而且是等厚平板，消去式(4-10)中的板厚，则其形心坐标为

$$x_c=\frac{\sum(\Delta A_k)\cdot x_k}{A},\quad y_c=\frac{\sum(\Delta A_k)\cdot y_k}{A},\quad z_c=\frac{\sum(\Delta A_k)\cdot z_k}{A} \qquad (4-11)$$

若平面图形处在 xOy 平面内，即 $z_c=0$，则平面图形的形心公式为

$$x_c=\frac{\sum(\Delta A_k)\cdot x_k}{A}=\frac{S_y}{A} \qquad (4-12a)$$

$$y_c=\frac{\sum(\Delta A_k)\cdot y_k}{A}=\frac{S_x}{A} \qquad (4-12b)$$

式中 $S_x=\sum(\Delta A_k)\cdot y_k=A\cdot y_c$，$S_y=\sum(\Delta A_k)\cdot x_k=A\cdot x_c$ 称为平面图形对 x 轴和 y 轴的静矩或面积一次矩。

上式表明，图形对某轴的静矩等于该图形各组成部分对同轴静矩的代数和。从上式可知，若 x 轴通过图形的形心，即 $y_c=0$，则该图形对 x 轴的静矩为零。相反，若图形对 x 轴的静矩为零，必有 $y_c=0$，即 x 轴通过图形的形心。由此可得出结论：

(1) 若某轴通过图形的形心，则图形对该轴的静矩必为零。

(2) 若图形对某轴的静矩为零，则该轴必通过图形的形心。

4.3.3　重心及形心位置的求法

1. 对称法(图解法)

对于均质物体，若在几何形体上具有对称面、对称轴或对称点，则该物体的重心或形心亦必在此对称面、对称轴或对称点上。

若物体具有两个对称面，则重心在两个对称面的交线上；若物体有两根对称轴，则重心在两根对称轴的交点上。例如，球心是圆球的对称点，也就是它的重心或形心；矩形的形心就在两个对称轴的交点上。

运用此法时，注意在不对称的图形上找到对称的因素。例如，对任意三角形 $\triangle ABD$，可将图形分隔成无数平行于底边 AB 的直线，每一条直线的形心在其对称点(中点)上，这些中点连起来形成一条形心迹线 DE。若以 BD 为底边，则又可以得到另一条形心迹线 AH，依对称律，$\triangle ABD$ 之形心必为 DE 与 AH 之交点 C，见图 4-12(a)。

又如，对任意四边形 $ABDE$(图 4-12(b))，第一次将其分成了 $\triangle ABD$ 和 $\triangle ADE$，分别找出形心 C_1 和 C_2，连接 C_1C_2 得到一条迹线；第二次将其分成 $\triangle ABE$ 和 $\triangle DBE$，分别找出形心 C_3 和 C_4，连接 C_3C_4 又得到一条迹线，两条迹线的交点 C 即四边形 $ABDE$ 的形心。

对于有些图形进行划分时，还可采用负面积法，如图 4-12(c)所示角钢的横截面，第一次将它划成以 C_3、C_4 两个形心为代表的矩形面积之和；第二次将它划成整个矩形(形心为 C_1)和虚线矩形(形心为 C_2)之差；连接 C_1C_2 迹线和 C_3C_4 迹线，相交于 C 点，C 即角钢

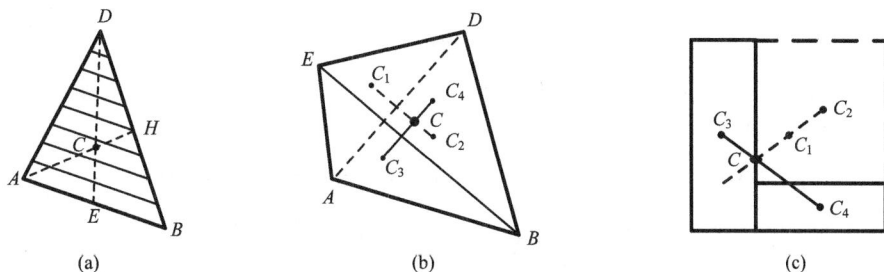

图 4 - 12 图解法求形心

截面的形心。

以上方法不需要计算,仅靠作图求解,故也称为图解法。

2. 积分法(无限分割法)

在求基本规则形体的形心时,可将形体分割成无限多块微小的形体。在此极限情况下,式(4 - 9a)、(4 - 9b)、(4 - 9c)均可写成定积分形式。

重心公式为

$$x_c = \frac{\int_c x \, \mathrm{d}G}{G}, \qquad y_c = \frac{\int_c y \, \mathrm{d}G}{G}, \qquad z_c = \frac{\int_c z \, \mathrm{d}G}{G} \qquad (4 - 13)$$

参照以上方法,同样可以得到形心公式。

3. 组合法(有限分割法)

组合法是将一个比较复杂的形体分割成几个形状比较简单的基本形体,每个形体的形心(重心)可以根据对称原理判断或查表获得,而整个组合形体的形心由式(4 - 11)求得,具体求解方法详见下面的例题。

例 4 - 7 如图 4 - 13 所示截面,其中 $a = 100 \text{ mm}$,$b = 300 \text{ mm}$,$c = 200 \text{ mm}$。试求该截面的形心位置。

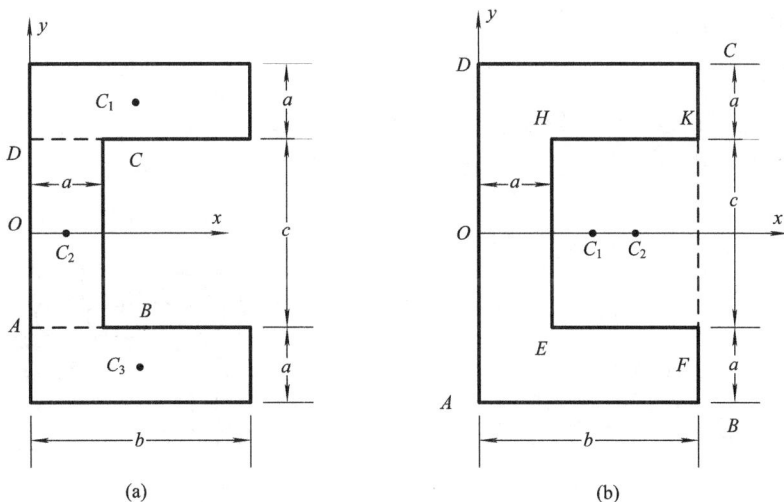

图 4 - 13 平面图形

解 方法一：

如图选取坐标系，根据对称原理，该形体的形心必在 x 轴上，故有 $y_c=0$。

将截面分割为三部分 C_1、C_2（矩形 $ABCD$）、C_3，如图 4-13(a)所示，每一部分都是矩形，其面积和形心坐标如下：

$$A_1 = A_3 = a \cdot b = 30 \times 10^3, \quad A_2 = a \cdot c = 20 \times 10^3$$

$$x_{c1} = x_{c3} = \frac{b}{2} = 150, \quad x_{c2} = \frac{a}{2} = 50$$

将以上数据代入公式(4-11)，得

$$x_c = \frac{\sum \Delta A_k x_k}{A} = \frac{A_1 \cdot x_{c1} + A_2 \cdot x_{c2} + A_3 \cdot x_{c3}}{A_1 + A_2 + A_3}$$

$$= \frac{30 \times 10^3 \times 150 + 20 \times 10^3 \times 50 + 30 \times 10^3 \times 150}{(30 + 20 + 30) \times 10^3}$$

$$= 125 \text{ mm}$$

$$y_c = 0$$

方法二：

将形体分割成两部分，即 $ABCD$ 和 $EFKH$，如图 4-13(b)所示，其中 $EFKH$ 的面积为负值。根据对称原理，同样有 $y_c=0$。

$$A_1 = b(c + 2a) = 120 \times 10^3, \quad A_2 = -c(b - a) = -40 \times 10^3$$

$$x_{c1} = \frac{b}{2} = 150, \quad x_{c2} = a + \frac{b - a}{2} = 200$$

将以上数据代入公式(4-11)，得

$$x_c = \frac{\sum \Delta A_k x_k}{A} = \frac{A_1 \cdot x_{c1} + A_2 \cdot x_{c2}}{A_1 + A_2}$$

$$= \frac{120 \times 10^3 \times 150 - 40 \times 10^3}{(120 - 40) \times 10^3} = 125 \text{ mm}$$

$$y_c = 0$$

在这一例题中，综合运用了对称法、组合法。

4. 实验法

实验法常用来确定形状比较复杂或质量不均匀的物体，方法简单，且具有一定的准确度。实验法通常采用的方法是悬挂法(图 4-14)和称重法(图 4-15)。

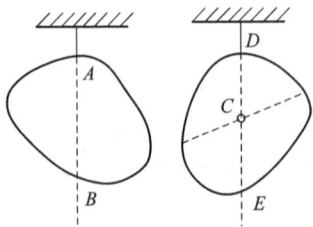

图 4-14 悬挂法

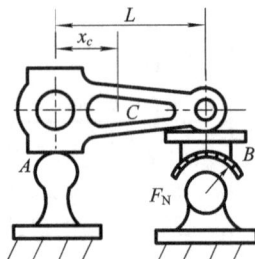

图 4-15 称重法

图 4-14 采用两次悬挂，重心必为 AB 和 DE 的交点。图 4-15 采用称重法，记录 F_N，则

$$x_c = \frac{F_N \cdot L}{G}$$

有兴趣的读者可自己证明。

表 4-2　基本形体的形心位置表

图　形	形　心　位　置
三角形	$y_c = \frac{1}{3}h$ $A = \frac{1}{2}bh$
梯形	$y_c = \frac{h(a+2b)}{3(a+b)}$ $A = \frac{h}{2}(a+b)$
抛物线	$x_c = \frac{1}{4}l$ $y_c = \frac{3}{10}b$ $A = \frac{1}{3}hl$
扇形	$x_c = \frac{2r\sin\alpha}{3a}$ $A = \alpha r^2$ 半圆：$\alpha = \frac{\pi}{2}$ $x_c = \frac{4r}{3\pi}$

思考与练习题

4-1　如力 **F** 与 x 轴的交角为 α，在什么情况下 $F_x = F\sin\alpha$？此时 **F**$_x$ 为多少？

4-2　已知力 **F**、**F** 与 x 轴的夹角 α 及其与 y 轴的夹角 β，能不能算出 **F**$_z$？

4-3　一个空间问题可转化为三个平面问题，而每个平面问题有三个独立的平衡方程，为什么空间问题不能解出 9 个未知量？

4-4　物体的重心是否一定在物体内部？

4-5　将物体沿着过重心的平面截开，两边是否等重？

4-6 分析力 F 分别在轴上和在平面上的投影是代数量还是矢量。

4-7 什么情况下力对轴之矩等于零？力对轴之矩的正负号如何判定？

4-8 根据下列已知条件，分析力 F 在什么平面上：

(1) $F_x = 0$，$\sum M_x(F) \neq 0$；

(2) $F_x \neq 0$，$\sum M_x(F) = 0$；

(3) $F_x = 0$，$\sum M_x(F) = 0$；

(4) $\sum M_x(F) = 0$，$\sum M_y(F) = 0$。

4-9 在边长 $a = 120$ mm，$b = 180$ mm，$c = 200$ mm 的六面体上(题 4-9 图)，有力 $F_1 = 10$ kN，$F_2 = 12$ kN，$F_3 = 8$ kN，试计算力在三个坐标轴上的投影。

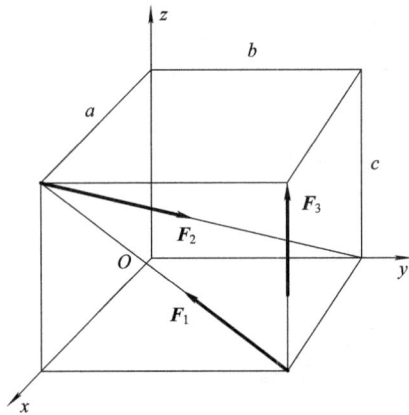

题 4-9 图

4-10 力 F 作用在半径为 r 的斜齿轮上(题 4-10 图)，已知 α 角和 β 角，求力 F 在三个坐标轴上的投影及对 y 轴之矩。

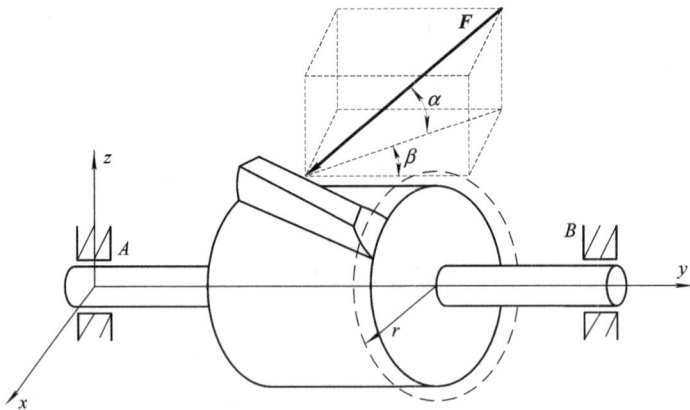

题 4-10 图

4-11 作用在水平轮上 A 点的力 $F = 800$ N(题 4-11 图)，F 在铅垂平面内并与过 A 点的切线成 $60°$ 夹角，OA 与 y 轴平行的直线夹角为 $45°$，$h = r = 1$ m，试求力 F 在三个坐标轴上的投影及对三个坐标轴之矩。

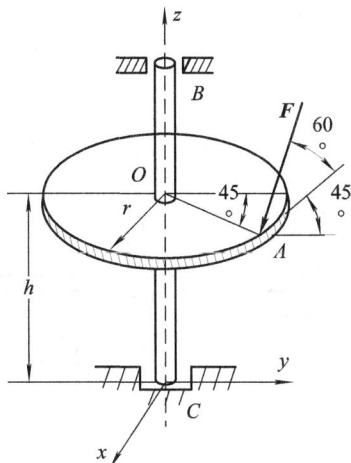

题 4 - 11 图

4 - 12　悬臂钢架上作用有分别与 AB、CD 平行的力 F_1 和 F_2（题 4 - 12 图），已知 $F_1 = 10$ kN，$F_2 = 6$ kN。试求固定端 O 处的约束反力及约束力偶矩。

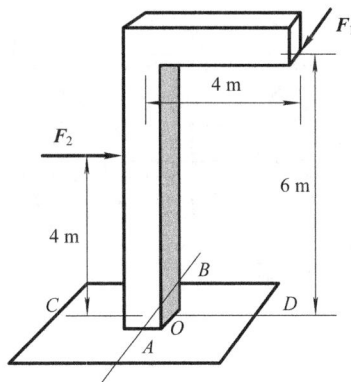

题 4 - 12 图

4 - 13　如题 4 - 13 图所示，作用在手柄端部的力 $F = 500$ N，试计算此力在三个坐标轴上的投影及对三个坐标轴之矩。

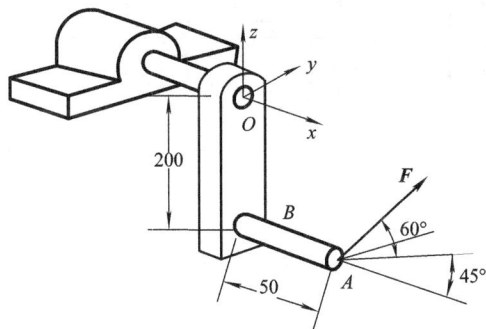

题 4 - 13 图

4-14 机床传动轴如题 4-14 图所示，已知两齿轮的分度圆半径 $r_1 = 120$ mm，$r_2 = 70$ mm，压力角 $\alpha = 20°$，齿轮 1 上的圆周力 $F_{t1} = 2.82$ kN。求作用于齿轮 2 的圆周力 $\boldsymbol{F}_{t2}$ 及 A、B 两轴承处的反力。

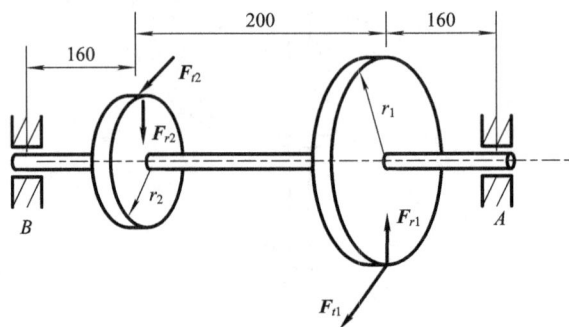

题 4-14 图

4-15 传动轴如题 4-15 图所示，已知带拉力 $T_1/T_2 = 2$，齿轮的径向力 $F_r = 1.2$ kN，其方向均铅垂向下，压力角 $\alpha = 20°$，带轮半径 $R = 380$ mm，齿轮的分度圆半径 $r = 280$ mm，$a = 360$ mm。求作用于齿轮的圆周力 $\boldsymbol{F}_t$ 及 A、B 两轴承处的反力。

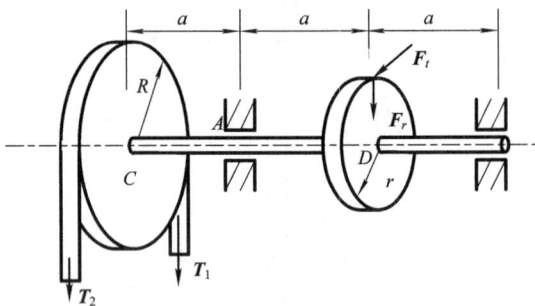

题 4-15 图

4-16 试求题 4-16 图所示各型材截面形心的位置。

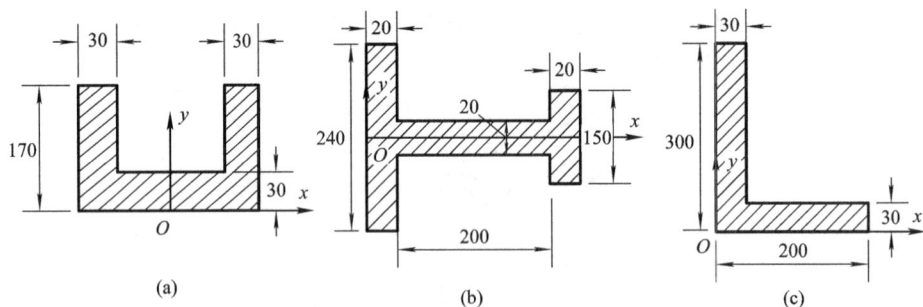

题 4-16 图

第二篇　材料力学

由前所知，工程结构或机械是由构件组成的，如建筑物的梁和柱、机床的轴等。当构件工作时将受到力的作用。例如，车床主轴受齿轮啮合力和切削力的作用，建筑物的梁受自身重力和其他物体重力的作用等。构件一般由固体制成，在静力学部分，这些固体物质被模型化为刚体，而现实中，这些固体物质在外力的作用下，其尺寸和形状会发生变化，这种变化称为变形。变形分为弹性变形和塑性变形。弹性变形是指载荷去除后变形随之消失；塑性变形是指当载荷消除后变形不能消失。材料力学研究的对象主要以直杆（梁、柱子及传动轴等）为主，其力学模型为可变形固体。

一、材料力学的基本任务

材料力学的基本任务就是研究各类杆形构件（杆件）的强度、刚度和稳定性，为在安全经济的前提下设计构件的材料和形状尺寸，提供基本理论、计算方法和实验技术。

（1）强度：指构件抵抗破坏的能力。

（2）刚度：指构件抵抗变形的能力。

（3）稳定性：指构件保持原有直线平衡状态的能力。

构件的强度、刚度和稳定性也称为构件的承载能力。研究构件的承载能力时必须了解材料在外力作用下表现出的变形和破坏等方面的性能，及材料的力学性能。材料的力学性能由实验来测定。经过抽象、综合、归纳，建立的理论是否可信，也要由实验来验证。此外，对于一些尚无理论结果的问题，需要借助实验方法来解决。所以，实验分析和理论研究同是材料力学解决问题的方法。

二、变形固体的基本假设

1. 均匀连续假设

均匀连续假设认为整个固体物质是均匀、连续分布的，无空隙存在。

2. 各向同性假设

各向同性假设认为材料沿各个方向的力学性能均相同。工程中宏观上将各个方向力学性能相同或相近的材料称为各向同性材料，如铸钢、铸铜、玻璃等；把各个方向性能不同的材料称为各向异性材料，如木材、竹子和纤维增强叠层复合材料等。

三、杆件变形的基本形式

工作中的杆件变形是各种各样的，但归纳起来其基本变形不外乎以下四种：

（1）轴向拉伸或轴向压缩变形；

（2）剪切和挤压变形；

（3）扭转变形；

（4）弯曲变形。

四、内力和外力

材料力学中所说的内力和外力，是指构件的内力和外力。构件的外力是指构件所受其他物体的约束反力、风力及重力等，这些力统称为外载荷。外载荷又有静载荷和动载荷之分。静载荷分为集中载荷和分布载荷，动载荷分为冲击载荷和交变载荷等。本书以研究构件在静载荷作用下的变形为主。

构件的内力是指由于外力的作用，构件内部粒子之间相互作用力的改变量。正确计算内力是研究构件(杆件)承载能力的最基本环节。

第 5 章　轴向拉伸与压缩

5.1　轴向拉伸(压缩)时横截面上的内力

5.1.1　轴向拉伸(压缩)的概念

在工程上,许多构件都会发生轴向拉伸或压缩变形。这类构件的受力特点是:杆件承受的外力(或外力合力)的作用线与杆件轴线重合。这类构件的变形特点是:杆件沿轴向方向伸长或缩短。这种变形形式称为轴向拉伸或压缩。产生轴向拉伸(或压缩)变形的杆件,简称拉(压)杆。

发生轴向拉伸(压缩)变形的杆件,由于其外力作用的特点,根据平衡条件,其内力的作用线和杆轴线平行,内力合力的作用线与杆轴线重合,鉴于此,通常称轴向拉(压)杆件的内力为轴力。

5.1.2　截面法求轴力

在材料力学中,分析、求解轴力通常采用截面法,其步骤主要有三步:

(1) 切一刀:假想在需要求解内力的截面上,将杆件截开为两段。

(2) 取一半:取任意一段作为研究对象,并用内力的合力代替另一段的作用。

(3) 求平衡:由静力学平衡方程求出该横截面的内力。

下面我们通过一个例题,解释截面法求解轴力的具体过程。

例 5-1　设直杆 AB 上作用有一对反向力 F,如图 5-1(a)所示,试计算截面 m—m 处的轴力。

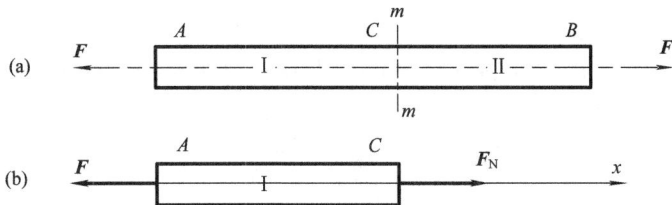

图 5-1　截面法求内力

解　(1) 将直杆 AB 在 m—m 截面处假想截开,分为 AC、CB 两段,即 Ⅰ、Ⅱ 两部分,如图 5-1(a)所示。

(2) 取 AC 段,并画出 m—m 截面(C 截面)上的内力 F_N(CB 段对 AC 段的作用力),如

图 5 - 1(b)所示。

（3）由于 AB 杆上所有力都在水平方向，故取向右为 x 轴正向（竖直向上为 y 轴，此处可不必画出），建立坐标系，如图 5 - 1(b)所示。由静力学平衡方程有

$$\sum F_x = 0, \qquad F_N - F = 0$$

解得

$$F_N = F$$

需要说明的是：F_N 是一个合力，其分力是作用在截面上各点、作用线平行于轴线的平行力系。由平衡关系知道，F_N 的作用线与直杆的轴线重合，故将轴向拉伸（压缩）时杆件的内力称为轴力，通常用符号 F_N 表示。

轴力的正负规定：当轴力的方向与该截面外法线 n 的方向一致时，轴力为正，杆受拉；反之，轴力为负，杆受压。

5.1.3　轴力图

为了直观地表明直杆各截面上轴力的变化情况，我们用平行于杆轴线的 x 坐标表示横截面的位置，用与之垂直的 F_N 坐标表示相应截面轴力的大小，这样绘出的轴力沿杆轴线变化的图形，称为轴力图。下面举例说明轴力图的画法。

例 5 - 2　等截面直杆 AD 受力如图 5 - 2(a)所示。已知 $F_1 = 10$ kN，$F_2 = 20$ kN，$F_3 = 16$ kN，试作 AD 杆的轴力图。

解　（1）为了求解方便，先求出 A 点的约束反力，画 AB 杆受力图如图 5 - 2(b)所示，建立坐标系，列平衡方程：

$$\sum F_x = 0, \qquad -F_A + F_1 - F_2 + F_3 = 0$$

得

$$F_A = F_1 - F_2 + F_3 = 10 - 20 + 16 = 6 \text{ kN}$$

（2）求各段轴力，各截面均假设为受拉，轴力为正，坐标系与上同。

AB 段 1—1 截面：应用截面法（以下各段同），取左侧为研究对象，如图 5 - 2(c)所示，列平衡方程：

$$\sum F_x = 0, \qquad F_{N1} - F_A = 0$$

得

$$F_{N1} = F_A = 6 \text{ kN}$$

BC 段 2—2 截面：沿 2—2 截面截开，如图 5 - 2(d)所示，取左侧为研究对象，列平衡方程：

$$\sum F_x = 0, \qquad F_{N2} + F_1 - F_A = 0$$

得

$$F_{N2} = F_A - F_1 = 6 - 10 = -4 \text{ kN}$$

负号说明图中 F_{N2} 的方向与实际方向相反，即 2—2 截面受压，或 BC 段压缩变形。

CD 段 3—3 截面：沿 3—3 截面截开，如图 5 - 2(e)所示，取右侧为研究对象，列平衡方程

$$\sum F_x = 0, \quad F_3 - F_{N3} = 0$$

得

$$F_{N3} = F_3 = 16 \text{ kN}$$

（3）作轴力图：轴力图如图 5 - 2(f)所示。

从图中可直观地看出：杆件 AB、CD 段轴力为正，是拉伸变形，BC 段轴力为负，是压缩变形；最大轴力在 CD 段，其值为 16 kN。

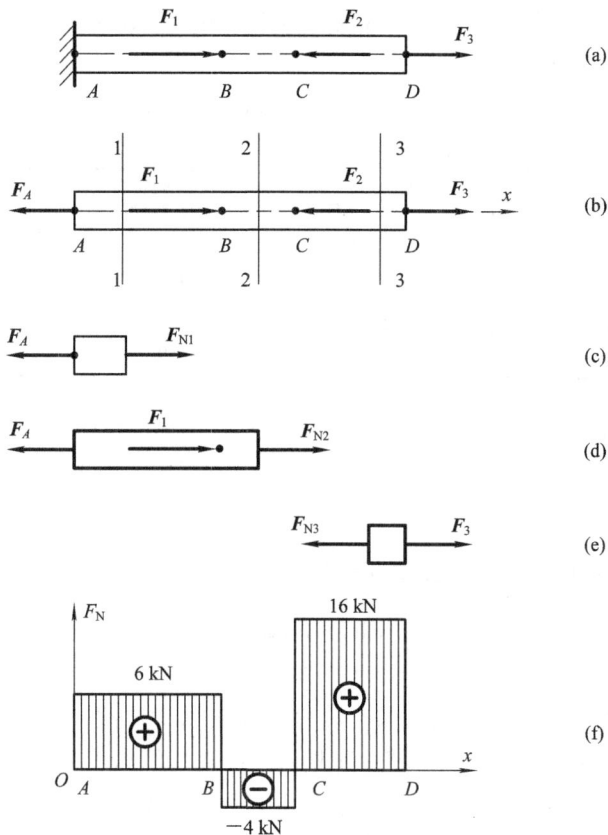

图 5 - 2　截面法求内力

5.2　轴向拉伸(压缩)时横截面上的应力

5.2.1　应力的概念

我们知道，相同的拉力作用在材料相同、粗细不等的两根直杆上时，随着外力的增加，总是较细的杆先被拉断。可见，杆件是否破坏不仅与内力有关，还与杆横截面的面积有关。我们这样定义：内力在横截面的分布集度称为应力。

在截面 m—m 上围绕任意点 K 取微面积 ΔA，如图 5 - 3(a)所示。设 ΔA 上的内力为 ΔF，则微面积 ΔA 上的平均应力 P_m 为

$$P_m = \frac{\Delta F}{\Delta A} \qquad\qquad (5-1)$$

当微面积 ΔA 趋近于零时，平均应力 P_m 的极限值越接近 K 点的应力，故 K 点的应力可表示为

$$p = \lim_{\Delta A \to 0} \frac{\Delta F}{\Delta A} \qquad\qquad (5-2)$$

应力是单位面积上的内力。应力是矢量。通常将其分解为垂直于截面的分量 σ 及与截面相切的分量 τ。垂直于截面的应力 σ 称为正应力，相切于截面的应力 τ 称为切应力（也称剪应力），如图 5-3(b) 所示。

应力的国际单位是帕斯卡，记作 Pa（帕），$1\ \text{Pa} = 1\ \text{N/m}^2$。

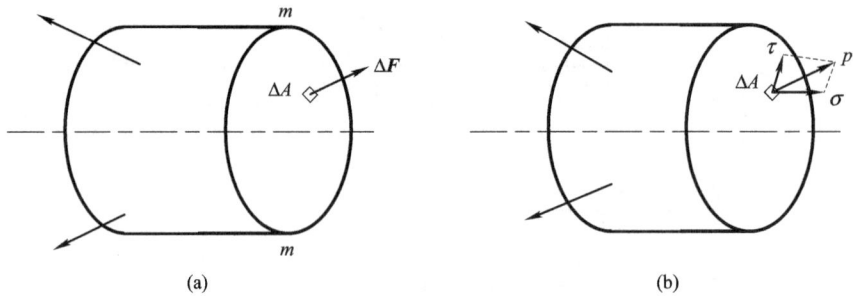

图 5-3　应力的概念

5.2.2　拉伸（压缩）杆横截面上的应力

确定横截面上的应力，必须研究横截面上内力的分布规律。因为力与变形有关，所以先观察并分析拉伸（压缩）杆的变形。

取一等截面直杆，在其表面画两条与杆轴线垂直的横向线 ab 和 cd，在 ab 和 cd 间画与轴线平行的纵向线（图 5-4(a)）。然后在杆两端沿轴线施加拉力 F（图 5-4(b)），杆发生拉伸变形。可观察其变化（图 5-4(b)）：① 所有纵向线伸长，且伸长量相等；② 横向线 ab 和 cd 分别沿轴线相对平移到 $a'b'$ 和 $c'd'$，仍为直线，且仍与纵向线垂直。根据这一现象可作如下假设：变形前为平面的横截面，变形后还是平面，且仍与轴线垂直，只是沿轴向发生了平移，此假设称为平面假设。根据平面假设，任意两横截面间的各纵向线的伸长量均相同，即变形是相同、均匀的。

由材料的均匀连续假设可知：若各纵向线的变形相同，它们的受力也应相等，故轴力在横截面上是均匀分布的（图 5-4(c)），即横截面上各点的应力大小相等，方向与轴力 F_N 相同，垂直于横截面。综上所述，拉（压）杆横截面上的正应力计算公式为

$$\sigma = \frac{F_N}{A} \qquad\qquad (5-3)$$

式中：σ 为横截面上的正应力，F_N 为横截面上的轴力，A 为横截面面积。由于帕（Pa）单位太小，故工程中应力的单位常采用兆帕（MPa）或吉帕（GPa）。

$$1\ \text{GPa} = 10^3\ \text{MPa}$$
$$1\ \text{MPa} = 10^3\ \text{kPa} = 10^6\ \text{Pa} = 1\ \text{N/mm}^2$$

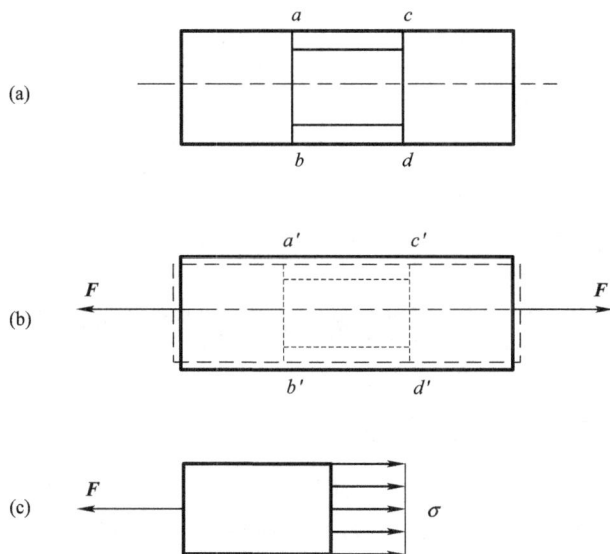

图 5 - 4 直杆变形示例

例 5 - 3 一正方形砖柱分上、下两层，其尺寸和受载荷情况如图 5 - 5(a)所示，已知 $F = 100$ kN，试求砖柱的最大工作应力。

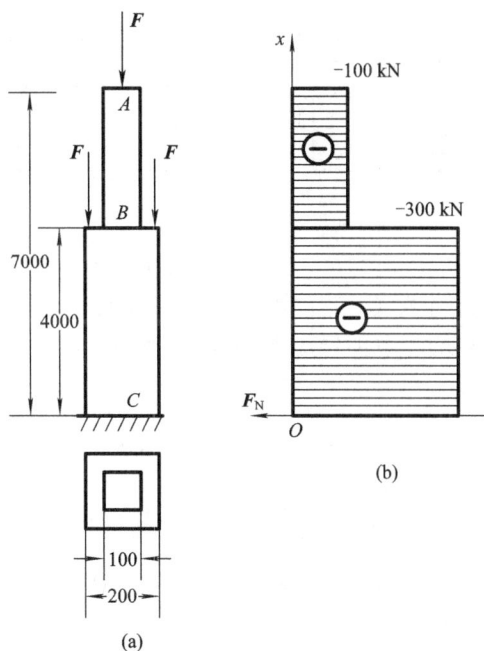

图 5 - 5 砖柱

解 （1）首先画出砖柱的轴力图，如图 5 - 5(b)所示。

（2）由于砖柱是由两段不同截面的等截面杆组成的，所以要求出各段的应力，然后比较，才能确定其最大工作应力究竟在哪一段以及其具体值。

AB 段应力：

由公式(5-3)得

$$\sigma_1 = \frac{F_{NAB}}{A_{AB}} = \frac{-100 \times 10^3}{100 \times 100} = -10 \text{ MPa}$$

同理，BC 段应力为

$$\sigma_2 = \frac{F_{NBC}}{A_{BC}} = \frac{-300 \times 10^3}{200 \times 200} = -7.5 \text{ MPa}$$

由此可见，最大应力发生在 AB 段，$\sigma_{max} = 10$ MPa，为压应力。

5.3　杆件拉伸与压缩时的变形

5.3.1　杆件拉伸与压缩时的变形和应变

当将杆件沿杆轴线拉伸时，其横向截面将减小(图5-6(a))；将杆件压缩时则相反，轴线缩短时，横向截面增大(图5-6(b))。设杆的原长为 L，直径为 d，变形后的长度为 L_1，直径为 d_1，则杆的绝对变形为

$$\Delta L = L_1 - L \text{(轴向绝对变形)} \tag{5-4}$$

$$\Delta d = d_1 - d \text{(横向绝对变形)} \tag{5-5}$$

拉伸时 ΔL 为正，Δd 为负；压缩时则相反。

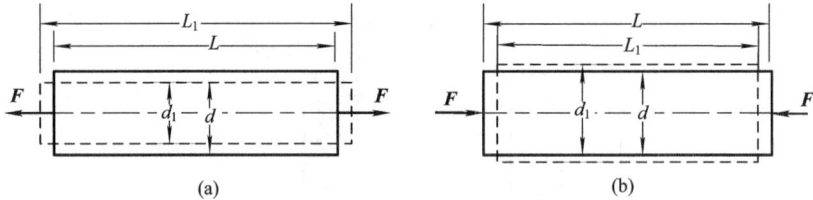

图5-6　等截面直杆变形示例

绝对变形与杆件的原尺寸有关，不能准确衡量杆件的变形程度。因此，为了消除原尺寸的影响，用单位长度内杆的变形即线应变(或相对变形)来反映杆的变形程度，则杆的相对变形为

$$\varepsilon = \frac{\Delta L}{L} \text{(轴向线应变)} \tag{5-6}$$

$$\varepsilon' = \frac{\Delta d}{d} \text{(横向线应变)} \tag{5-7}$$

ε 和 ε' 都是无量纲的量，它们的正负号分别与 ΔL 和 Δd 的正负号一致。

5.3.2　泊松比

试验表明，当应力不超过某一限度时，横向线应变 ε' 和轴向线应变 ε 之间存在以下关系：

$$\varepsilon' = -\mu\varepsilon \tag{5-8}$$

式中，μ 称为横向变形系数或泊松比，是无量纲的量。

5.3.3　虎克定律

轴向拉伸和压缩试验表明，当杆横截面的应力不超过某一限度时，杆的绝对变形 ΔL 与轴力 F_N 和杆长 L 成正比，与杆横截面的面积 A 成反比，即

$$\Delta L = \frac{F_N L}{EA} \tag{5-9}$$

式中，常数 E 称为弹性模量，常用单位为 GPa。在应用式(5-9)时，在长度 L 内，其 F_N、E 及 A 均为常量。

分析式(5-9)可知，当 F_N、L 及 A 为确定的数值时，E 值越大，ΔL 就越小，说明 E 值反映了材料抵抗拉伸(压缩)变形的能力，是材料的刚度指标；当 F_N 和 L 为确定的数值时，EA 值越大，ΔL 就越小，说明 EA 值反映了杆件抵抗拉伸(压缩)变形的能力，称为杆件的抗拉(压)刚度。

若将 $\varepsilon = \frac{\Delta L}{L}$ 和 $\sigma = \frac{F_N}{A}$ 代入式(5-9)，可以得到虎克定律的另一种表达式：

$$\sigma = E\varepsilon$$

或

$$\varepsilon = \frac{\sigma}{E} \tag{5-10}$$

式(5-10)表明，当杆横截面的应力不超过某一限度时，应力与应变成正比关系。

弹性模量与泊松比都是反映材料弹性的常量，可通过试验测定。几种常用材料的 E 和 μ 值见表 5-1。

表 5-1　几种常用材料的 E 和 μ 值

材　料　名　称	E/GPa	μ
碳钢	196~216	0.25~0.33
合金钢	186~216	0.24~0.33
灰铸铁	78.5~157	0.23~0.27
铜合金	72.6~128	0.31~0.42
铝合金	70	0.33

例 5-4　图 5-7(a)所示为阶梯形钢杆，已知 $F_1 = 20\text{ kN}$，$F_2 = 8\text{ kN}$。各段杆的横截面面积分别为 $A_1 = 400\text{ mm}^2$，$A_2 = 200\text{ mm}^2$，杆长 $l_1 = l_2 = 80\text{ mm}$，$l_3 = 100\text{ mm}$，材料的弹性模量 $E = 200\text{ GPa}$。试求杆的最大应力、杆的绝对变形。

解　(1)求各截面内力，画轴力图。

BD 段内力：

$$F_{NBD} = F_2 = 8\text{ kN}$$

AB 段内力：

$$F_{NAB} = F_2 - F_1 = 8 - 20 = -12\text{ kN}$$

（2）求最大应力。因为 AB、BC 段面积相同，但 AB 段内力比 BC 段大，所以只计算 AB 段应力，然后和 CD 段应力比较，找出最大值。

由公式（5-3）可知：

$$\sigma_{AB} = \frac{F_{NAB}}{A_1} = \frac{-12 \times 10^3}{400} = -30 \text{ MPa}$$

$$\sigma_{CD} = \frac{F_{NCD}}{A_2} = \frac{8 \times 10^3}{200} = 40 \text{ MPa}$$

可以看出，最大应力发生在 CD 段，且 $\sigma_{max} = 40$ MPa。

（3）求杆的绝对变形。由公式（5-9）得

$$\Delta L_{AB} = \frac{F_{NAB} l_1}{EA_1}$$

$$\Delta L_{BC} = \frac{F_{NBD} l_2}{EA_1}$$

$$\Delta L_{CD} = \frac{F_{NBD} l_3}{EA_3}$$

总绝对变形量为

$$\Delta L = \Delta L_{AB} + \Delta L_{BC} + \Delta L_{CD}$$

$$= \frac{F_{NAB} l_1}{EA_1} + \frac{F_{NBD} l_2}{EA_1} + \frac{F_{NBD} l_3}{EA_2}$$

$$= \frac{1}{200 \times 10^3} \times \left(\frac{-12 \times 10^3 \times 80}{400} + \frac{8 \times 10^3 \times 80}{400} + \frac{8 \times 10^3 \times 100}{200} \right)$$

$$= 5 \times 10^{-6} \times (-24 \times 10^2 + 16 \times 10^2 + 40 \times 10^2) = 16 \times 10^{-3} \text{ mm}$$

整个杆件伸长了 0.016 mm。

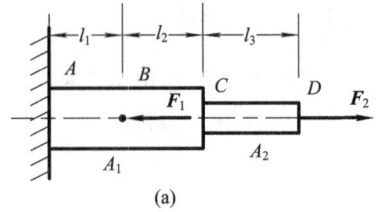

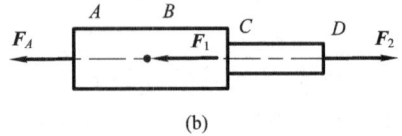

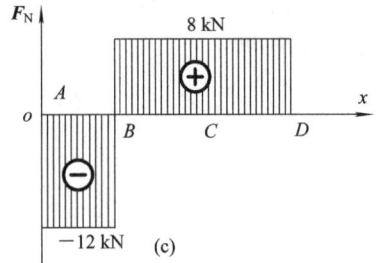

图 5-7　阶梯形钢杆

5.4　材料在拉伸与压缩时的力学性能

材料的力学性能就是材料在外载荷作用下其强度和变形方面所表现的性能，它是进行强度、刚度、稳定性计算和材料选择的重要依据。材料的力学性能是通过试验的方法测定的，不仅决定于材料本身，而且决定于加载方式、应力状态和温度。这里只讨论常温、静载荷条件下的力学性能。常温指室温，静载荷指加载速度缓慢平稳。

在常温、静载荷条件下，工程材料根据其性能常分为塑性材料和脆性材料两大类。工程中应用广泛的低碳钢和铸铁就是这两类材料的典型代表，它们在拉伸和压缩时表现的力学性能也比较典型。所以，下面重点讨论它们在常温、静载荷条件下的力学性能。

5.4.1　低碳钢的拉伸试验

静载荷拉伸和压缩试验是研究材料的力学性能最常用的试验。试验用的材料，须按国标规定加工成标准试件（图 5-8），标准试件的相关规格可参阅有关国家标准。

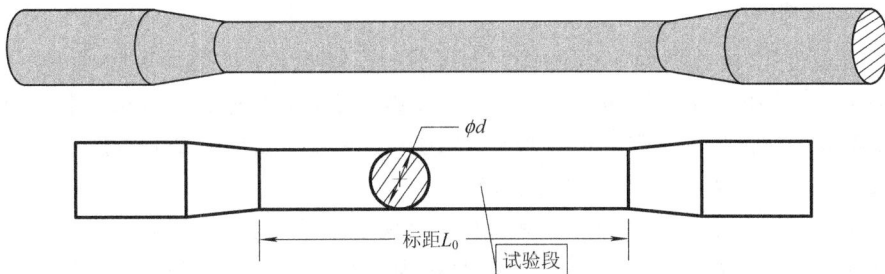

图 5-8　拉伸试件

　　试验在万能试验机上进行。试验时，将试件的两端装卡在上、下夹头中，然后对其缓慢加载，直到把试件拉断为止。一般试验机均有自动绘图装置，在试验过程中能自动绘制拉力 F 和对应的绝对变形 ΔL 的关系曲线，此曲线称为 $F-\Delta L$ 曲线或拉伸图。图 5-9 为低碳钢 Q235 的 $F_N-\Delta L$ 曲线。

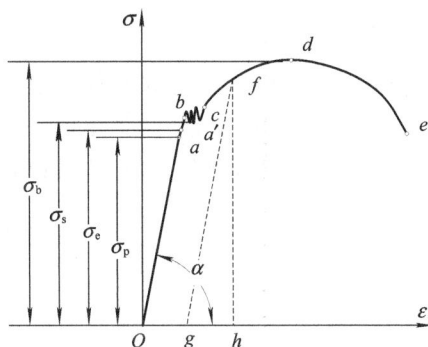

　　由于试件标距 L_0 和横截面面积影响 ΔL 的大小，因此，当试件规格不同时，即使是同一材料，其拉伸图也不同。为了消除试件几何尺寸的影响，反映材料本身的力学性能，将载荷 F 除以横截面面积 A 得到应力 σ，将绝对变形 ΔL 除以试件标距 L 得到应变 ε，这样得到的就是 $\sigma-\varepsilon$ 曲线或称应力—应变图。图 5-10 为低碳钢 Q235 的 $\sigma-\varepsilon$ 曲线。

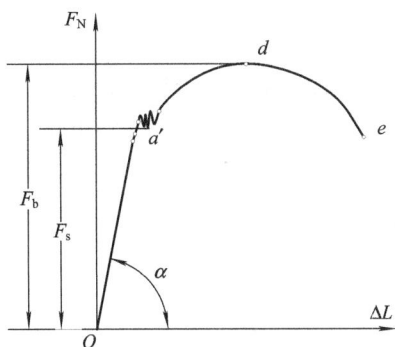

图 5-9　低碳钢拉伸时的 $F_N-\Delta L$ 曲线　　　　图 5-10　低碳钢拉伸时的 $\sigma-\varepsilon$ 曲线

　　现以 $\sigma-\varepsilon$ 曲线为例来分析低碳钢 Q235 的力学性能，其中包含曲线的四个阶段、两个重要的塑性指标及材料的冷作硬化现象。

1. 弹性阶段 Oa'

　　由图 5-10 可看出，Oa 是直线，这说明在该段范围内应力与应变成正比，材料符合虎克定律，即 $\sigma=E\varepsilon$。弹性模量 E 为直线的斜率，$E=\sigma/\varepsilon=\tan\alpha$。直线部分的最高点 a 对应的应力值 σ_p 称为材料的比例极限。Q235 钢的比例极限 $\sigma_p\approx200$ MPa。

　　曲线超过 a 点后，aa' 段不再是直线，说明应力与应变已不成正比，虎克定律也不再适用。但在 Oa' 段内，只要应力值不超过 a' 点所对应的应力 σ_e，如卸去外力，变形也随之全部消失，说明材料在 Oa' 段发生弹性变形，Oa' 段称为弹性阶段。a' 点所对应的应力值 σ_e 称为材料的弹性极限。由于弹性极限与比例极限非常接近，所以工程实际中对两者不作严格区分，将二者视为相等。

2. 屈服阶段 bc

当应力超过弹性极限后，σ-ε 曲线上出现了一段接近水平的锯齿形线段 bc，说明这一阶段应力虽有小的波动，但不再增大，而应变却迅速增长，好像材料失去了抵抗变形的能力，这种现象称为材料的屈服。bc 段即为屈服阶段。屈服阶段的最低应力值 σ_s 称为材料的屈服点应力或屈服极限。Q235 钢的屈服极限 $\sigma_s \approx 235$ MPa。

屈服阶段在试件的光滑表面可以观察到，出现了许多与其轴线成 45°的条纹（图 5-11），这些条纹称为滑移线。这表明材料内部的晶粒沿着 45°的斜截面发生相互滑移，产生了卸载后将不能消失的塑性变形。工程中，一般都不允许构件发生过大的塑性变形，当构件应力达到材料的屈服极限 σ_s 时，认为其已丧失正常工作的能力。所以屈服极限 σ_s 是衡量材料强度的重要指标。

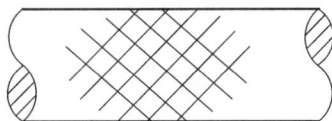

图 5-11　滑移线

3. 强化阶段 cd

屈服阶段后，出现上凸的曲线 cd，表明要使材料继续变形，必须增加应力，材料又恢复了抵抗变形的能力。这种现象称为材料的强化。cd 段称为材料的强化阶段。曲线最高点 d 所对应的应力是试件断裂前所能承受的最大应力值 σ_b，称为材料的强度极限。强度极限是衡量材料强度的另一个重要指标。Q235 钢的强度极限 $\sigma_b \approx 400$ MPa。

4. 颈缩阶段 de

材料达到强度极限前，试件的变形是均匀的。而在此之后，变形将集中在试件薄弱的局部，纵向变形显著增加，横向收缩也显著加剧，出现颈缩现象（图 5-12）。由于颈缩处横截面面积急速减小，所以试件很快被拉断。

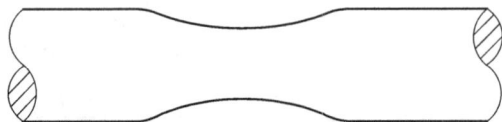

图 5-12　颈缩

5. 塑性指标

试件被拉断后，弹性变形完全消失，残留下的是塑性变形，工程中用这种塑性变形来衡量材料的塑性。常用的塑性指标有两个：伸长率 δ 和断面收缩率 ψ，即

$$\delta = \frac{L_1 - L}{L} \times 100\% \tag{5-11}$$

$$\psi = \frac{A_1 - A}{A} \times 100\% \tag{5-12}$$

式中：L_1 是试件拉断后的标距，L 是原标距；A_1 为颈缩处最小横截面面积，A 为原横截面面积。

显然，δ、ψ 值越大，材料的塑性越好。工程上，通常把 $\delta \geqslant 5\%$ 的材料称为塑性材料，如钢、铜等；把 $\delta < 5\%$ 的材料称为脆性材料，如铸铁、玻璃等。Q235 钢的 $\delta = 25\% \sim 27\%$，ψ 为 60%左右，是典型的塑性材料。

6. 冷作硬化

试验表明，如将试件拉伸到强化阶段内任一点 f 停止加载，并缓慢卸载至零，σ-ε 曲线将沿着与 Oa' 近似平行的直线 fg 回到 g 点（图 5-13(a)），图中 gh 表示消失的弹性应变，Og 表示残留的塑性应变。若试件卸载后短期内重新加载，则 σ-ε 曲线先沿着 gf 上升至 f 点，再沿着原来的曲线 fde 直到试件被拉断（图 5-13(b)）。这种将材料预拉到强化阶段后卸载，再重新加载使材料的比例极限和屈服极限提高，而塑性降低的现象，称为冷作硬化现象。工程上，常利用冷作硬化来提高材料的承载能力，如冷拉钢筋、冷拔钢丝等。

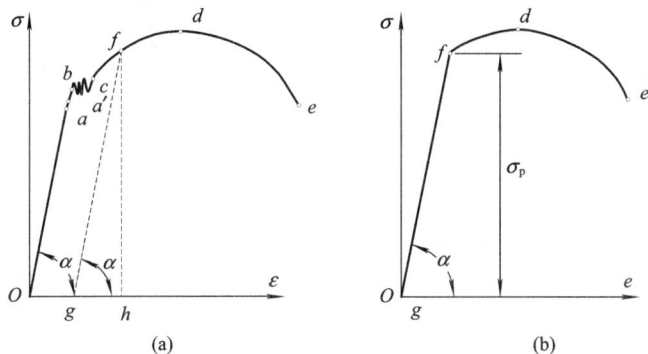

图 5-13　冷作硬化

5.4.2　低碳钢的压缩试验

金属材料的压缩试件一般做成短圆柱体，其高度为直径的 1.5～3 倍，以防止试验时被压弯。图 5-14 为低碳钢的压缩（实线表示）和拉伸（虚线表示）时的 σ-ε 曲线。由图可知，在弹性阶段和屈服阶段两曲线重合。这说明压缩时的比例极限 σ_p、弹性模量 E 及屈服极限 σ_s 与拉伸时基本相同。屈服阶段以后，试件产生明显的塑性变形，愈压愈扁，其横截面面积不断增大，试件不会发生断裂，无法测出其抗压强度极限。因此，对塑性材料一般不做压缩试验，而直接引用拉伸试验的结果。

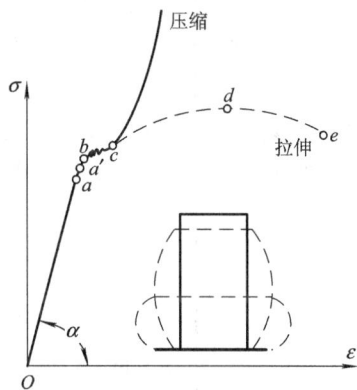

图 5-14　低碳钢压缩时的 σ-ε 曲线

5.4.3　其他塑性材料的拉伸试验

通过对比低碳钢与其他塑性材料拉伸时的 σ-ε 曲线（图 5-15），可以发现它们的力学性能的一些异同。在拉伸的开始阶段，还有直线部分（青铜除外），说明应力与应变仍成正比，符合虎克定律，但这些塑性材料并没有明显的屈服阶段。对于没有明显屈服阶段的塑性材料，工程上常采用名义屈服极限 $\sigma_{0.2}$ 作为其强度指标。$\sigma_{0.2}$ 是产生 0.2% 塑性应变时所对应的应力值（图 5-16）。

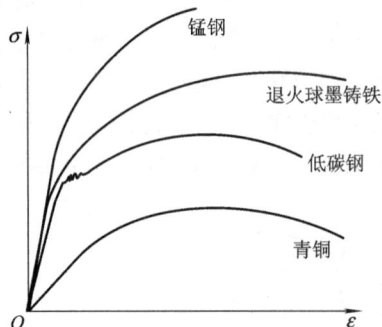

图 5-15　其他材料的 σ-ε 曲线

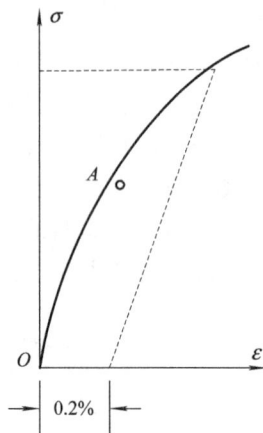

图 5-16　名义屈服极限

5.4.4　铸铁的拉伸与压缩试验

1. 铸铁的拉伸试验

铸铁拉伸时的 σ-ε 曲线是一段微弯的曲线(图 5-17)。由试验和其 σ-ε 曲线可知：曲线没有明显的直线部分，表明应力与应变的关系不符合虎克定律；没有屈服阶段，变形很小时突然断裂；断裂前不出现颈缩现象，断口平齐，垂直于试件轴线。试件断裂前所能承受的最大应力值 σ_b 称为材料的抗拉强度，是衡量铸铁强度的重要指标。铸铁的抗拉强度较低，一般为(100～200) MPa。

由于铸铁总是在较小的应力状态下工作，其 σ-ε 曲线与直线近似，故通常用虚直线 Oa 代替曲线 Oa，可近似地认为材料符合虎克定律，而且有确定的弹性模量 E。

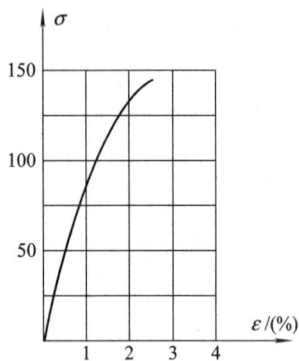

图 5-17　铸铁拉伸时的 σ-ε 曲线

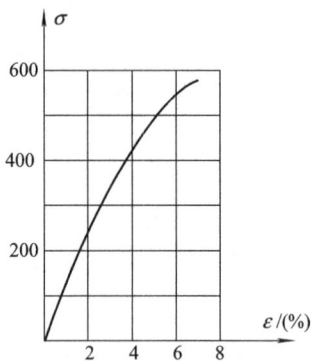

图 5-18　铸铁压缩时的 σ-ε 曲线

2. 铸铁的压缩试验

对比铸铁压缩和拉伸时的 σ-ε 曲线(图 5-18)，可知，压缩时也无明显的直线部分和屈服阶段，说明压缩时也是近似地符合虎克定律，且不存在屈服极限；变形很小时突然断裂，其破坏断面与轴线大约成 $45°$ 角。试件断裂前所能承受的最大应力值 σ_{bc} 称为材料的抗压强度，也是衡量铸铁强度的重要指标。铸铁的抗压强度约是抗拉强度的 4～5 倍，塑性变形也较拉伸时有所提高。因此，工程中铸铁等脆性材料常做成受压构件。

表 5-2 列出了几种常用材料的力学性能。

表 5-2　几种常用材料的力学性能

材料名称 或牌号	屈服点应力 σ_s/MPa	抗拉强度 σ_b/MPa	伸长率 $\delta/(\%)$	断面收缩率 $\psi/(\%)$
Q235	216～235	373～461	25～27	—
35 钢	216～314	432～530	15～20	28～45
45 钢	265～353	530～598	13～16	30～40
40Cr	343～785	588～981	8～9	30～45
QT600-2	412	538	2	
HT150	—	拉：98～275 压：637 弯：206～461	—	—

综上所述，塑性材料和脆性材料的力学性能的主要特点如下：

（1）塑性材料破坏时有显著的塑性变形，断裂前有的出现屈服现象；材料拉伸时的比例极限、弹性模量及屈服极限与压缩时基本相同，说明拉伸与压缩具有相同的强度和刚度。

（2）脆性材料破坏时无显著的塑性变形，变形很小时突然断裂；没有屈服现象；材料压缩时的强度和刚度都大于拉伸时的强度和刚度，且抗压强度远大于抗拉强度。

5.5　拉伸与压缩时的强度计算

5.5.1　材料的许用应力

材料能承受的应力都是有限度的，材料丧失正常工作能力时的应力即为极限应力。在工程实际中，因构件所受的载荷难以精确计算，材料的不均匀，采用近似的计算方法和构件的重要程度等因素的影响，构件的工作应力必须小于材料的极限应力。也就是说，为保证构件在工作时安全可靠，应为构件留有一定的强度储备。构件在安全工作时所允许的最大工作应力称为许用应力，用 $[\sigma]$ 表示。材料的极限应力除以大于 1 的安全系数 n 即得到材料的许用应力：

$$[\sigma]=\frac{\sigma_s}{n_s}\quad（塑性材料）\tag{5-13}$$

$$[\sigma]=\frac{\sigma_b}{n_b}\quad（脆性材料）\tag{5-14}$$

式中：σ_s、σ_b 分别为塑性材料和脆性材料的极限应力；n_s、n_b 分别为塑性材料和脆性材料的安全系数。

应确定恰当的安全系数，以解决工程实际中安全性和经济性之间的矛盾。不同工作条件下的安全系数可从有关工程手册中查找。对于一般机械，安全系数为

$$n_s=1.2\sim2.0\quad（塑性材料）$$

$$n_b=2.0\sim3.5\quad（脆性材料）$$

5.5.2　拉伸与压缩时的强度条件

工作中，为了保证变形构件在拉伸与压缩时安全可靠，必须使构件的工作应力小于或等于材料的许用应力，即拉伸与压缩时的强度条件为

$$\sigma_{max} = \frac{F_N}{A} \leqslant [\sigma] \tag{5-15}$$

式中：σ_{max} 是杆件的最大正应力，产生最大正应力的截面为危险截面；F_N 和 A 分别是危险截面的轴力和截面面积。

应用强度条件可以解决下面三类强度问题：

（1）校核强度。根据杆件的尺寸、材料及所受的载荷（已知 A、$[\sigma]$ 及 F_N），应用强度条件来验证杆件强度是否足够。

（2）设计截面。根据杆件的材料及所受的载荷（已知 $[\sigma]$ 及 F_N），应用强度条件的变换式来确定杆件的截面面积，然后由实际情况选定截面的形状，最后计算出截面的具体尺寸。

（3）确定许可载荷。根据杆件的材料及尺寸（已知 $[\sigma]$ 及 A），应用强度条件的变换式来确定杆件所能承受的最大载荷。

工程实际中，若强度计算时最大应力大于许用应力，但不超过 5%，则工程上是允许的。

需要指出的是，要解决受压直杆的强度问题，上述的强度条件仅适用于较短粗的直杆，而对于细长杆要考虑的是稳定性是否足够，具体情况将在以后研究。

例 5 - 5　如图 5 - 19(a)所示的三角支架，AB、BC 都为钢杆，材料的许用应力 $[\sigma]=$ 160 MPa，作用在 B 点的载荷 $F=42$ kN，试求两杆的直径各为多少（不计杆的自重）。

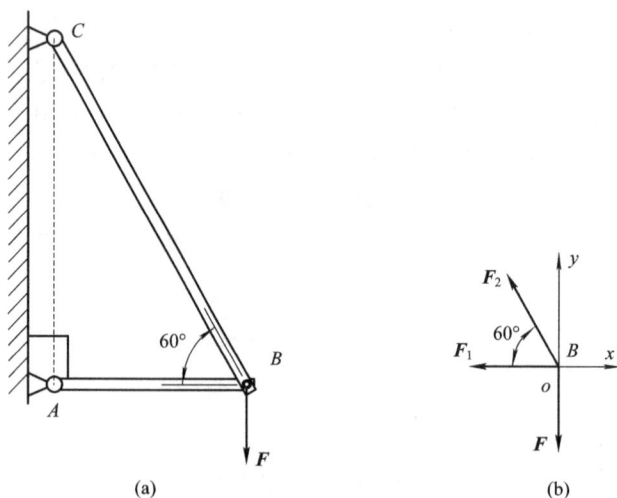

图 5 - 19　三角支架

解　（1）变形分析。由图 5 - 19(a)可知，杆 AB、BC 分别发生轴向拉伸和压缩变形。

（2）内力分析。取节点 B 为研究对象，其受力图如图 5 - 19(b)所示。

由平衡方程

$$\sum F_y = 0, \quad F_2 \sin 60° - F = 0$$

$$\sum F_x = 0, \quad -F_1 - F_2 \cos 60° = 0$$

得

$$F_2 = \frac{F}{\sin 60°} = \frac{42 \times 10^3}{0.866} = 48.5 \times 10^3 \text{ N}$$

$$F_1 = -F_2 \cos 60° = -48.5 \times 10^3 \times 0.5 = -24.25 \times 10^3 \text{ N}$$

(3) 设计直径。由式(5-15)得

$$A \geqslant \frac{F_N}{[\sigma]}$$

因

$$A = \frac{\pi d^2}{4}$$

所以杆直径

$$d \geqslant \sqrt{\frac{4F_N}{\pi[\sigma]}}$$

则 AB 杆、CB 杆的直径分别为

$$d_1 \geqslant \sqrt{\frac{4F_{N1}}{\pi[\sigma]}} = \sqrt{\frac{4 \times 48.5 \times 10^3}{\pi \times 160}} = 19.6 \text{ mm} \qquad 取 \ d_1 = 20 \text{ mm}$$

$$d_2 \geqslant \sqrt{\frac{4F_{N2}}{\pi[\sigma]}} = \sqrt{\frac{4 \times 24.25 \times 10^3}{\pi \times 160}} = 13.9 \text{ mm} \qquad 取 \ d_2 = 14 \text{ mm}$$

例 5-6　如图 5-20 所示的汽缸简图，已知汽缸的内径 $D = 180$ mm，缸内气压 $p = 2.5$ MPa，活塞杆的直径 $d = 30$ mm，活塞杆的许用应力 $[\sigma] = 100$ MPa，试校核活塞杆的强度。

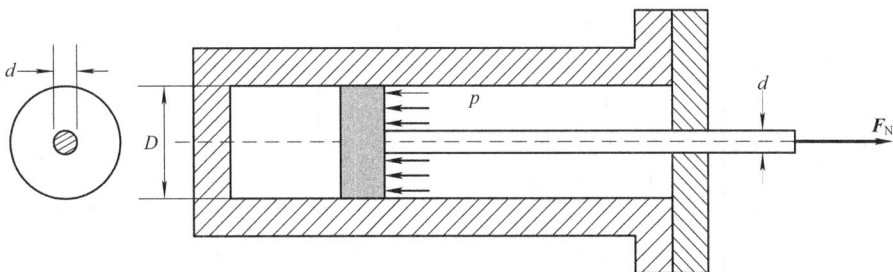

图 5-20　汽缸简图

解　(1) 变形分析。分析可知，活塞杆发生轴向拉伸变形。

(2) 内力分析。用 A_1 表示活塞右缸面积(注意：是个环形区域)，求活塞杆的轴力 F_N。由平衡关系可知：

$$F_N = pA_1 = p\frac{\pi}{4}(D^2 - d^2)$$

(3) 强度校核。用 A_0 表示活塞杆的截面面积，由式(5-15)得

$$\sigma_{\max} = \frac{F_N}{A_0} = \frac{p \frac{\pi}{4}(D^2 - d^2)}{\frac{\pi}{4}d^2} = \frac{2.5 \times (180^2 - 30^2)}{30^2}$$

$$= 87.5 \text{ MPa} < [\sigma] = 100 \text{ MPa}$$

所以活塞杆的强度足够。

思考与练习题

5-1 指出下列概念的区别与联系：

(1) 内力与应力；

(2) 变形与应变；

(3) 弹性变形与塑性变形；

(4) 极限应力与许用应力；

(5) 屈服极限与强度极限。

5-2 什么是绝对变形？什么是相对变形？虎克定律的适用范围是什么？

5-3 两拉杆的材料、横截面面积相同，但截面形状和长度不同，在相同的拉力下，它们的绝对变形及横截面的应力是否相同？

5-4 两杆的材料、长度及所受的拉力均相同，如题5-4图所示。A为等截面杆，B为阶梯杆，问：

(1) 两杆的内力是否相同？

(2) 两杆的绝对变形 ΔL 及应变 ε 是否相等？

(3) 两杆各段横截面的应力是否相同？

5-5 如题5-5图所示，A、B两杆的材料、横截面面积及所受的拉力均相同，但长度不同，分析它们的绝对变形 ΔL 和应变 ε 是否相等？

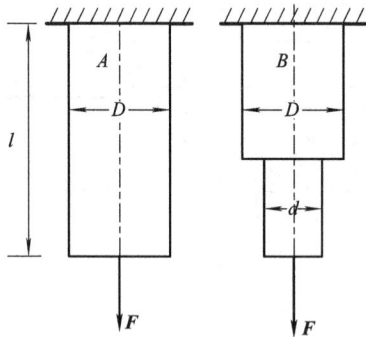

题5-4图

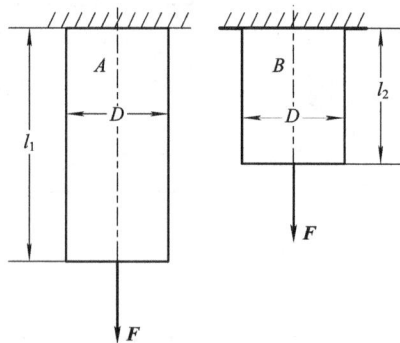

题5-5图

5-6 什么是材料的力学性能？材料的强度、刚度、塑性指标分别是什么？

5-7 塑性材料和脆性材料的力学性能的主要特点有哪些？

5-8 两杆的长度、横截面面积及所受的拉力均相同，一个为钢杆，另一个为铜杆。分析此两杆的内力、应力、变形及许用应力是否相同？

5-9　三种材料的 σ-ε 曲线如题 5-9 图所示。试说明哪种材料的强度高,哪种材料的塑性好,哪种材料的刚度大(在弹性范围)。

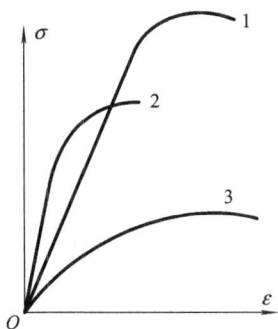

题 5-9 图

5-10　用截面法求题 5-10 图所示各杆指定截面的轴力。

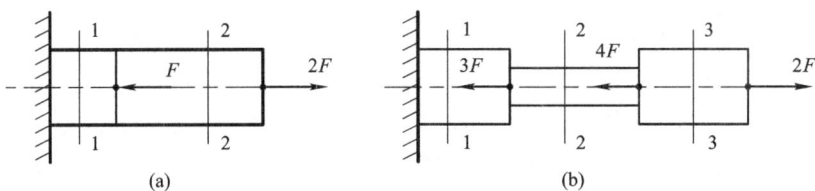

题 5-10 图

5-11　尝试用最简便的算法求题 5-11 图所示各杆指定截面的轴力,并画出轴力图。

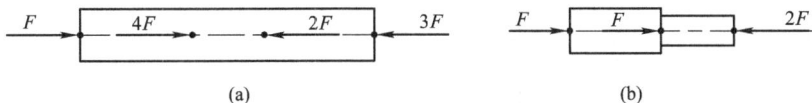

题 5-11 图

5-12　在题 5-12 图所示直杆中开一销槽。已知,销槽横截面尺寸 $b=40$ mm,$h=18$ mm,$H=50$ mm,$F=68$ kN,试求直杆的最大正应力。

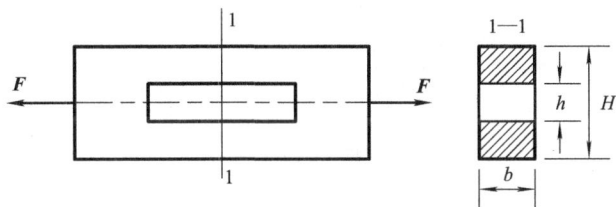

题 5-12 图

5-13　某圆形拉杆直径 $d=200$ mm,承受轴向载荷 $F=2.8$ kN,许用应力 $[\sigma]=100$ MPa,试校核拉杆强度;若拉杆的截面形状改为矩形,高与宽之比 $h:b=1:3$,试设计拉杆的 h 和 b。

5-14 如题 5-14 图所示的结构，AC、BC 杆的横截面面积相同，均为 $160\ mm^2$，杆件材料的许用应力分别为 $[\sigma_1]=100\ MPa$，$[\sigma_2]=100\ MPa$，试求许可载荷 $[F]$。

5-15 某油缸结构如题 5-15 图所示，已知油缸的内径 $D=240\ mm$，活塞杆直径 $d=30\ mm$，缸内油压 $p=1.2\ MPa$，若缸盖与缸体采用内径 $d_1=12\ mm$ 的螺栓联接，螺栓的许用应力 $[\sigma]=100\ MPa$，试计算螺栓的个数。

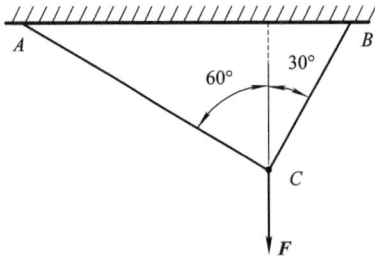

题 5-14 图

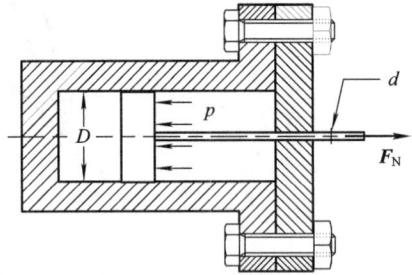

题 5-15 图

5-16 某钢的拉伸试件，其直径 $d=10\ mm$，标距 $L=50\ mm$。在试验的弹性阶段测得拉力增量 $\Delta F=9\ kN$，对应的伸长量 $\Delta(\Delta L)=0.028$，对应于屈服时的拉力 $F_s=17\ kN$，对应于拉断前的最大拉力 $F_b=32\ kN$；试件拉断后的标距 $L_1=62\ mm$，断口处的直径 $d_1=6.9\ mm$，试计算此钢的 E、σ_s、σ_b、δ 和 ψ。

5-17 如题 5-17 图所示，已知 AB、BC 杆的材料不相同，AB 杆的许用应力 $[\sigma_1]=120\ MPa$，BC 杆的许用应力 $[\sigma_2]=80\ MPa$，$G=15\ kN$，试求两杆的直径。

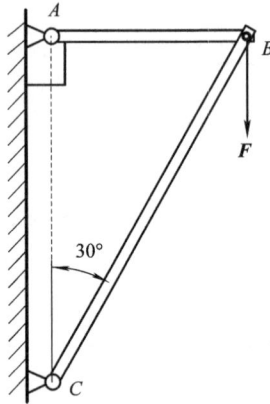

题 5-17 图

第 6 章 剪切和挤压及扭转

6.1 剪切和挤压

6.1.1 剪切和挤压的概念

剪切变形是工程中常见的基本变形之一，如螺栓、铆钉、键等，都是构件承受剪切变形的工程实例，这些联接件的受力和变形均可简化为如图 6-1(a)所示的铆钉联接。

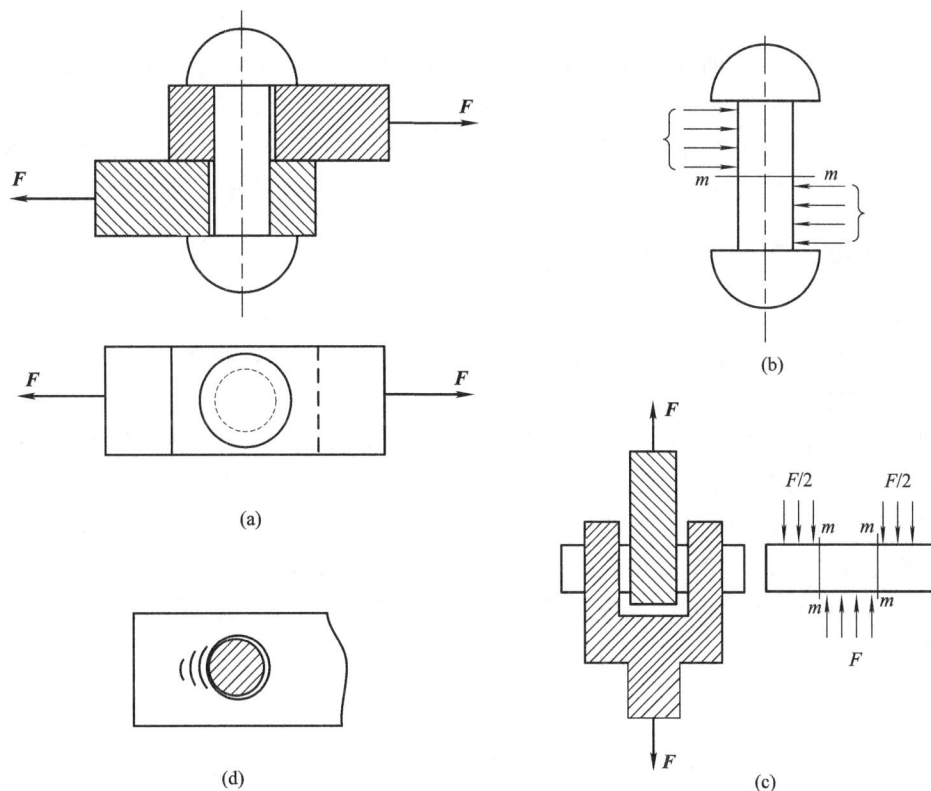

图 6-1 剪切和挤压示例

下面就钢板与铆钉联接受力后的变形特点进行分析。如图 6-1(a)所示，钢板在受到外力作用后，将力传递给铆钉，从而使铆钉左、右两侧面受力，如图 6-1(b)所示；当力 F 增大时，铆钉的上、下两部分有沿着 $m-m$ 截面发生相对错动的趋势(当 F 足够大时，铆钉其至被剪断）。这种构件截面间发生相对错动的变形，称为剪切变形。剪切变形的受力特点是：构件受到一对大小相等、方向相反、作用线平行且相距很近的外力作用。剪切的变形特点是：在一对外力作用线之间的截面发生相对错动。

构件产生剪切变形时，发生相对错动的截面称为剪切面（见图6-2）。剪切面平行于外力的作用线，且在两个反向外力作用线之间。构件中只有一个剪切面的剪切称为单剪（图6-1(a)）。构件中有两个剪切面的剪切称为双剪，如图6-1(c)所示。

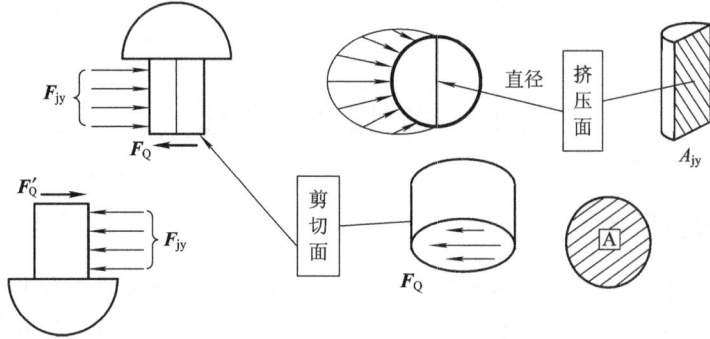

图6-2 铆钉受力分析

构件发生剪切变形的同时，在两构件传递压力的接触面上，由于局部承受较大的压力，而出现压陷、起皱等塑性变形的现象，称为挤压。图6-1(d)为钢板的挤压变形。

剪切和挤压现象常常相伴产生，构件可能沿剪切面被剪断，也可能在接触的挤压面上被压溃，因此，对承受剪切的构件在进行剪切强度计算以外，还要进行挤压强度的计算。

6.1.2 剪切和挤压的实用计算

工程中对于剪切和挤压变形，常采用实用计算方法。由于剪切（挤压）变形内力在截面上的分布情况很复杂，故工程上通常假设它们在截面上为均匀分布的（大量实践结果表明，这种实用计算能够满足工程实际的要求）。

图6-2所示为铆钉在发生剪切变形时的受力情况简图。剪切面就是发生相对错动的圆形截面，其面积用 A 表示，剪切面上所受到的力，称为剪力，用 F_Q 表示。

挤压面是圆柱体的侧面，理论上是一个曲面，为了简化计算，通常在计算挤压面时，用其正投影作为计算面积，如图6-2所示，通常用符号 A_{jy} 表示。

按此假设计算的剪切应力为平均应力，称为名义剪应力（或名义切应力），用 τ 表示。其计算公式为

$$\tau = \frac{F_Q}{A} \tag{6-1}$$

式(6-1)为剪切时的剪应力（切应力）计算公式。式中 F_Q 为剪力，A 为剪切面面积。

为保证铆钉在工作中不被剪断，剪应力应不超过材料的许用剪应力 $[\tau]$，即

$$\tau = \frac{F_Q}{A} \leqslant [\tau] \tag{6-2}$$

式(6-2)为剪切强度条件。

工程中常用材料的许用剪应力，可从有关手册中查得。一般情况下，$[\tau]$ 与许用应力

[σ]之间有如下关系：

$$[\tau] = (0.6 \sim 0.8)[\sigma] \quad （塑性材料）$$

$$[\tau] = (0.8 \sim 1.0)[\sigma] \quad （脆性材料）$$

挤压变形的挤压力 F_{jy}，严格来讲是两个接触物体的约束力，因其特殊性(分布复杂、局部集中等)，工程上也采用实用计算法，用 σ_{jy} 表示挤压正应力，其计算公式为

$$\sigma_{jy} = \frac{F_{jy}}{A_{jy}} \tag{6-3}$$

同样，挤压的强度条件为

$$\sigma_{jy} = \frac{F_{jy}}{A_{jy}} \leqslant [\sigma_{jy}] \tag{6-4}$$

式中，$[\sigma_{jy}]$ 是材料的许用挤压应力，它是通过挤压破坏试验并考虑一定的安全储备确定的，可以从有关手册中查取。一般情况下，$[\sigma_{jy}]$ 与许用拉应力 $[\sigma]$ 的关系如下：

$$[\sigma_{jy}] = (1.5 \sim 2.5)[\sigma] \quad （塑性材料）$$

$$[\sigma_{jy}] = (0.9 \sim 1.5)[\sigma] \quad （脆性材料）$$

当联接件与被联接件的材料不同时，应以联接中抵抗挤压能力弱的构件来进行挤压强度计算。

剪切和挤压的强度条件也可解决三类强度问题，即校核强度、设计截面和确定许可载荷。

例 6-1 两块钢板用铆钉联接(图 6-3(a))，每块钢板厚度 $t = 10$ mm，铆钉的许用切应力 $[\tau] = 80$ MPa，许用挤压应力 $[\sigma_{jy}] = 200$ MPa，铆钉直径 $d = 18$ mm。求铆钉所能承受的许可载荷。

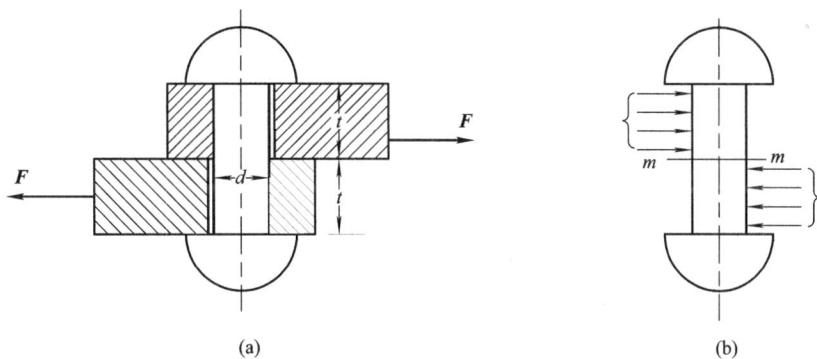

图 6-3　铆钉受力分析

解　(1) 变形分析。由图 6-3(b)分析可知，铆钉沿 m—m 截面发生剪切变形，其剪切面积 $A = \dfrac{\pi \times d^2}{4}$；与孔壁接触处发生挤压变形，其挤压面积 $A_{jy} = td$。因此，要对铆钉进行剪切和挤压强度计算。

(2) 按铆钉的剪切强度条件确定许可载荷 $[F_1]$。

根据式(6-2)，得

$$F_Q \leqslant [\tau] \cdot A = 80 \times \frac{\pi \times 18^2}{4} = 20\ 357.5 \text{ N} = 20.4 \text{ kN}$$

因

$$[F_1] = F_Q$$

所以

$$[F_1] = 20.4 \text{ kN}$$

（3）按铆钉的挤压强度条件确定许可载荷$[F_2]$。

根据式（6-4），得

$$F_{jy} \leqslant [\sigma_{jy}] \cdot A_{jy} = 200 \times 10 \times 18 = 36\ 000 \text{ N} = 36 \text{ kN}$$

因

$$[F_2] = F_{jy}$$

所以

$$[F_2] = 36 \text{ kN}$$

对比可知$[F_1] < [F_2]$，故取$[F] = [F_1] = 20.4 \text{ kN}$。

例 6-2 某车床传动轴与齿轮用平键联接。已知轴的直径 $d = 62$ mm，键的尺寸为 $b \times h \times l = 18 \text{ mm} \times 11 \text{ mm} \times 70 \text{ mm}$（图 6-4），传递的力矩 $M = 2$ kN·m。键的许用切应力 $[\tau] = 60$ MPa，许用挤压应力 $[\sigma_{jy}] = 100$ MPa。试校核键联接的强度。

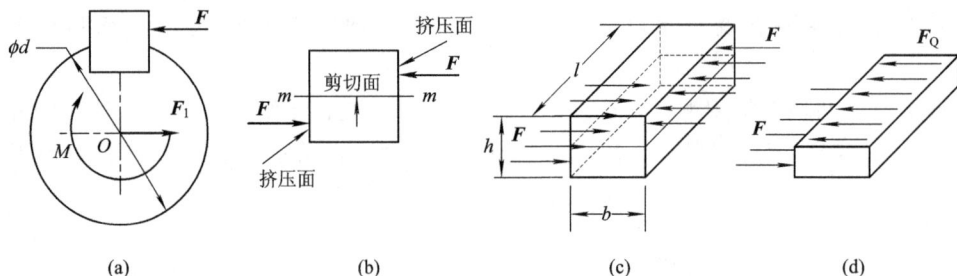

图 6-4　平键受力分析

解 （1）外力分析。取轴和键整体为研究对象，其受力图如图 6-4（a）所示。

由

$$\sum M_O(\boldsymbol{F}) = 0, \quad F \cdot \frac{d}{2} - M = 0$$

得

$$F = \frac{2M}{d} = \frac{2 \times 2 \times 10^6}{62} = 64.5 \text{ kN}$$

（2）变形分析。由图 6-4（b）、（c）可知，键沿 m—m 截面发生剪切变形，其剪切面积 $A = bl$；与键槽接触处发生挤压变形，其挤压面积 $A_{jy} = \dfrac{1}{2}hl$。因此，对键要进行剪切和挤压强度计算。

（3）校核键的剪切强度。由式（6-2），因 $F_Q = F_P$，所以

$$\tau = \frac{F_Q}{A} = \frac{F_P}{bl} = \frac{64.5 \times 1000}{18 \times 70} = 51.2 \text{ MPa} \leqslant [\tau]$$

则键的剪切强度足够。

（4）校核键的挤压强度。由式（6 - 4），因 $F_{jy}=F_P$，所以

$$\sigma_{jy} = \frac{F_{jy}}{A_{jy}} = \frac{P}{\frac{1}{2}hl} = \frac{64\ 516.2}{\frac{1}{2} \times 11 \times 70} = 167.6 \text{ MPa} > [\sigma_{jy}]$$

则键的挤压强度不足。

由以上计算得知，键联接的强度不足。

例 6 - 3　冲床的最大冲力 $F=320$ kN，冲头材料的许用应力$[\sigma]=440$ MPa，如图 6 - 5 所示，钢板的剪切强度极限 $\tau_b=360$ MPa。求冲床能冲剪的最小孔径 d 及钢板的最大厚度 t。

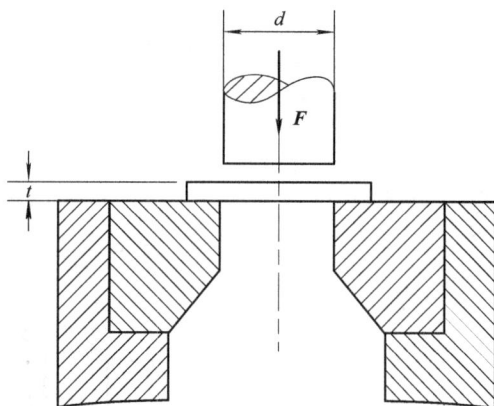

图 6 - 5　冲床示例

解　（1）确定最小孔径。冲头能冲剪的最小孔径 d 也就是冲头的最小直径。要保证冲头正常工作，必须满足冲头的压缩强度条件，即

$$\sigma = \frac{F_N}{A} = \frac{F}{\frac{\pi d^2}{4}} \leqslant [\sigma]$$

则

$$d \geqslant \sqrt{\frac{4F}{\pi[\sigma]}} = \sqrt{\frac{4 \times 320 \times 10^3}{\pi \times 440}} = 30.4 \text{ mm}$$

故该冲头能冲剪的最小孔径为（取整）30 mm。

（2）确定钢板的最大厚度 t。冲头冲剪钢板时，钢板的剪切面为圆柱面，剪切面积 $A=\pi dt$，剪切力为 $F_Q=F$。为了能冲出圆孔，必须满足条件：

$$\tau = \frac{F_Q}{A} = \frac{F}{A} \geqslant \tau_b$$

得

$$F \geqslant \tau_b \cdot A = \tau_b \cdot \pi dt$$

则

$$t \leqslant \frac{F}{\pi d\tau_b} = \frac{320 \times 10^3}{\pi \times 30 \times 360} = 9.4 \text{ mm}$$

所以，该冲头能冲剪的钢板最大厚度为 9 mm。

6.2　扭转变形

6.2.1　扭转变形的概念及内力

1. 扭转变形的概念

工程上有许多构件要承受扭转变形,如汽车方向盘的转向轴(图6-6)、丝锥(图6-7)等。把这些构件的受力情况抽象为一个共同的力学模型,则如图6-8所示。从图中可以看出构件扭转时的受力特点是:作用在构件两端的一对力偶,大小相等,转向相反,且力偶的作用面垂直于杆的轴线。其变形特点是:杆件的任意两个横截面绕轴线作相对转动(这种变形形式称为扭转)。

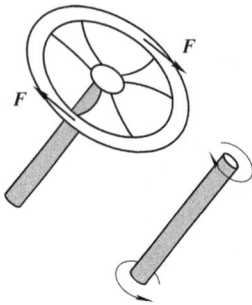

图6-6　方向盘

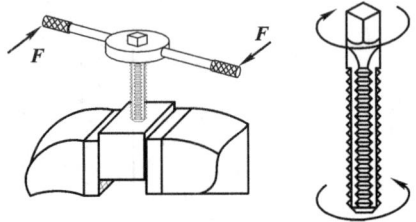

图6-7　丝锥

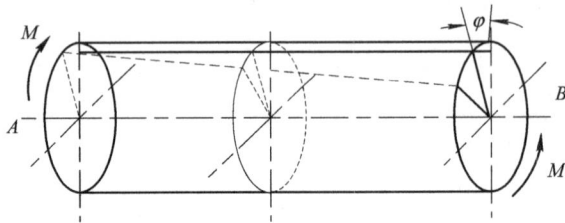

图6-8　扭转轴示例

应该注意的是:许多构件在发生扭转变形的同时,还伴随有其他形式的变形,本章主要讨论的只是这些构件的扭转变形部分,其他变形忽略不计。由于发生扭转的构件绝大多数是圆形截面的构件,所以,我们主要研究圆形截面构件的扭转问题,工程中一般将主要发生扭转的构件称为轴。

2. 外力偶矩的计算

工程上作用于轴上的外力偶矩很少直接给出,而往往给出轴的转速 n 和轴所传递的功率 P,通过功率的有关公式推导,得出下列计算外力矩(又称转矩)的公式:

$$M = 9550 \frac{P}{n} \qquad (6-5)$$

式中,P 为轴所传递的功率,单位为 kW(千瓦);n 为轴的转速,单位为 r/min(转/分);M

为作用于轴上的力偶矩,单位为 N·m(牛·米)。

3. 扭矩和扭矩图

当求出作用于轴上的外力偶矩以后,即可用截面法计算截面上的内力。

设一轴在一对大小相等、转向相反的外力偶作用下产生扭转变形,如图 6-9(a)所示。在轴的任意截面 n—n 处将轴假想截开(图 6-9(b)、(c))。由于整个轴是平衡的,所以每一段轴都处于平衡状态,这就使得 n—n 截面上分布的内力必然构成一个力偶,并以横截面为其作用面,这个力偶矩称为扭矩,以 M_n 表示。

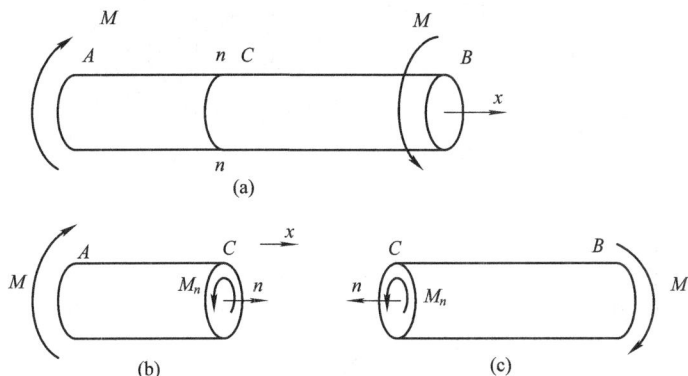

图 6-9　截面法求扭矩

取左段(图 6-10(b)),根据平衡条件,可得 n—n 截面上的扭矩为

$$\sum M_n = 0, \qquad M_n - M = 0$$

即

$$M_n = M$$

也可以以右段为对象,列平衡方程求扭矩,试对比有什么不同。

扭矩的正负规定:截面上扭矩的转向和截面外法向构成右手系,扭矩为正,反之为负。也就是说,在截开后可见截面上(从截面外法向逆向看过去),力偶转向为逆时针时,扭矩为正,顺时针时为负。实用中经常使用右手螺旋法则来判断扭矩的正负:以右手握住截面外法线,大拇指与外法向相同,四指的绕向若与力偶的转向相同,则扭矩为正(图 6-10(a)),反之为负(图 6-10(b))。在此需要说明的是,扭矩的正负规定与力偶对坐标轴之矩的正负规定不同,前者以外法向为参考轴,与坐标轴的正向选取无关,后者却以坐标轴为参考轴,切不可混淆。

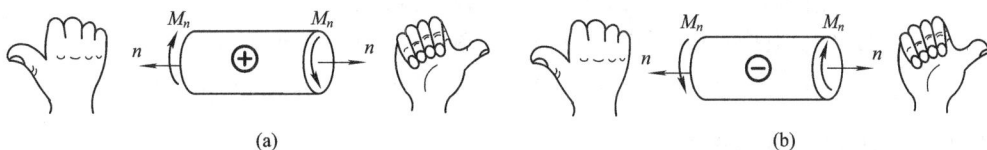

图 6-10　右手螺旋法则

当轴上作用有多个外力偶时,须按外力偶作用的截面将轴划分为几个自然段,逐段求出其扭矩。扭转内力图称为扭矩图,即以平行于轴线的坐标表示各横截面的位置,垂直于

轴线的坐标表示扭矩的大小，画出各截面的扭矩随截面位置的不同而出现的变化规律的图形。

例 6 - 4 传动轴如图 6 - 11(a)所示。其转速 $n = 300$ r/min，主动轮 A 上输入的功率 $P_A = 221$ kW，从动轮 B 和 C 上输出的功率分别为 $P_B = 148$ kW，$P_C = 73$ kW。试求轴上各截面的扭矩，并画出轴的扭矩图。

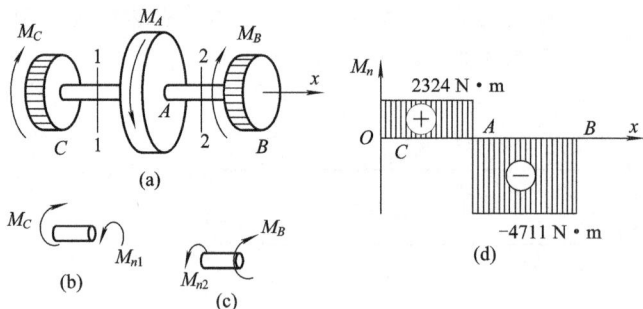

图 6 - 11 传动轴

解 (1) 计算外力偶矩。由式(6 - 5)可知，作用在 A、B、C 上的外力偶矩分别为

$$M_A = 9550 \frac{P_A}{n} = 9550 \times \frac{221}{300} = 7035 \text{ N} \cdot \text{m}$$

$$M_B = 9550 \frac{P_B}{n} = 9550 \times \frac{148}{300} = 4711 \text{ N} \cdot \text{m}$$

$$M_C = 9550 \frac{P_C}{n} = 9550 \times \frac{73}{300} = 2324 \text{ N} \cdot \text{m}$$

(2) 计算扭矩。在轴 AC 段的任意截面 1—1 处将轴截开，取左段为研究对象(图 6 - 11(b))，以 M_{n1} 表示截面的扭矩，并假设其转向为正向，根据平衡条件得

$$\sum M_x = 0, \quad M_{n1} - M_C = 0$$

即

$$M_{n1} = M_C = 2324 \text{ N} \cdot \text{m}$$

同理，在 AB 段的任意截面 2—2 将轴截开，以 M_{n2} 表示截面的扭矩，假设其转向为负向，取右段为研究对象(图 6 - 11(c))，由平衡条件得

$$\sum M_x = 0, \quad M_{n2} - M_B = 0$$

$$M_{n2} = M_B = 4711 \text{ N} \cdot \text{m}$$

注意：图示方向与扭矩正向规定相反，该扭矩为负值。

(3) 画扭矩图。根据所得的扭矩作扭矩图(图 6 - 11(d))，可见，

$$|M_n|_{\max} = M_{n2} = 4711 \text{ N} \cdot \text{m} \quad (\text{发生在 } AB \text{ 段各截面上})$$

6.2.2 扭转时的应力分析

1. 横截面上的应力

圆轴扭转时，在确定了横截面上的扭矩后，还应进一步研究横截面上的内力分布规律，以便求得横截面上的应力。

　　为了研究应力，先来观察扭转试验的现象。试验前在图 6 - 12(a)所示圆轴的表面上，画出许多等距的圆周线和纵向线，形成许多小方格。然后将轴一端固定，在另一端施加外力偶 M，使其产生扭转变形。变形后的圆轴如图 6 - 12(b)所示。此时可看出如下现象：

　　(1) 各圆周线的形状、大小和相邻两圆周线之间的距离均未改变，只是相对地绕轴线转过了一个角度。

　　(2) 各纵向线倾斜了一个角度 γ，使圆轴表面的每一小方格均变为菱形(小方格的直角改变量 γ 即为剪应变)。

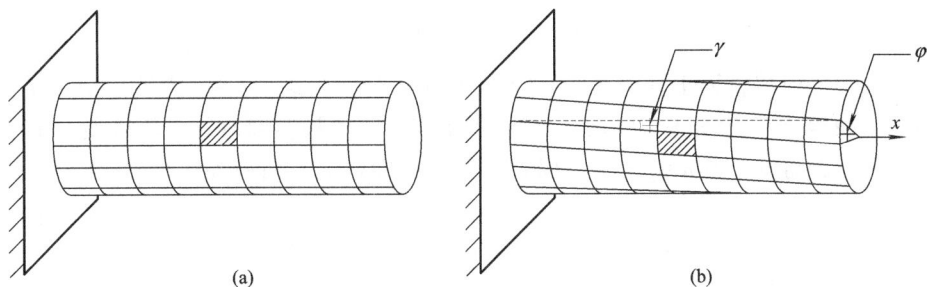

图 6 - 12　圆周扭转变形分析

　　根据上述试验现象，可以对圆轴的内部变形作如下假设：圆轴扭转变形前的横截面变形后仍保持为平面，而且相互的距离不变，只是绕轴线相对转了一个角度。因此可做出以下推论：圆轴扭转时横截面上只有垂直于半径方向上的剪应力，而没有正应力。

　　由平面假设可知，圆轴扭转时，其横截面上各点的剪应变与该点到圆心的距离 ρ 成正比。根据剪切的虎克定律 $\tau = G\gamma$ 可知：横截面上的剪应力沿半径按线性分布，即 $\tau_\rho = k\rho$，其方向垂直于半径指向，与扭矩的转向一致。在与圆心等距的各点处，剪应力的大小相等，如图 6 - 13(a)所示。上述分析也完全适用于空心圆截面，如图 6 - 13(b)所示。

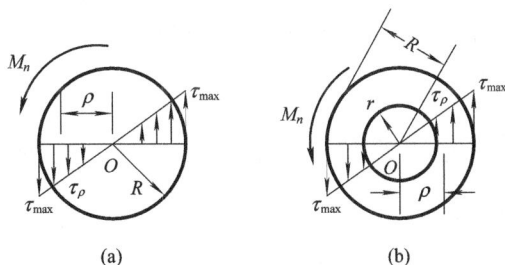

图 6 - 13　扭转圆截面内力分布

　　在图 6 - 14 所示的截面上，在距离圆心为 ρ 处取一微面积 dA，则 $\tau_\rho dA$ 为作用在微面积上的微剪力，它对圆心的微力矩为 $\rho\tau_\rho dA$，整个截面上所有微力矩之和应等于该截面上的扭矩 M_n，因此

$$\int_A \rho\tau_\rho dA = M_n \qquad (1)$$

将 $\tau_\rho = k\rho$ 代入式(1)，得

$$M_n = k\int_A \rho^2 dA = kI_P \qquad (2)$$

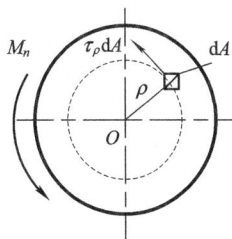

图 6 - 14　轴横截面内力与外力的关系

式(2)中，$\int_A \rho^2 \mathrm{d}A$ 为只与截面形状和尺寸有关的几何量，称为横截面对圆心的极惯性矩，以 I_P 表示，即

$$I_P = \int_A \rho^2 \mathrm{d}A$$

其单位为 m^4，常用单位为 mm^4 或 cm^4。

将 $k = \dfrac{\tau_\rho}{\rho}$ 代入式(2)，得

$$\tau_\rho = \frac{M_n}{I_P} \rho \qquad (6-6)$$

该式为圆轴扭转时横截面上任意一点的剪应力计算公式。式中，M_n 为欲求应力的点所在横截面上的扭矩，ρ 为欲求应力的点到圆心的距离，I_P 为横截面对圆心的极惯性矩。

由式(6-6)可知，当 $\rho = \rho_{\max} = R$ 时，$\tau_\rho = \tau_{\max}$，即在横截面最外边缘处，剪应力的值最大，即

$$\tau_{\max} = \frac{M_n}{I_P} \rho_{\max}$$

若令

$$W_P = \frac{I_P}{\rho_{\max}}$$

则

$$\tau_{\max} = \frac{M_n}{W_P} \qquad (6-7)$$

式中，W_P 为圆截面的抗扭截面模量，单位为 m^3，常用单位为 mm^3。

2. 极惯性矩和抗扭截面模量的计算

在图 6-15 所示的直径为 d 的实心圆截面中，在距圆心 ρ 处，取厚度为 $\mathrm{d}\rho$ 的微分圆环，其面积 $\mathrm{d}A = 2\pi\rho \cdot \mathrm{d}\rho$，从而可得圆截面的极惯性矩为

$$\begin{aligned} I_P &= \int_A \rho^2 \mathrm{d}A = \int_0^{\frac{d}{2}} \rho^2 \cdot 2\pi\rho \cdot \mathrm{d}\rho \\ &= \frac{\pi d^4}{32} \approx 0.1d^4 \end{aligned} \qquad (6-8)$$

其抗扭截面模量为

$$\begin{aligned} W_P &= \frac{I_P}{\rho_{\max}} = \frac{\pi d^4/32}{d/2} \\ &= \frac{\pi d^3}{16} \approx 0.2d^3 \end{aligned} \qquad (6-9)$$

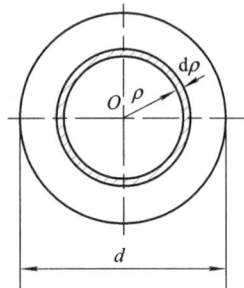

图 6-15 圆截面的几何性质

用类似的方法可以计算出内径为 d、外径为 D 的空心圆截面的极惯性矩 I_P 和抗扭截面模量 W_P 分别为

$$I_P = \frac{\pi D^4}{32} = (1 - \alpha^4) \qquad (6-10)$$

$$W_P = \frac{\pi D^3}{16} = (1 - \alpha^4) \qquad (6-11)$$

式中，$\alpha = \dfrac{d}{D}$ 为空心圆轴内外径之比。

6.2.3　圆轴扭转时的强度计算

为了保证圆轴扭转时具有足够的强度而不被破坏，必须限制轴的最大剪应力不得超过材料的扭转许用剪应力。对于等截面圆轴，其最大剪应力发生在扭矩值最大的截面（称为危险截面）的外缘处，故圆轴扭转的强度条件为

$$\tau_{\max} = \frac{|M_n|_{\max}}{W_P} \leqslant [\tau] \tag{6-12}$$

式中，扭转许用剪应力 $[\tau]$ 是根据扭转试验，并考虑安全系数确定的。在静载荷条件下，它与许用拉应力 $[\sigma]$ 有如下关系：

$$[\tau] = (0.5 \sim 0.6)[\sigma] \qquad （塑性材料）$$
$$[\tau] = (0.8 \sim 1.0)[\sigma] \qquad （脆性材料）$$

与拉压问题相似，式（6-12）可以解决强度校核、截面尺寸设计和最大许可载荷确定等三类扭转强度问题。

例 6-5　实心轴和空心轴通过牙嵌式离合器联接，如图 6-16 所示。已知轴的转速 $n = 1000$ r/min，传递的功率 $P = 8$ kW，材料的许用剪应力 $[\tau] = 40$ MPa。试设计实心轴的直径 d 和空心轴的内、外径（设 $\alpha = 0.7$）。

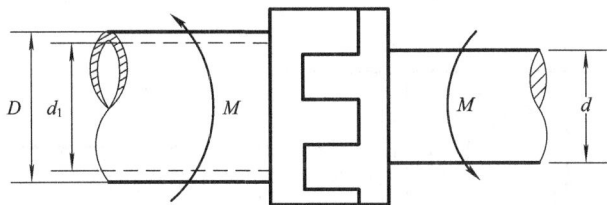

图 6-16　牙嵌式离合器

解　（1）计算该轴承受的外力偶矩：

$$M = 9550 \frac{P}{n} = 9550 \frac{8}{1000} = 76.4 \text{ N} \cdot \text{m}$$

（2）计算横截面上的扭矩：

$$M_n = M = 76.4 \text{ N} \cdot \text{m}$$

（3）设计实心轴的直径。

由

$$\tau_{\max} = \frac{|M_n|_{\max}}{W_P} \leqslant [\tau]$$

得

$$\frac{M}{\pi d^3 / 16} \leqslant [\tau]$$

$$d \geqslant \sqrt[3]{\frac{16M}{\pi[\tau]}} = \sqrt[3]{\frac{16 \times 76.4 \times 10^3}{40\pi}} = 21.4 \text{ mm}$$

（4）设计空心轴的的直径。

外径：

由

$$\tau_{\max} = \frac{|M_n|_{\max}}{W_P} \leqslant [\tau] \qquad \frac{16M_n}{\pi D^3(1-\alpha^4)} \leqslant [\tau]$$

$$D \geqslant \sqrt[3]{\frac{16M_n}{\pi[\tau](1-\alpha^4)}} = \sqrt[3]{\frac{16 \times 76.4 \times 10^3}{40\pi \times (1-0.24)}} = 23.4 \text{ mm}$$

内径：

$$d_1 = 0.7D = 16.4 \text{ mm}$$

例 6-6　一阶梯圆轴如图 6-17(a)所示，已知圆轴扭转的许用剪应力 $[\tau] = 60$ MPa，求许用外力偶矩 M。

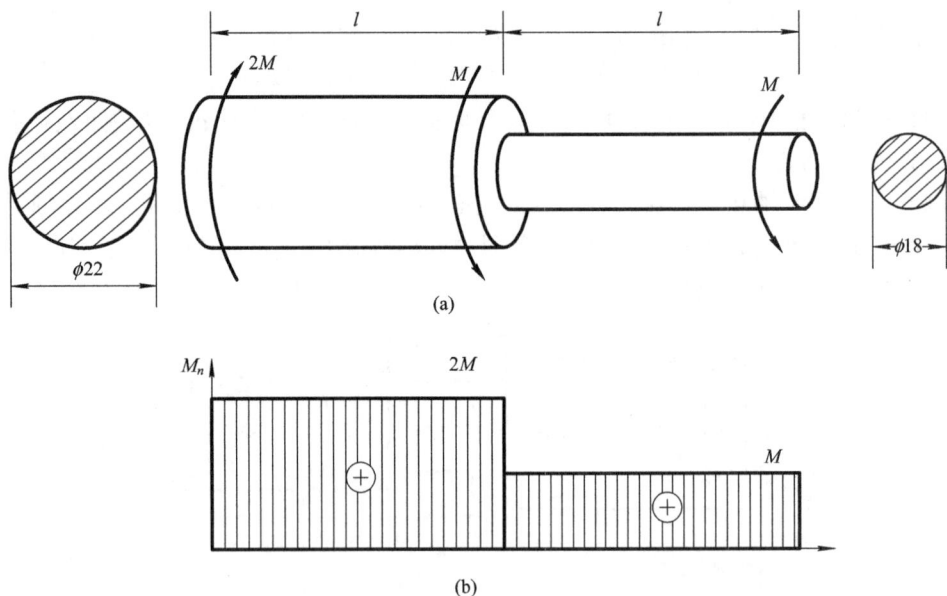

(a)

(b)

图 6-17　阶梯圆轴

解　（1）作阶梯轴的扭矩图。如图 6-17(b)所示，AB 段轴的扭矩比 BC 段轴的扭矩大，但其直径也比 BC 段轴的直径大，因而两段轴的强度都要考虑。

（2）确定许用外力偶矩 M。考虑 AB 段的扭转强度，根据式(6-12)

$$\tau_{\max} = \frac{M_{n1}}{W_P} = \frac{2M}{\pi D_1{}^3/16} \leqslant [\tau]$$

则有

$$M \leqslant [\tau]\frac{\pi D_1^3}{32} = 60 \times 10^6 \frac{\pi \times 22^3 \times 10^{-9}}{32} = 62.7 \text{ N} \cdot \text{m}$$

考虑 BC 段的扭转强度，根据式(6-12)

$$\tau_{\max} = \frac{M_{n2}}{W_P} = \frac{M}{\pi D_2{}^3/16} \leqslant [\tau]$$

则有

$$M \leqslant [\tau] \frac{\pi D_2{}^3}{16} = 60 \times 10^6 \frac{\pi \times 18^3 \times 10^{-9}}{16} = 68.7 \ \text{N} \cdot \text{m}$$

所以轴的许用外力偶矩$[M] = 62.7 \ \text{N} \cdot \text{m}$。

思考与练习题

6-1　为什么剪切和挤压的强度计算要采用"实用计算法"？

6-2　挤压与压缩有什么不同？试分析题 6-2 图所示的两物体的变形情况及要进行哪种强度计算。

6-3　在拉杆和木材之间放一个金属垫圈（题 6-3 图），试说明垫圈所起的作用。

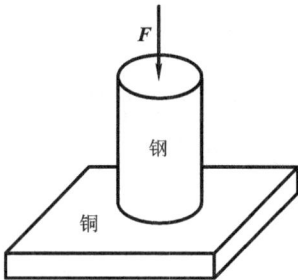

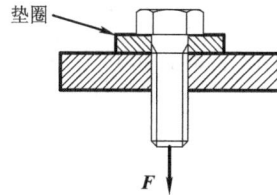

题 6-2 图　　　　　　　　　　　题 6-3 图

6-4　分析题 6-4 图所示结构中各零件的剪切面和挤压面。

6-5　两根轴的直径 d 和长度 l 相同，而材料不同，在相同的扭矩作用下，它的最大剪应力是否相同？为什么？

6-6　螺栓受拉力 F 作用，如题 6-6 图所示，其材料的许用切应力$[\tau]$和许用拉应力$[\sigma_l]$的关系为$[\tau] = 0.6[\sigma_l]$。试求螺栓直径 d 和螺栓头高度 h 的合理比例。

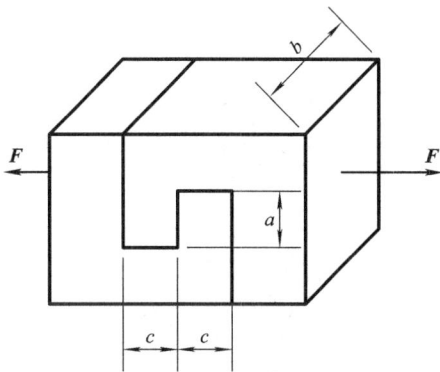

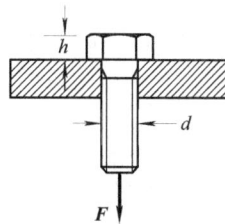

题 6-4 图　　　　　　　　　　　题 6-6 图

6-7　轴的横截面上扭矩为 M_n，如题 6-7 图所示。试画出图示各横截面上剪应力的分布图。

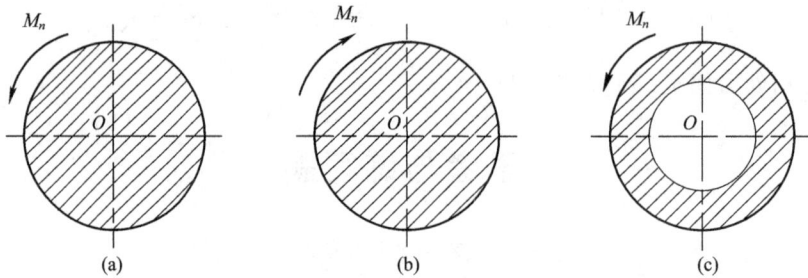

题 6 - 7 图

6 - 8　当传递的功率 P 不变时增加轴的转速，轴的强度将(　　)。

A. 有所提高　　　　B. 有所削弱　　　　C. 没有变化　　　　D. 无法判定

6 - 9　实心轴的直径与空心轴的外径相同时，抗扭截面模量大的是(　　)。

A. 空心轴　　　　　B. 实心轴　　　　　C. 一样大　　　　　D. 无法判定

6 - 10　如题 6 - 10 图所示，拖车的挂钩靠插销联接，拖车的拉力 $F = 18$ kN，挂钩厚度 $t = 10$ mm，销的许用切应力 $[\tau] = 60$ MPa，许用挤压应力 $[\sigma_{jy}] = 100$ MPa。试确定插销的直径 d。

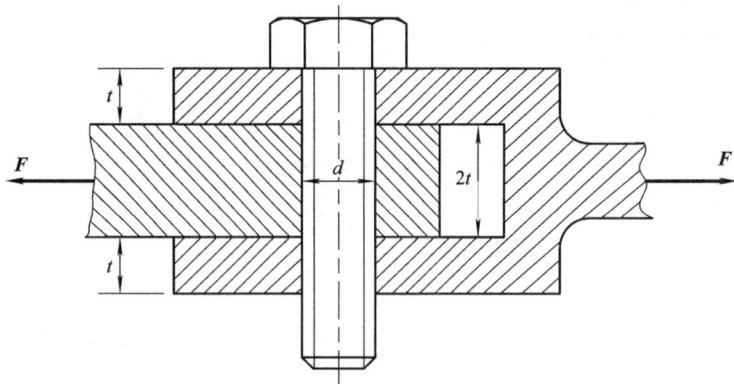

题 6 - 10 图

6 - 11　如题 6 - 11 图所示，轴与齿轮用平键联接。已知轴传递的力矩 $M = 1$ kN·m，轴的直径 $d = 46$ mm，键的尺寸为 $b = 14$ mm、$h = 9$ mm。键的许用切应力 $[\tau] = 60$ MPa，许用挤压应力 $[\sigma_{jy}] = 100$ MPa，试确定键的长度 l。

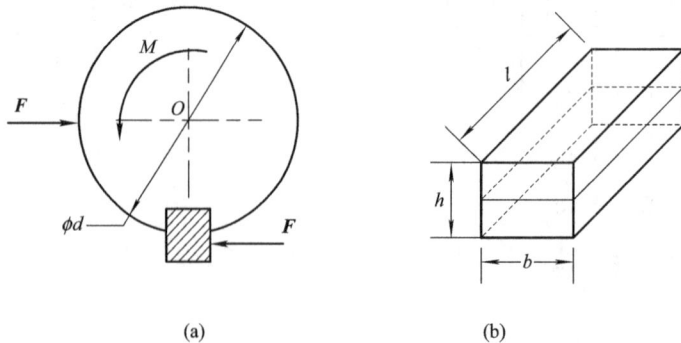

(a)　　　　　　　　　(b)

题 6 - 11 图

6-12　冲床的最大冲力 $F=300$ kN，钢板的厚度 $t=2$ mm，钢板的剪切强度极限 $\tau_b=360$ MPa，要求冲出 $R=20$ mm 的半圆孔，试分析能否完成冲孔工作。

6-13　如题 6-13 图所示，求各轴 I—I、II—II、III—III 截面上的扭矩，并画出扭矩图。

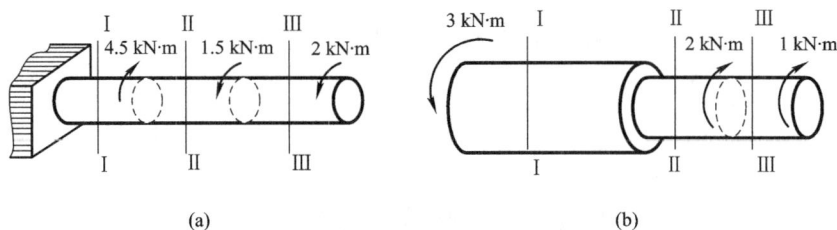

(a)　　　　　　　　　　　　　　　　(b)

题 6-13 图

6-14　如题 6-14 图所示为一端固定一端自由的轴，已知轴的直径 $d=80$ mm，每段长度 $l=500$ mm，外力偶矩 $M_1=7$ kN·m，$M_2=5$ kN·m，试画出轴的扭矩图。

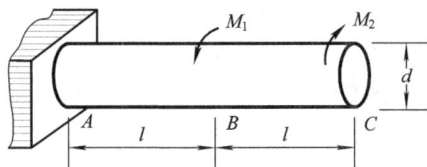

题 6-14 图

6-15　如题 6-15 图所示，轴上受力偶矩 $M=300$ N·m，材料的许用剪应力 $[\tau]=60$ MPa，轴的尺寸如图所示。试校核轴的强度。

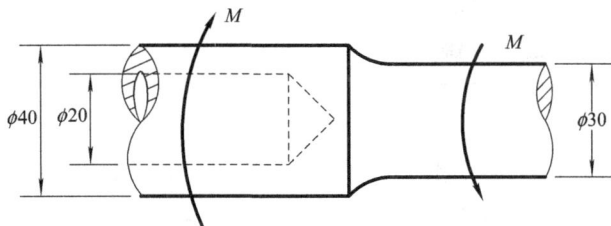

题 6-15 图

6-16　如题 6-16 图所示，等截面传动轴的转速 $n=500$ r/min，主动轮 I 输入功率 $P_1=300$ kW，从动轮 II、III 的输出功率分别为 $P_2=200$ kW、$P_3=100$ kW。已知材料的许用扭转剪应力 $[\tau]=70$ MPa，试设计轴的直径。

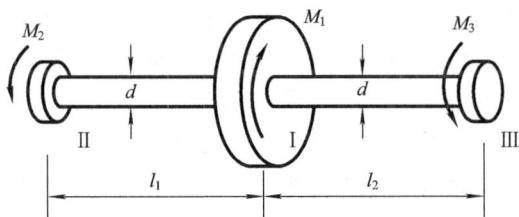

题 6-16 图

第7章　弯　　曲

7.1　平面弯曲的概念

7.1.1　弯曲的概念

在机械工程中常遇到发生弯曲变形的构件,如车辆的车轴(图7-1)、桥式起重机的主梁(图7-2)、电动机轴与桥梁等。这类构件受力与变形的主要特点是:在构件轴线平面内承受力偶作用,或受垂直于轴线方向的外力作用,使构件的轴线弯曲成曲线,这种变形形式称为弯曲。以弯曲变形为主要变形的构件,通称为梁。

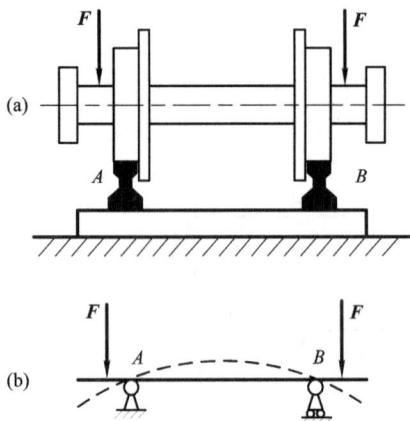

图7-1　火车车轴

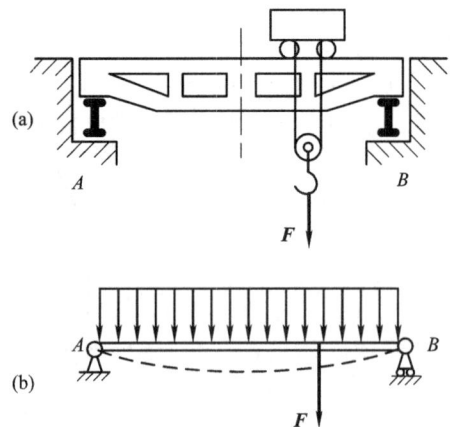

图7-2　桥式起重机

7.1.2　平面弯曲

在工程实际中常见的梁,它们的横截面一般都具有一个对称轴,如图7-3(a)所示。通过梁的轴线和横截面对称轴的平面称为纵向对称面,即 xy 平面,如图7-3(b)所示阴影部分。如果梁上的载荷与支座反力均作用于纵向对称面内,则梁变形后的轴线是一条平面曲线,这种弯曲称为平面弯曲。本章只研究平面弯曲问题。

梁在平面弯曲时,按照支座对梁的约束情况,可将梁简化为如下三种典型形式:

(1) 简支梁。梁的一端是固定铰链支座,另一端是活动铰链支座,可自由弯曲的梁(图7-2(b))。

(2) 外伸梁。简支梁的一端或两端伸出支座以外的梁(图7-1(b))。

(3) 悬臂梁。一端固定,另一端自由的梁。

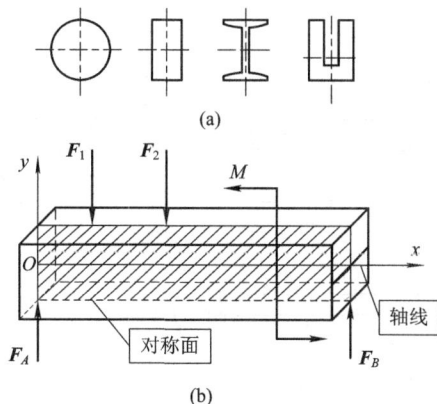

图 7 - 3　弯曲梁基本概念

以上三种约束形式，其约束力的求解，在静力学中已经讲过，这里不再重复。

作用于梁上的载荷，可以简化成三种类型：

（1）集中载荷 F：作用于构件上一点的集中力或集中载荷，其单位是 N（牛）或 kN（千牛）；

（2）集中力偶 M：作用于梁某截面内的力偶，其单位是 N·m（牛·米）或 N·mm（牛·毫米）；

（3）均布载荷 q：在梁上一段长度内作用的分布力，载荷集度不随截面位置变化的称为均布载荷，其单位是 N/m（牛/米）或 kN/m（千牛/米）。

7.2　平面弯曲梁的内力、内力图

7.2.1　梁的内力——剪力和弯矩

为了对梁进行强度和刚度计算，必须首先确定梁在载荷作用下任一横截面上的内力。

例　如图 7 - 4 所示的简支梁，其上作用的集中载荷 F、几何尺寸均已知，求 m—m 截面的内力。

解　采用截面法，以横截面 m—m 将梁切为左、右两段。由平衡条件可知，在 m—m 截面上存在一个集中力 F_Q 和一个集中力偶 M。集中力使梁产生剪切变形，故称为剪力；集中力偶使梁产生弯曲变形，所以称为弯矩。

（1）利用静力学方法求出梁 A、B 端的支座反力：

$$F_A = \frac{F \cdot b}{l}, \qquad F_B = \frac{F \cdot a}{l}$$

（2）求梁的内力。对于梁的左段，列平衡方程，有

$$\sum F_y = 0, \qquad F_A - F_Q = 0$$

得

$$F_Q = F_A = \frac{Fb}{l} \tag{1}$$

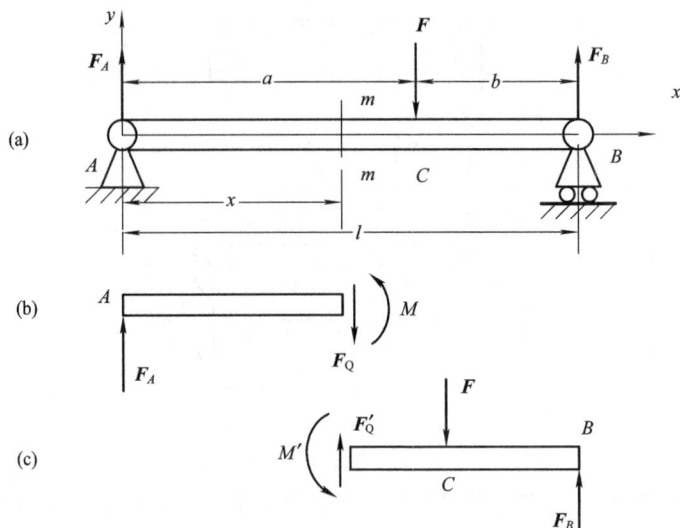

图 7-4 梁的截面法求内力示例

再以左段横截面形心 C 为矩心，列平衡方程，有

$$\sum M_C = 0, \qquad M_x - F_A \cdot x = 0$$

得弯矩

$$M_x = F_A \cdot x = \frac{F \cdot b}{l} \cdot x \tag{2}$$

对于横截面 $m\!-\!m$ 上的剪力 $\boldsymbol{F}_Q$ 和弯矩 M，也可以用同样的方法由梁的右段的平衡方程求得，但方向与由左段求得的相反。

为了使由左段或右段求得的同一截面上的剪力和弯矩不但在数值上相等，而且在符号上也相同，将剪力和弯矩的正负符号规定如下：对于所切梁的横截面 $m\!-\!m$ 的微段变形，若使之发生左侧截面向上、右侧截面向下的相对错动，则剪力为正（图 7-5(b)），反之为负；若使横截面 $m\!-\!m$ 处的弯曲变形呈上凹下凸，则弯矩为正（图 7-5(c)），反之为负。

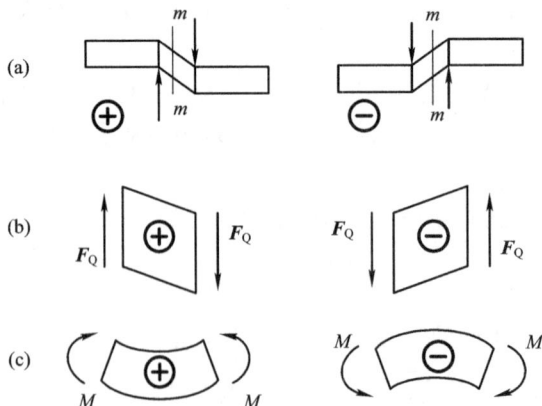

图 7-5 梁内力的正负规定

按此规定，对于一个横截面上的剪力和弯矩，无论是以截面左段上还是右段上的外力

来计算，其结果非但数值相等，其符号也是一样的。

关于弯矩的正负符号规定，也可以借组成梁的无数纵向纤维的变形来说明，即弯矩为正，梁的下部受拉；弯矩为负，梁的上部受拉。

综上所述，将求解弯曲梁内力的方法归纳为以下几点：

（1）在欲求梁内力的横截面处将梁切开，任取一段作为研究对象。

（2）画出所取梁段的受力图，将横截面上的剪力 F_Q 和弯矩 M 均设为正。

（3）由平衡方程分别计算剪力 F_Q 和弯矩 M。在力矩方程中，矩心为该横截面的形心 C。

例 7－1　悬臂梁受均布载荷，如图 7－6(a)所示。试求 x 截面上的剪力和弯矩。

解　方法一：

（1）求支座反力。取 AB 梁为研究对象，画出 A 端固定约束的约束反力，如图 7－6(b)所示。由平衡条件得

$$\sum F_x = 0, \quad F_{Ax} = 0,$$

$$\sum F_y = 0, \quad F_{Ay} - ql = 0$$

$$F_{Ay} = ql$$

$$\sum M_A = 0, \quad M_A - \frac{1}{2}ql^2 = 0$$

$$M_A = \frac{1}{2}ql^2$$

（2）求剪力。根据平衡条件，有

$$\sum F_y = 0, \quad F_{Ay} - F_Q - q \cdot x = 0$$

得

$$F_Q = F_{Ay} - qx = q(l - x) \qquad (0 < x < l)$$

（3）求弯矩。对界面形心 C 点取矩，得

$$\sum M_C = 0, \quad F_{Ay}x - M_A - M_x - \frac{1}{2}qx^2 = 0$$

$$M_x = F_{Ay}x - M_A - \frac{1}{2}qx^2 = qlx - \frac{1}{2}ql^2 - \frac{1}{2}qx^2$$

$$= -\frac{1}{2}q(l - x)^2 \qquad (0 \leqslant x \leqslant l)$$

方法二：

取 x 截面以右为研究对象，如图 7－6(c)所示，求得剪力和弯矩表达式为

$$\sum F_y = 0, \quad F_Q' - q(l - x) = 0$$

得

$$F_Q = q(l - x) \qquad (0 < x < l)$$

$$\sum M_C = 0, \quad -M_x' - \frac{1}{2}qx_1^2 = 0$$

$$M_x' = -\frac{1}{2}q(l - x)^2 \qquad (0 \leqslant x \leqslant l)$$

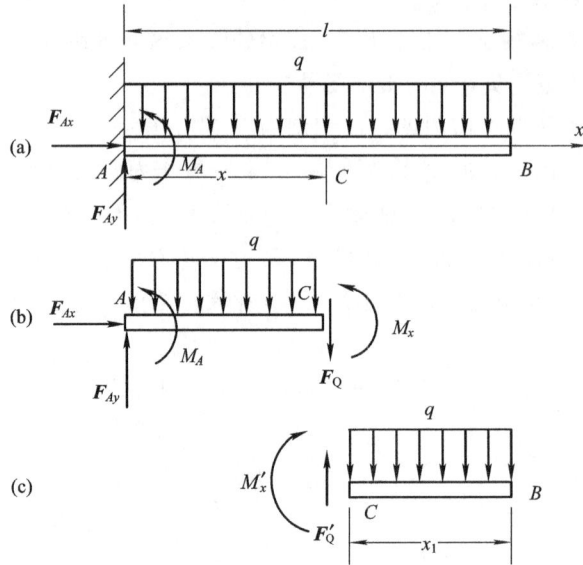

图 7 - 6　均布载荷作用下的悬臂梁

7.2.2　剪力图和弯矩图

由例 7 - 1 可以看出，梁横截面上的弯矩一般是随着截面位置而变化的。为了描述其变化规律，用坐标 x 表示横截面沿梁轴线的位置，将梁各横截面上的剪力和弯矩表示为坐标 x 的函数，即

$$F_Q = F_Q(x)$$
$$M = M(x)$$

以上函数表达式分别称为剪力方程和弯矩方程。

为了直观地表达剪力和弯矩沿梁轴线的变化情况，进而确定梁上最大剪力和最大弯矩的数值及其作用位置，最好的方法是绘出剪力图和弯矩图。通常以梁的左端为原点，以梁的轴线作为横坐标，表示梁横截面的位置，纵坐标为相应截面上的剪力或弯矩的数值。一般将正的剪力或弯矩画在 x 轴上方，负的剪力或弯矩画在 x 轴下方，这样得出的内力图分别称为剪力图和弯矩图。

下面举例说明剪力图和弯矩图的绘法。

例 7 - 2　图 7 - 7(a)所示为简支梁 AB，其上受均布载荷 q 的作用，试画出梁的剪力图和弯矩图。

解　(1) 求支座反力。已知均布载荷合力为 $q \cdot l$，作用在梁的中点，由此得

$$F_A = F_B = \frac{1}{2}ql$$

(2) 求剪力。如图 7 - 7(b)所示，有

$$\sum F_y = 0, \quad F_A - F_Q - qx = 0$$
$$F_Q = \frac{1}{2}q(l - 2x) \qquad (0 < x < l)$$

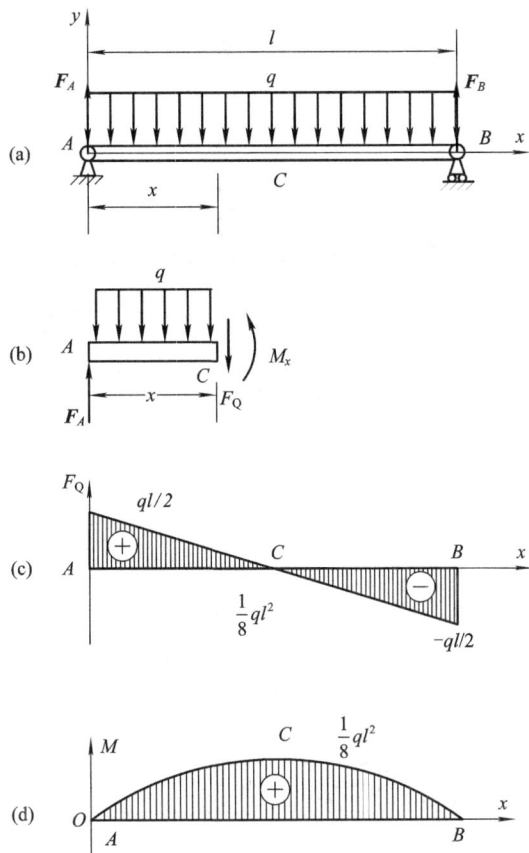

图 7 - 7　均布载荷作用下的简支梁

（3）求弯矩。取截面形心 C 为矩心，则有

$$\sum M_C = 0, \quad M_x + \frac{1}{2}qx^2 - F_A \cdot x = 0$$

$$M_x = F_A x - \frac{1}{2}qx^2 = \frac{1}{2}qx(l-x) \qquad (0 \leqslant x \leqslant l)$$

（4）画剪力图和弯矩图。

剪力方程为直线方程，求出 A、B 端点的剪力值，连线即可，如图 7 - 7(c) 所示。

弯矩方程是二次方程，即弯矩图为抛物线。由函数图像知识可知，确定抛物线图像有两个关键点：第一，判断抛物线的开口方向（二次方前符号为负，开口向下，函数有极大值，反之开口向上，有极小值）；第二，确定抛物线的极值点的位置（剪力为零的点）和函数值。

本例抛物线开口向下，其最大值点在梁跨度中点，即 $x=l/2$ 处。而在两端点 A、B 处，即在 $x=0$、$x=1$ 处，$M=0$：

$$x = \frac{l}{2}$$

$$M_x = M_{\max} = \frac{1}{8}ql^2$$

画出弯矩图，如图 7-7(d) 所示。

例 7-3　图 7-8 所示为一长度为 l 的简支梁，在 C 点处受集中力 F 作用，试画该梁的剪力图和弯矩图。

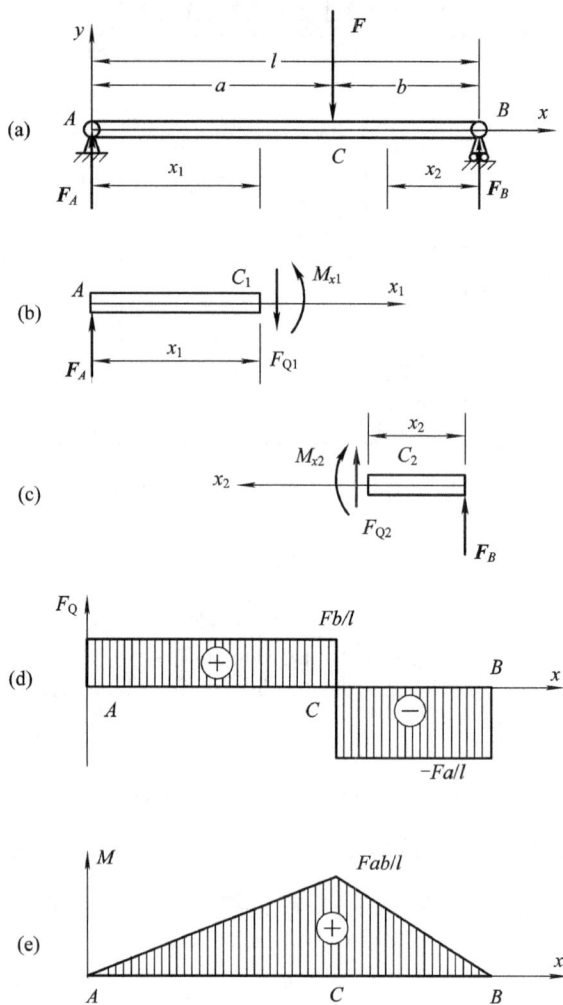

图 7-8　简支梁在集中力作用下的内力图

解　(1) 求梁的支座反力：

$$F_A = \frac{b}{l}F$$

$$F_B = \frac{a}{l}F$$

(2) 求剪力。梁被集中力 F 分为两部分，分别就 AC、CB 进行计算。

AC 段，如图 7-8(b) 所示，有

$$\sum F_y = 0, \quad F_A - F_{Q1} = 0$$

$$F_{Q1} = F_A = \frac{Fb}{l} \qquad (0 < x_1 < a)$$

CB 段，如图 7 - 8(c)所示，有

$$\sum F_y = 0, \quad F_B + F_{Q2} = 0$$

$$F_{Q2} = -F_B = -\frac{Fa}{l} \qquad (0 < x_2 < b)$$

（3）求弯矩。同理，AC 段，矩心为 C_1。

$$\sum M_{C1} = 0, \quad M_{x1} - F_A \cdot x_1 = 0$$

$$M_{x1} = \frac{Fb}{l} x_1 \qquad (0 \leqslant x_1 \leqslant a)$$

CB 段，矩心为 C_2。此处注意 x_2 坐标的方向。这样建立的坐标，是为了求解步骤的简化，并不影响求解的结果。

$$\sum M_{C2} = 0, \quad -M_{x2} + F_B \cdot x_2 = 0$$

$$M_{x2} = \frac{Fa}{l} x_2 \qquad (0 \leqslant x_2 \leqslant b)$$

（4）画出剪力图，如图 7 - 8(d)所示、弯矩图如图 7 - 8(e)所示。

由于在截面 C 处作用有集中力 $\boldsymbol{F}$，因此剪力图在 C 点不连续，即 AC、CB 段在 C 点不相等；而弯矩图在 C 点有转折，即 AC、CB 两段在 C 点的弯矩相等，即

$$M_{AC}\mid_C = M_{CD}\mid_C = \frac{Fab}{l} = M_{\max}$$

例 7 - 4 图 7 - 9(a)所示为一简支梁，在 C 点处受到矩为 M 的集中力偶作用，试画该梁的剪力图和弯矩图。

解 （1）求支座反力。考虑到简支梁受力偶系作用，所以 F_A、F_B 构成力偶，如图 7 - 9(a)所示，且

$$F_A = F_B = \frac{M}{l}$$

（2）求剪力、弯矩方程。由于集中力偶作用，梁被分成两段，现分别求解。

AC 段：如图 7 - 9(b)所示，剪力方程为

$$\sum F_y = 0, \quad F_A - F_{Q1} = 0$$

得

$$F_{Q1} = F_A = \frac{M}{l} \qquad (0 < x_1 < a)$$

弯矩方程为

$$\sum M_{C1} = 0, \quad M_{x1} - F_A \cdot x_1 = 0$$

$$M_{x1} = \frac{M}{l} x_1 \qquad (0 \leqslant x_1 \leqslant a)$$

CB 段：如图 7 - 9(c)所示，剪力方程为

$$\sum F_y = 0, \quad F_A - F_{Q2} = 0$$

得

$$F_{Q2} = F_A = \frac{M}{l} \qquad (a < x_2 < l)$$

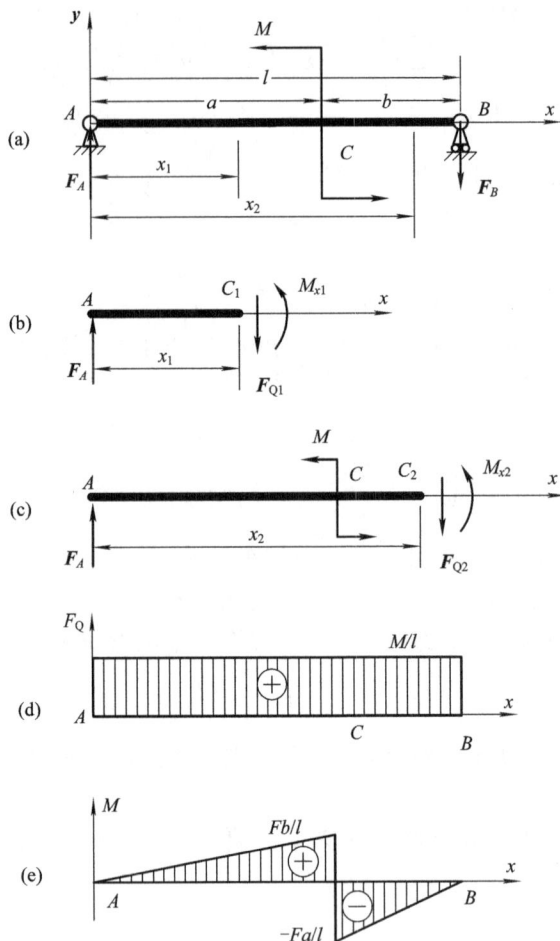

图 7-9　简支梁在力偶作用下的内力图

弯矩方程为

$$\sum M_{C2} = 0, \quad M_{x2} + M - F_A \cdot x_2 = 0$$

$$M_{x2} = \frac{M}{l}x_2 - M = -\frac{M}{l}(l - x_2) \qquad (a \leqslant x_2 \leqslant l)$$

（3）画剪力图，如图 7-9(d)所示，弯矩图如图 7-9(e)所示。

7.3　纯弯曲时的正应力

7.3.1　纯弯曲的概念

一般情况下，梁在发生弯曲变形时，其横截面上既有弯矩又有剪力，这种弯曲变形称为剪切弯曲（也称横力弯曲）。若梁的横截面上只有弯矩而无剪力（剪力为零），则这类弯曲变形称为纯弯曲。

如图 7-10(a)所示的梁，其剪力图和弯矩图分别如图 7-10(b)和 7-10(c)所示，可以看出，CD 段内各截面上的剪力都等于零，而弯矩 $M = Fa$，为常量，即 CD 段为纯弯曲变形；而 AC 和 DB 两段内梁的各截面上既有剪力又有弯矩，即 AC、DB 发生的弯曲变形为剪切弯曲。

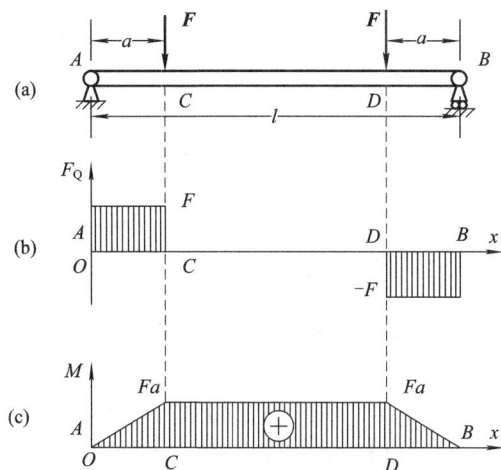

图 7 - 10　纯弯曲的概念

为了研究纯弯曲梁的变形及横截面上的应力，我们取一矩形截面梁，在梁的侧面画上平行于轴线和垂直于轴线的直线，形成许多正方形的网格，如图 7 - 11(a)所示，然后在梁的两端施加一对矩为 M 的力偶，使之产生纯弯曲变形，如图 7 - 11(b)所示。从弯曲变形后的梁上可以看到：各纵向线弯曲成彼此平行的圆弧，内凹一侧的原纵向线缩短，而外凸一侧的原纵向线伸长。各横向线仍为直线，只是相对转了一个角度，但仍与纵向线垂直。

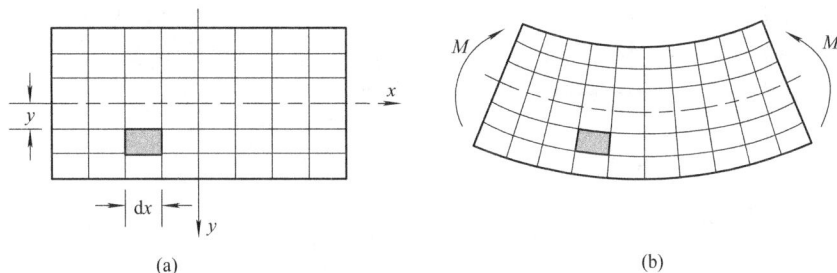

图 7 - 11　纯弯曲变形分析

根据上述现象，可作如下假设：梁的横截面在变形后仍为平面，并垂直于变形后梁的轴线。即横截面只是绕着截面内的某一轴转过一个角度，横截面间没有相对错动，此假设也称弯曲变形的平面假设。若设想梁是由无数条纵向纤维所组成的，则弯曲变形后，各纵向纤维只是产生伸长或缩短变形，即靠近凹面的纤维缩短，靠近凸面的纤维伸长，由此得出一个结论：纯弯曲变形时，梁横截面上只有正应力。

由于变形的连续性，在伸长纤维和缩短纤维之间必存在一层既不伸长也不缩短的纤维层，这一纵向纤维层称为中性层，如图 7 - 12 中的阴影部分。通常，中性层与横截面的交线称为中性轴，如图 7 - 12 中的 z 轴，xy 平面称为梁的纵向对称面。其中 x 轴为梁的轴线，y 轴是横截面的纵向对称轴。横截面上位于中性轴两侧(图中上下部分)的各点分别承受拉应力和压应力，中性轴上各点的应力为零。经分析可知，中性轴必然通过横截面的形心。

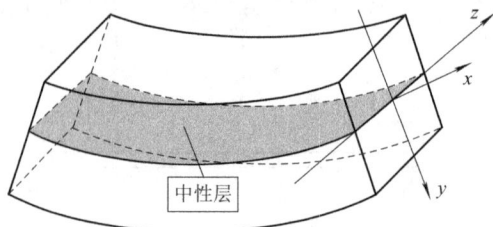

图 7 - 12 中性层与中性轴

7.3.2 纯弯曲梁横截面上的正应力

为了研究纯弯曲梁横截面上正应力的分布规律，从梁上截取任意微段 dx，如图 7 - 13(a) 所示(可参看图 7 - 11(a))。

假设变形后如图 7 - 13(b)所示。横截面 1—1 和 2—2 变形后仍为平面，但两者形成 $d\theta$ 的夹角；中性层 O_1O_2 长度不变，但变成曲线(面)，ρ 为其曲率半径。

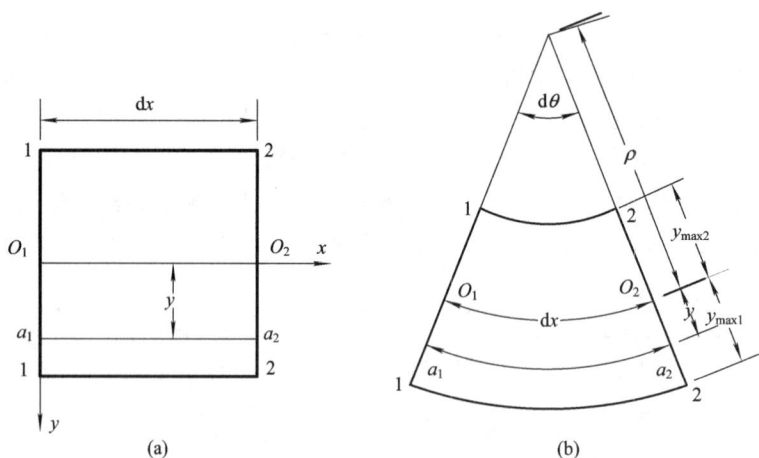

图 7 - 13 弯曲应力分析

距中性层 y 处的纵向线(层)a_1a_2 也由直线变为曲线，其绝对变形为

$$\Delta a_1 a_2 = (\rho + y)d\theta - \rho d\theta = y d\theta$$

其相对变形(应变)为

$$\varepsilon = \frac{\Delta a_1 a_2}{O_1 O_2} = \frac{y d\theta}{\rho d\theta} = \frac{y}{\rho} \tag{a}$$

式(a)表明：纯弯曲时横截面上各点的纵向线应变 ε 与各点到中性轴的距离 y 成正比。将式(a)代入虎克定律表达式 $\sigma = E\varepsilon$，得

$$\sigma = E \frac{y}{\rho} \tag{b}$$

式(b)表明：截面上任一点的正应力与该点到中性轴的距离成正比。在中性轴等远处各点的正应力相等，正应力的分布如图 7 - 14 所示。

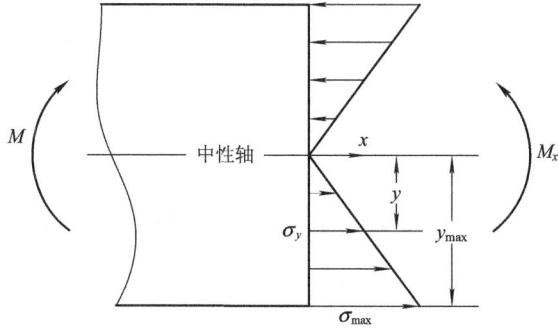

图 7 - 14　梁横截面上的正应力分布

在中性轴($y=0$ 处)上各点的正应力为零，在中性轴的两侧，其各点的应力分别为拉应力和压应力。在离中性轴最远处($y=y_{max}$)，产生最大的正应力 σ_{max}。

根据正应力的分布规律(图 7 - 14)，可得

$$\frac{\sigma}{y} = \frac{\sigma_{max}}{y_{max}}$$

或

$$\sigma = \frac{\sigma_{max}}{y_{max}} y \qquad\qquad (c)$$

7.3.3　最大正应力的计算公式

横截面上的弯矩 M 是截面上各部分内力对中性轴 z 的力矩之和。在图 7 - 15 中任意微面积 $\mathrm{d}A$ 上的微内力为 $\sigma \cdot \mathrm{d}A$，它对中性轴 z 的力矩为 $\sigma \cdot \mathrm{d}A \cdot y$，于是横截面上的弯矩 M 为

$$M = \int_A \sigma y \mathrm{d}A$$

将式(c)代入上式，则有

$$M = \int_A \frac{\sigma_{max}}{y_{max}} y^2 \mathrm{d}A = \frac{\sigma_{max}}{y_{max}} \int_A y^2 \mathrm{d}A$$

式中，$\int_A y^2 \mathrm{d}A$ 是一个仅与截面的形状和尺寸有关的几何量，称为横截面对中性轴 z 的轴惯性矩，其单位为长度的四次方，常用的是 m^4 或 mm^4。

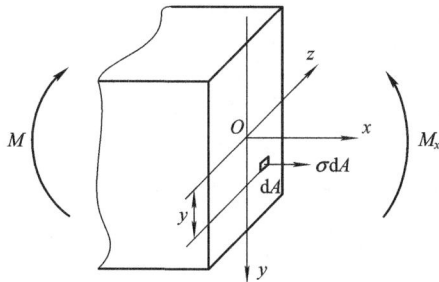

图 7 - 15　弯曲正应力与弯矩的关系

令

$$I_z = \int_A y^2 \, \mathrm{d}A \qquad (7-1)$$

则横截面上的最大弯曲正应力为

$$\sigma_{\max} = \frac{M \cdot y_{\max}}{I_z} \qquad (7-2)$$

式中，M 为横截面上的弯矩，$y_{\max}$ 为横截面上最远点到中性轴的距离。

将式(7-1)可以改写为

$$\sigma_{\max} = \frac{M}{W_z} \qquad (7-3)$$

式中，

$$W_z = \frac{I_z}{y_{\max}} \qquad (7-4)$$

W_z 称为横截面对于中性轴 z 的抗弯截面模量，其值与横截面的形状和尺寸有关。它是衡量截面抗弯能力的一个几何量，即对于某一横截面，其 W_z 值越大，则在给定的最大正应力下梁能够抵抗的弯矩 M 也越大。

虽然以上各式是以纯弯曲情况下的矩形截面梁推导出来的，但由精确的分析证明，因此也适用于其他具有纵向对称面的截面梁发生剪切弯曲变形时的应力计算。

7.3.4 截面的轴惯性矩 I_z 和抗弯截面模量 W_z

构件的承载能力与截面的几何性质有密切的关系。例如在拉伸与压缩的应力及变形的计算中，要用到横截面面积 A；在扭转的应力与变形计算中，要用到横截面对圆心的极惯性矩 I_P 和抗扭截面模量 W_P。弯曲应力计算中要用到截面的轴惯性矩 I_z 和抗弯截面模量 W_z 等几何量。为了便于计算时查用，将常用梁截面的轴惯性矩和抗弯截面模量列于表 7-1 中。

表 7-1 常用截面的轴惯性矩和惯性模量

截面形状	轴惯性矩 I_z	抗弯截面模量 W_z
矩形	$I_z = \dfrac{bh^3}{12}$ $I_y = \dfrac{hb^3}{12}$	$W_z = \dfrac{bh^2}{6}$ $W_y = \dfrac{hb^2}{6}$
圆	$I_z = I_y = \dfrac{\pi d^4}{64}$	$W_z = W_y = \dfrac{\pi \cdot d^3}{32}$
圆环	$I_z = I_y = \dfrac{\pi \cdot D^4}{64}(1 - \alpha^4)$ $\alpha = \dfrac{d}{D}$	$W_z = W_y = \dfrac{\pi \cdot D^3}{32}(1 - \alpha^4)$ $\alpha = \dfrac{d}{D}$

1. 矩形截面惯性矩的计算方法

简单截面图形的惯性矩可以通过积分方法求得。设矩形截面高为 h，宽为 b，如图 7-16 所示。取微面积 $dA = b dy$，则

$$I_z = \int_A y^2 dA = \int_{-h/2}^{h/2} y^2 b dy = \frac{1}{12} bh^3$$

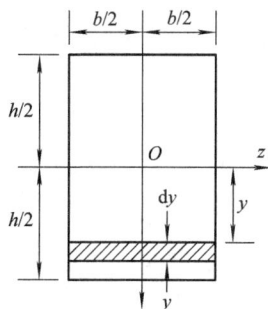

图 7-16　矩形截面惯性矩的计算

2. 组合截面的惯性矩

工程实际中梁的截面形状可能很复杂，这些复杂截面通常是由几个简单的截面形状组合构成的。组合截面的中性轴的惯性矩等于各个组成部分的中性轴的惯性矩的代数和。即

$$I_z = \sum_{i=1}^{n} I_{zi} \tag{7-5}$$

3. 平行移轴公式

组合截面的中性轴通常并不是截面的对称轴，所以各个组成截面对中性轴的惯性矩需要用到平行移轴公式：

$$I_{zC} = I_z + A \cdot d^2 \tag{7-6}$$

式中，z 为组成部分截面的中性轴，z_C 为平行于 z 轴的任一轴，A 为截面的面积，d 为 z_C 和 z 之间的距离。上式说明：截面对其任一轴的惯性矩等于它对平行于该轴的形心轴的惯性矩再加上截面面积和两轴距离平方的乘积。

例 7-5　求如图 7-17(a)所示矩形截面对 z_1 轴的惯性矩和图 7-17(b)截面对 y 轴的惯性矩。

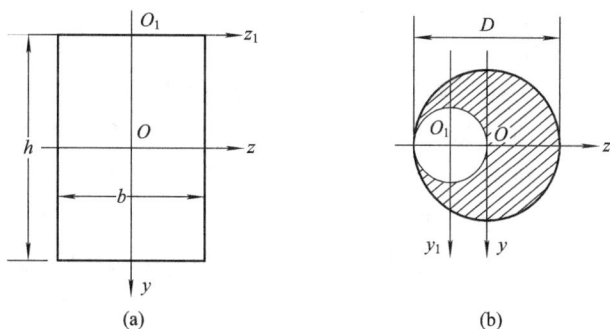

(a)　　　　　　　　　　　　(b)

图 7-17　矩形截面及偏心圆截面惯性矩求解示例

解 （1）由以上所述（或表 7-1 查得），矩形对其通过形心轴 z 的惯性矩为

$$I_z = \frac{bh^3}{12}$$

矩形面积 $A=hb$，而 z_1 轴平行于 z 轴且距离为 $\frac{h}{2}$，由平行移轴公式（7-6）得

$$I_{z1} = I_z + A \times d^2 = \frac{bh^3}{12} + hb \times \left(\frac{h}{2}\right)^2 = \frac{bh^3}{3}$$

（2）由表 7-1 查得，圆形截面对形心轴的惯性矩为

$$I_y = \frac{\pi D^4}{64}$$

镂空部分直径 $D_1 = \frac{D}{2}$ 对 y 轴的惯性矩可由平行移轴公式求得，即

$$I_{y1} = \frac{\pi D_1^4}{64} + \frac{\pi D_1^2}{4} \times \left(\frac{D}{4}\right)^2 = \frac{\pi \left(\frac{D}{2}\right)^4}{64} + \frac{\pi \left(\frac{D}{2}\right)^2}{4} \times \left(\frac{D}{4}\right)^2 = \frac{5}{16} \times \frac{\pi D^4}{64}$$

由公式（7-5）可得

$$I_y = \frac{\pi D^4}{64} - \frac{5}{16} \times \frac{\pi D^4}{64} = \frac{11}{16} \times \frac{\pi D^4}{64}$$

7.4　梁弯曲时的强度计算

等截面梁弯曲时，最大正应力发生在最大弯矩所在截面上，这一截面称为危险截面。在危险截面上、下边缘处的正应力最大，这些点首先发生破坏，故称为危险点。必须首先保证这些危险点的安全。由于横截面上、下边缘各点处于单向拉伸或压缩状态，因此，应按弯曲正应力建立梁的强度条件：最大弯曲正应力不得超过材料的许用弯曲正应力，即

$$\sigma_{max} = \frac{|M_{max}|}{W_z} \leqslant [\sigma] \tag{7-7}$$

许用弯曲应力的数值可从有关规范中查得。

应该指出，式（7-7）只适用于抗拉和抗压强度相等的材料。对于像铸铁等脆性材料制成的梁，因材料的抗压强度远高于抗拉强度，故其相应强度条件为

$$\sigma_{max}^+ \leqslant [\sigma^+] \tag{7-8a}$$

$$\sigma_{max}^- \leqslant [\sigma^-] \tag{7-8b}$$

式中，σ_{max}^+、σ_{max}^- 分别为梁弯曲时的最大拉应力和最大压应力。需要说明的是，最大拉应力和最大压应力有时候不一定在同一个界面上，在强度计算时应分别考虑。

应用式（7-7）强度条件，可以进行三方面的强度计算，即校核梁的强度、设计梁的截面尺寸和确定梁的许可载荷。

例 7-6　如图 7-18（a）所示的车轴，已知 $a=310$ mm，$l=1440$ mm，$F=15.15$ kN，$[\sigma]=100$ MPa，若车轴的横截面为圆环形，外径 $D=100$ mm，内径 $d=80$ mm，试校核车轴的强度。

解　（1）画弯矩图，确定最大弯矩。车轴的力学模型可简化为如图 7-18(b)所示的简支梁。其弯矩图如 7-18(c)所示，由弯矩图可以看出，最大弯矩发生在 CD 段。

$$M_{max} = F \cdot a = 15.15 \times 10^3 \times 310$$
$$= 4696.5 \times 10^3 \text{ N} \cdot \text{mm}$$

（2）校核车轴的强度。已知车轴为圆环形截面，从表 7-1 查得其抗弯截面模量为

$$W_z = \frac{\pi D^3}{32}(1 - \alpha^4) \approx 0.1 D^3 (1 - \alpha^4)$$

代入数值，得

$$W_z = 58 \times 10^3 \text{ mm}^3$$

计算车轴的最大应力，并校核其强度：

$$\sigma_{max} = \frac{|M_{max}|}{W_z} = \frac{4696.5 \times 10^3}{58 \times 10^3} = 81 \text{ MPa} < [\sigma]$$

车轴的强度足够。

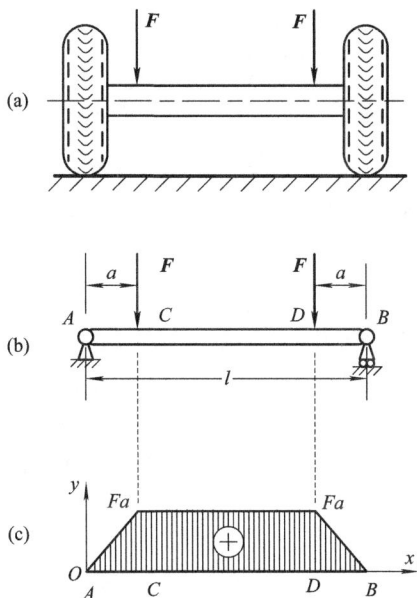

图 7-18　车轴

例 7-7　如图 7-19(a)所示螺旋压板装置，已知压板的许用弯曲应力 $[\sigma] = 140$ MPa，$a = 50$ mm，试计算压板给工件的最大允许压紧力 F。

解　（1）压板简化为简支梁，如图 7-19(b)所示，F_B 即压紧力 F。由静力学关系可求得

$$\sum M_A = 0, \quad F_B \cdot 3a - F_C \cdot 2a = 0$$

即

$$F_C = \frac{3}{2} F_B = \frac{3}{2} F$$

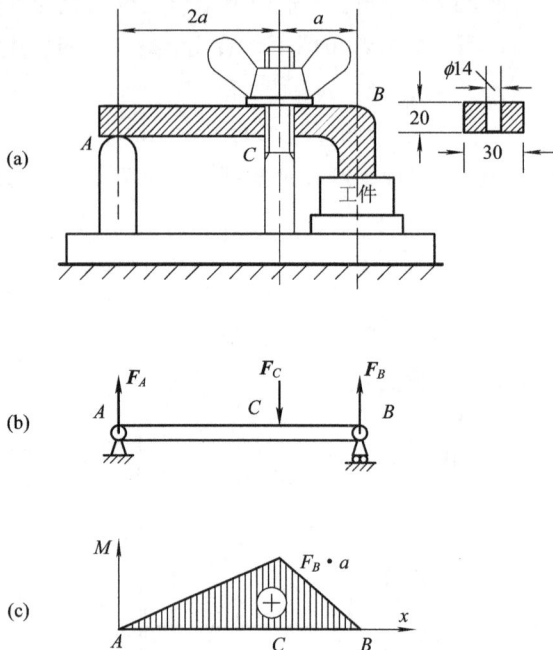

图 7-19　螺旋压板装置

（2）画压板的弯矩图，如图 7-19（c）所示。最大弯矩发生在 C 截面上：

$$M_{max} = F_B \cdot a$$

（3）由强度条件，确定许可载荷。

计算 C 截面的抗弯截面模量：

$$I_z = I_{z1} - I_{z2} = \frac{30 \times 20^3}{12} - \frac{14 \times 20^3}{12} = \frac{4 \times 8}{3} \times 10^3 = 10.7 \times 10^3 \ mm^4$$

$$W_z = \frac{I_z}{y_{max}} = \frac{10.7 \times 10^3}{10} = 1.07 \times 10^3 \ mm^3$$

根据压板的强度条件：

$$\sigma_{max} = \frac{|M_{max}|}{W_z} \leqslant [\sigma]$$

可得

$$M_{max} = F_B \cdot a \leqslant [\sigma] \cdot W_z$$

故有

$$F = F_B \leqslant \frac{[\sigma] W_z}{a} = \frac{140 \times 1.07 \times 10^3}{50} = 2996 \ N$$

压板给工件的最大压紧力不得超过 2996 N，其方向与 F_B 相反。

7.5　提高梁抗弯能力的措施

在工程实际中，杆件的设计原则就是从实际情况出发，在不增加或较少增加材料的前提下，保证杆件能承受较大的载荷而不致出现破坏，这就要求提高杆件的承载能力。梁的设计应满足安全性好而材料消耗少的目的,即在保证安全的前提下尽可能经济。

等直梁上的最大弯曲正应力为

$$\sigma_{\max} = \frac{M}{W_z}$$

式中,$\sigma_{\max}$ 和梁上的最大弯矩 M 成正比,和抗弯截面模量 W_z 成反比。提高梁的抗弯能力必须降低弯矩、增大抗弯截面模量。

7.5.1 合理布置梁的支座

当梁的尺寸和截面形状已确定时,合理安排梁的支座或增加约束,可以缩小梁的跨度、降低梁上的最大弯矩。如图 7-20 所示,受均布载荷的简支梁,若能改为两端外伸梁,则梁上的最大弯矩将大为降低。

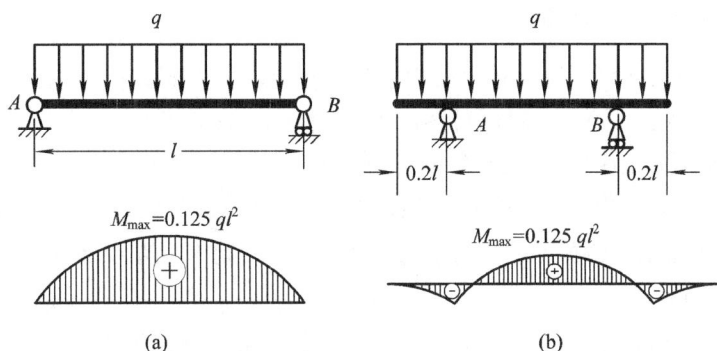

图 7-20 改变支座位置

7.5.2 合理布置载荷

当载荷已确定时,合理地布置载荷可以减小梁上的最大弯矩,提高梁的承载能力。例如,图 7-21 所示桥梁可简化成一简支梁,其额定最大承载能力是载荷在桥中间时的最大值,超出额定载荷的物体要过桥时,采用长平板车将集中载荷分为几个载荷,就能安全过桥。吊车采用副梁可以起吊更重的物体也是这个道理。

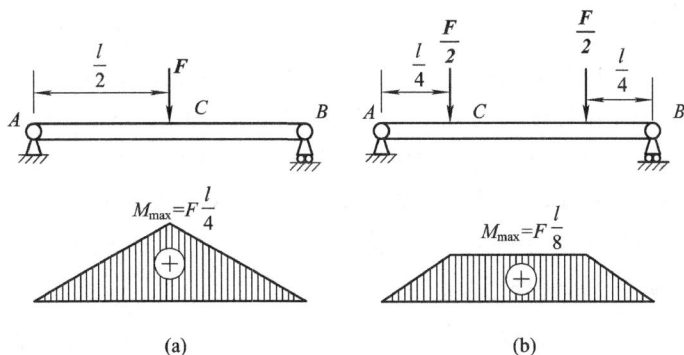

图 7-21 拆分集中力

比较图 7-21(a)、(b)和图 7-22 的最大弯矩可知,在结构允许的条件下,应尽可能把载荷安排得靠近支座,以降低弯矩的最大值。

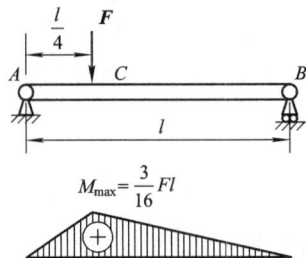

图 7-22　移动力的位置

7.5.3　合理选择梁的截面

梁的抗弯截面系数 W_z 与截面的面积、形状有关,在满足 W_z 的情况下选择适当的截面形状,使其面积减小,可达到节约材料、减轻自重的目的。

由于横截面上的正应力和各点到中性轴的距离成正比,靠近中性轴的材料所受正应力较小,未能充分发挥其潜力,故将靠近中性轴的材料移至横截面的边缘,必然使 W_z 增大。

1. 形状和面积相同的截面,采用不同的放置方式,则 W_z 值可能不相同

如图 7-23 所示矩形截面梁($h>b$),竖放时抗弯截面模量大,承载能力强,不易弯曲;而平放时抗弯截面模量小,承载能力差,易弯曲。工字钢、槽钢等梁放置方式不同,其抗弯截面模量不同,承载能力也不同。

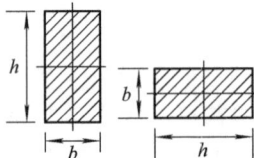

图 7-23　矩形截面

2. 面积相等而形状不同的截面,其抗弯截面模量不相同

例如,在使用同样多材料时(横截面面积相等),工字钢和槽钢的抗弯截面模量最大,空心圆截面次之,实心圆截面的抗弯截面模量最小,承载能力最差。实际上,从弯曲正应力分布规律可知,当离中性轴最远处的 σ_{max} 达到许用应力时,中性轴上及其附近的正应力分别为零和很小值,材料没有充分发挥作用。为了充分利用材料,应尽可能地把材料放置到离中性轴较远处,如将实心圆截面改成空心圆截面;对于矩形截面,则可把中性轴附近的材料移置到上、下边缘处而形成工字形截面;采用槽形或箱形截面也是同样的道理。

3. 截面形状应与材料特性相适应

对抗拉和抗压强度相等的塑性材料,宜采用中性轴对称的截面,如圆形、矩形、工字形等。对抗拉强度小于抗压强度的脆性材料,宜采用中性轴偏向受拉一侧的截面形状。如图 7-24 中的一些截面。

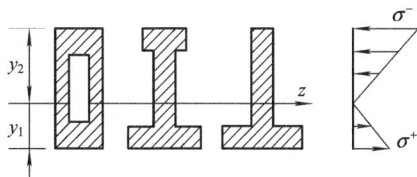

图 7-24　不规则截面

如能使 y_1 和 y_2 之比接近于下列关系：

$$\frac{\sigma_{max}^+}{\sigma_{max}^-} = \frac{y_1}{y_2} = \frac{[\sigma]^+}{[\sigma]^-}$$

则最大拉应力和最大压应力便可同时接近许用应力，使材料得到充分利用。

4. 采用等强度梁

等截面梁在弯曲时各截面的弯矩是不相等的，如果以最大弯矩来确定截面尺寸，则除弯矩最大的截面外，其余截面的应力均低于弯矩最大的截面，这时材料就没有得到充分利用，为了减轻自重，并充分发挥单位材料的抗弯能力，可使梁截面沿轴线变化，以达到各截面上的最大正应力都近似相等，这种梁称为等强度梁。但等强度梁形状复杂，不便于制造，所以工程实际中往往制成与等强度梁相近的变截面梁。如一些建筑中的外伸梁，做成了由固定端向外伸端截面逐渐减小的形状，较好地体现了等强度梁的概念。而机械中的多数圆轴则制成了变截面的阶梯轴。

7.6　梁的刚度概念

梁在载荷作用下，除应满足强度条件以防止发生破坏外，还应满足刚度条件，即弹性变形不得超过一定的限度，以保证机器和结构的正常工作。

设梁 AB 在 $A-xy$ 平面内受载荷 F 作用发生弯曲变形，如图 7-25 所示，梁轴线则由原来的直线变成一条连续的平面曲线，此曲线称为梁的挠曲线。

由图可见，梁的各横截面将在该平面内同时发生线位移和角位移。

梁上任一横截面的形心在垂直于原来梁轴线方向的位移，称为梁在该截面的挠度，以 y 表示；同时横截面绕其中性轴转过一个角度，称为该截面的转角，

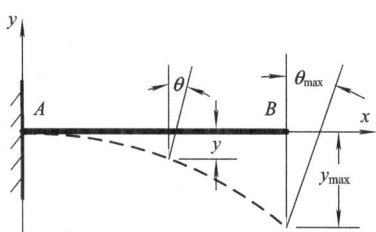

图 7-25　梁的变形示例

以 θ 表示，挠度 y 和转角 θ 是量度梁弯曲变形的两个基本量。

梁的挠度和转角一般是随着截面的位置而变化的。在工程上，根据工作要求，常对挠度和转角加以限制而进行梁的刚度计算，梁的刚度条件为

$$y_{max} \leqslant [y] \tag{7-9}$$

$$\theta_{max} \leqslant [\theta] \tag{7-10}$$

式中，y_{max} 为梁的最大挠度（单位为 mm）；θ_{max} 为梁横截面的最大转角（单位为 rad）；$[y]$ 为梁的许用挠度（单位为 mm）；$[\theta]$ 为梁的横截面的许用转角（单位为 rad）。

许用挠度和许用转角的数值可由有关手册查得。常用的几种梁的最大挠度和最大转角的计算公式也可由手册查得，这里不作介绍。

思考与练习题

7-1 具有对称截面的直梁发生平面弯曲的条件是什么？

7-2 弯矩的正负号是如何规定的？它与坐标的选择有没有关系？与静力学中的力偶的正负号规定有何区别？

7-3 若矩形截面的高度或宽度分别增加一倍，则横截面的抗弯截面模量各增加几倍？

7-4 应用截面法计算横截面上的弯矩，其弯矩等于（ ）。

A. 梁上所有外力（包括力偶）对该截面形心力矩的代数和

B. 该截面一侧（左侧或右侧）梁上所有外力对任意点力矩的代数和

C. 该截面一侧（左侧或右侧）梁上所有外力对截面形心力矩的代数和

D. 该截面一侧（左侧或右侧）梁上所有外力对支座力矩的代数和

7-5 提高梁的抗弯能力的措施有哪些？

7-6 如题7-6图所示，求指定截面上的弯矩 M 和剪力 F_Q（各截面无限趋近集中载荷作用处或支座）。

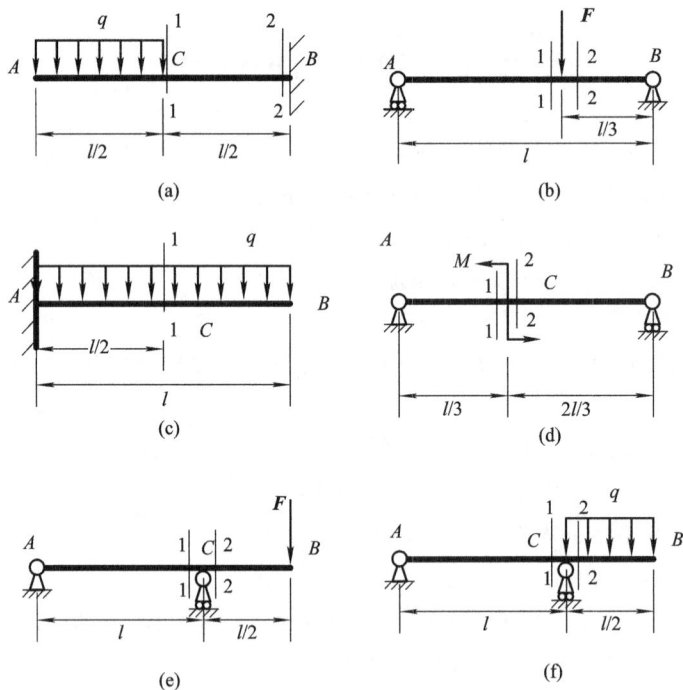

(a)　　　　(b)

(c)　　　　(d)

(e)　　　　(f)

题7-6图

7-7 如如题7-7图所示各梁，试列剪力方程和弯矩方程，作剪力图和弯矩图，并确定最大弯矩 M_{max} 以及所在的截面。

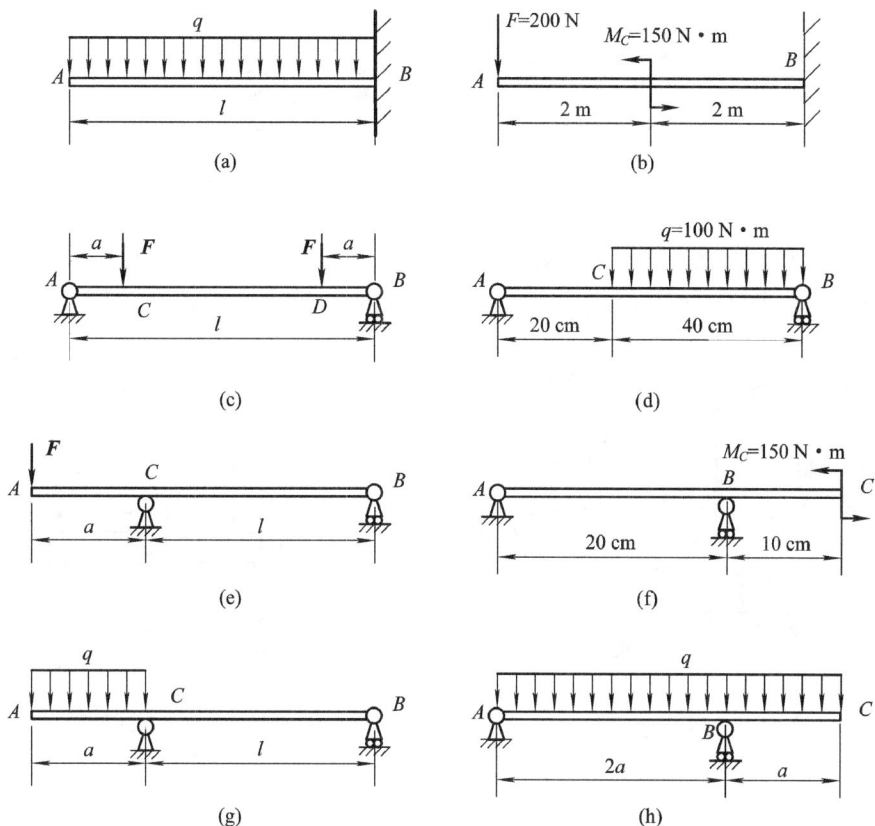

题7-7图

7-8 一矩形截面如题7-8图所示,试计算 I—I 截面上 A、B、C、D 各点的正应力,并指明是拉应力还是压应力。

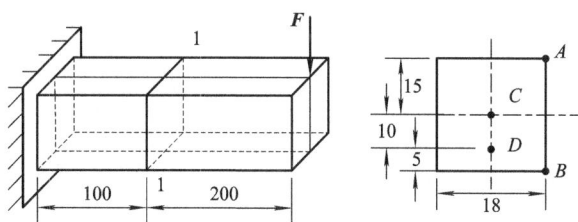

题7-8图

7-9 如题7-9图所示,一根外径 $D=25$ mm、内径 $d=20$ mm,长 $l=1000$ mm 的钢管作为简支梁,钢的许用应力 $[\sigma]=200$ MPa,不计自重,梁的中点受到力 $F=700$ N 的作用,试校核钢管的强度。

7-10 如题7-10图所示为空气泵的操作杆,右端受力为 $F_1=8.5$ kN,I—I 和 II—II 均为矩形截面,其高宽比为 $h/b=3$,材料的许用应力 $[\sigma]=50$ MPa,试确定两截面的尺寸。

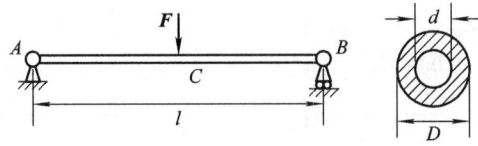

题 7 - 9 图

7 - 11 四轮货车的载荷为 40 kN，每一轮承受的载荷均相等，如题 7 - 11 图所示。材料的许用应力[σ]＝60 MPa，车轴的直径 d＝75 mm。试校核此车轴的强度。

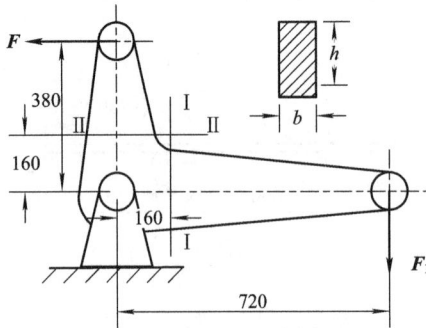

题 7 - 10 图

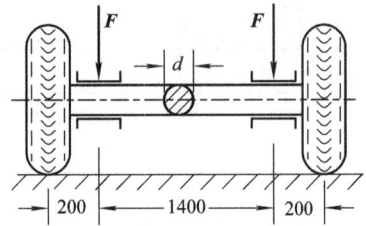

题 7 - 11 图

第三篇　常用机构

在日常生产和生活中，为了减轻人类的劳动强度，提高生产率，采用了各种各样的机器。这些机器虽然其结构和用途不尽相同，但构成这些机器的机构类型却是非常有限的，而且不同类型的机器，可以由相同的机构组成。因此，本篇将以组成机器的几种常用机构为研究对象，分析其工作原理和运动特点，研究为满足一定运动和工作要求而设计机构的方法。其具体内容主要包括两方面。一是机构的结构分析。研究机构的组成对其运动的影响，以及机构运动简图的绘制方法，为研究已有机构和创新机构打下基础。二是常用机构及其设计。研究几种常用机构的工作原理和运动特点。

第8章 平面机构的运动简图

机构是构件通过运动副联接起来的系统,传递运动和力时,各构件之间应具有确定的相对运动。

实际机构的形状很复杂,为了便于分析,通常用简单线条和符号来表示构件和运动副,绘制成机构运动简图来表示实际机构。

机构按其运动空间分为以下两种。

(1) 平面机构:所有构件都在同一平面或相互平行的平面内运动。

(2) 空间机构:各构件不在同一平面或相互平行的平面内运动。

本章主要研究机构的组成原理,平面机构运动简图的绘制方法,平面机构具有确定运动的检验,为分析现有机构和创造新机构打下基础。

8.1 平 面 运 动 副

8.1.1 运动副的概念

1. 构件的自由度

构件所具有的独立运动的数目,称为构件的自由度。如图 8-1 所示,在 OXY 坐标系中,一个作平面运动的自由构件,其运动可以分解为沿 X 轴和 Y 轴方向的移动及在 OXY 平面内的转动等三个独立运动。由此可见,一个作平面运动的自由构件有三个自由度。这三个自由度可以用三个独立参数 x、y 和角度 φ 表示。

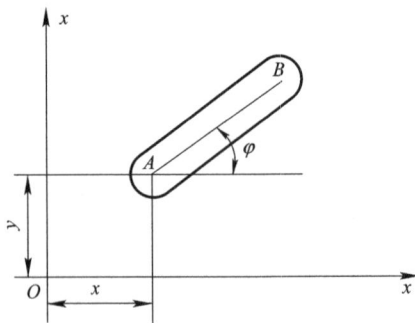

图 8-1 构件的自由度

2. 运动副

机构的每个构件以一定的方式联接而且可以产生一定的相对运动。这种使两构件直接接触而又能产生一定形式的相对运动的联接称为运动副。运动副限制了两构件之间的某些独立运动,这种限制称为约束。轴与轴承的联接、液压缸的联接、齿轮之间的联接都属于运动副。

8.1.2　运动副的类型及其特点

根据构件间接触形式的不同,平面运动副可分为低副和高副。

1. 低副

两构件通过面接触组成的运动副称为低副。根据两构件间相对运动形式的不同,常见的平面低副有转动副和移动副两种。

1) 转动副

转动副又称回转副或铰链,是指两构件间只能产生相对转动的运动副。转动副有如图 8-2 所示的固定铰链和如图 8-3 所示的活动铰链(中间铰链)。

低副接触表面一般为平面或圆柱面,其制造容易,承载能力强,耐磨损。每个低副有两个约束,保留一个自由度。

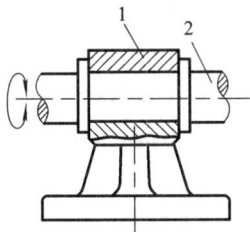

图 8-2　固定铰链

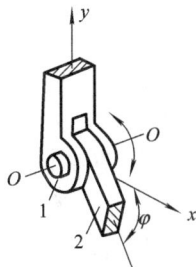

图 8-3　活动铰链

2) 移动副

两构件间只能产生相对移动的运动副称为移动副,如图 8-4 所示。

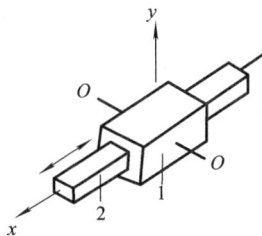

图 8-4　移动副

2. 高副

两构件通过点接触或线接触组成的运动副称为高副。如图 8-5 所示的凸轮与推杆,图

8-6所示的轮齿与轮齿,它们分别在接触处构成高副。

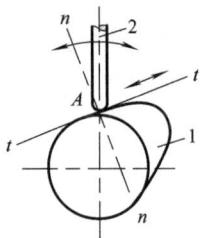

图 8-5 凸轮与尖顶推杆的点接触

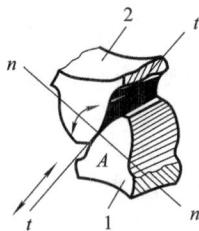

图 8-6 轮齿之间的线接触

高副是点接触或线接触,因此承载能力差,容易磨损,同时由于高副的接触面多为曲面,因而制造比较困难。但是,高副接触部分的几何形状可有多种,因而能完成比较复杂的运动。每个高副有一个约束,保留两个自由度。

8.2 平面机构的运动简图

8.2.1 平面机构运动简图的概念

在对现有机构进行运动分析或设计新机构时,为了使问题简化,撇开实际机构中与运动无关的因素,仅用简单的线条和符号表示构件和运动副,并按一定的比例定出各运动副的相对位置。这种说明机构各构件间相对运动关系的简单图形称为机构的运动简图。

对机构运动简图的基本要求是:能清楚地表达机构的结构组成、能准确地反映与原机构完全相同的运动特性。有时只是为了表达机构的结构组成,也可以不严格按比例绘制简图,通常把这种简图称为机构示意图。

8.2.2 构件的分类

1. 构件的分类

机构中的构件按其运动性质可分为三类:

(1)机架:机构中固定不动的构件,用来支承其他可动构件。例如机床的床身,它支承着轴、齿轮等活动构件。

(2)原动件:已给定运动规律的活动构件,即直接接受能源或最先接受能源的作用,有驱动力或力矩的构件,例如柴油机中的活塞。原动件的运动是外界输入的,因此又称为输入构件。在机构运动简图中,将原动件标上箭头表示。

(3)从动件:机构中随着原动件的运动而运动的可动构件,如柴油机中的连杆、曲轴、齿轮等。

2. 带有运动副元素构件的图示

运动副以及带有运动副元素的构件的画法见表8-1。

表 8-1 机构运动简图常用符号(摘自 GB 4460—85)

名称	符 号	名称	符 号
固定构件		外啮合圆柱齿轮机构	
两副元素构件		内啮合圆柱齿轮机构	
三副元素构件		齿轮齿条机构	
转动副		圆锥齿轮机构	
移动副		蜗杆蜗轮机构	
平面高副		带传动	类型符号,标注在带的上方 V带 圆带 平带
凸轮机构		链传动	类型符号,标注在轮轴连心线上方:滚子链# 齿形链W
棘轮机构			

8.2.3 平面机构运动简图的绘制

机构运动简图的绘制步骤如下:

（1）确定机构中构件的数目及类型。分析机构的组成和运动，从原动件开始按传动路线逐个分出各运动单元（构件），确定机构的构件数目，进而确定原动件、执行构件、机架及各从动件，并依次将各构件标上数字编号。

（2）确定运动副的类型和数目。从原动件开始，仍按传动路线，根据直接接触的两构件的联接方式和相对运动情况，确定运动副的种类和数目，并标注上相应的字母代号。

（3）选择视图平面及机构瞬时作图位置。在绘制机构运动简图时，一般将与各个构件运动平面平行的平面作为视图平面，且要确定机构的瞬时绘图位置，因为机构在运动时是无法绘制其运动简图的。

（4）选择比例尺，绘制机构运动简图。根据机构实际尺寸及图纸大小，以能够清晰表达机构运动为目的，选择适当的比例尺。比例尺为

$$\mu_l = \frac{实际长度}{图示长度} \quad \text{m/mm（或 mm/mm）}$$

测量出运动副之间的距离和移动副导路的位置尺寸或高度，即测量机构的运动尺寸；按比例在图纸上定出各运动副之间的相对位置，如转动副的中心、移动副导路的方位、平面高副的轮廓（组成高副的两构件在该瞬时接触点的曲率中心位置及曲率半径大小）等，并用规定的符号画出运动副；将位于同一构件的运动副用简单的线条连接，机架打上斜线表示固定，原动件上标注箭头表示运动方向，并标注绘图比例（μ_l）和机构的实际运动尺寸，完成机构运动简图。

下面通过举例说明机构运动简图的绘制步骤。

例 8 - 1 试绘制图 8 - 7(a)所示颚式破碎机的机构示意图。

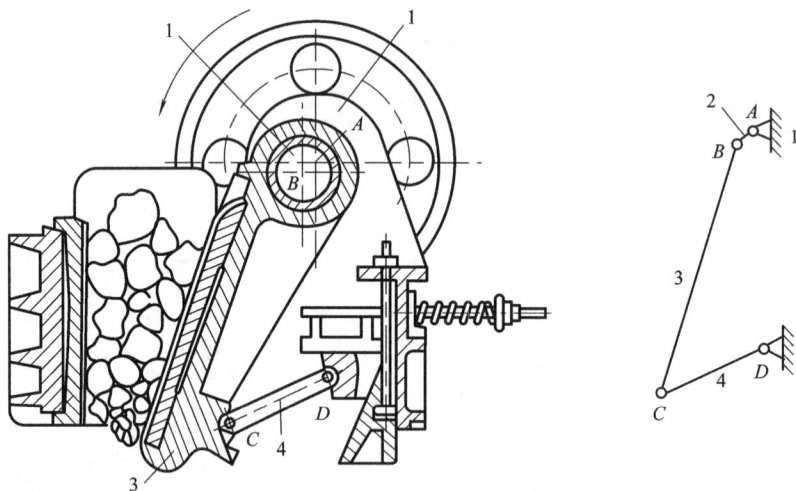

图 8 - 7 颚式破碎机

解 （1）确定机构中构件的数目及类型。颚式破碎机由机架 1、偏心轴 2、动颚 3、肘板 4 共四个构件组成。偏心轴是原动件，动颚和肘板是从动件。当带轮和偏心轴绕轴线 A 转动时，驱使动颚 3 作平面运动，从而将矿石粉碎。

（2）确定运动副的类型和数目。偏心轴 2 与机架 1 组成转动副 A，动颚 3 与偏心轴 2 组成转动副 B，肘板 4 与动颚 3 组成转动副 C，肘板 4 与机架 1 组成转动副 D。整个机构有四个转动副。

（3）选择视图平面及机构瞬时作图位置。选择与各个构件运动平面相平行的平面作为视图平面，并以图 8-7(a)所示位置为机构的作图位置。

（4）绘制机构示意图。选定适当比例尺，用规定的符号画出运动副，将同一构件上的运动副用简单的线条连接，绘出机构示意图，如图 8-7(b)所示。

8.3　机构的自由度和机构具有确定运动的条件

8.3.1　平面机构自由度计算公式

一个作平面运动的自由构件具有三个自由度。当两个构件通过运动副联接时，它们的相对运动受到约束。每个低副有两个约束，引入一个低副则限制两个自由度；每个高副有一个约束，引入一个高副则限制一个自由度。若有 n 个作平面运动的可动构件，在没通过运动副联接之前，共有 $3n$ 个自由度；若机构中有 P_L 个低副，P_H 个高副，则机构中引入的总约束为 $2P_L + P_H$，所剩下的就是机构自由度 F。

$$F = 3n - 2P_L - P_H \tag{8-1}$$

机构具有确定运动的条件是：机构自由度 F 等于原动件数 W，由于机构原动件的运动是由外界给定的，因此 $W > 0$。该条件可用下式表达：

$$W = F = 3n - 2P_L - P_H > 0$$

例 8-2　计算图 8-8 所示唧筒机构的自由度。

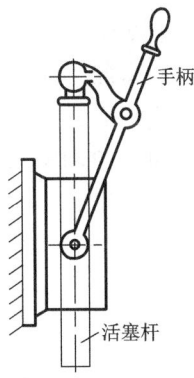

图 8-8　唧筒机构

解　在唧筒机构中，有三个活动构件，即 $n = 3$；包含三个转动副，一个移动副，即 $P_L = 4$；没有高副。代入公式(8-1)，得

$$F = 3n - 2P_L - P_H = 3 \times 3 - 2 \times 4 - 0 = 1$$

该机构的手柄为主动件，满足 $W = F = 1 > 0$，故该机构具有确定的相对运动。

8.3.2 计算平面机构自由度时特殊情况的处理

机构中有几种特殊情况必须经过处理后,才能应用式(8-1)计算机构的自由度。

1. 复合铰链

两个以上的构件同时在同一处形成的转动副,称为复合铰链。图8-9(a)所示会被误认为是一个转动副,若观察另外一个视图(b),则可以看出这三个构件在此处形成两个转动副。在计算自由度时,复合铰链所代表的转动副个数应是在此处汇交构件的个数减去1。

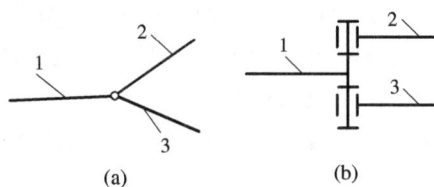

图8-9 复合铰链

例8-3 计算图8-10所示机构的自由度,并检验该机构是否具有确定相对运动。

解 此机构共有可动构件$n=5$,在C处2、3、4构件共同形成转动副,此处转动的个数为2。$P_L=7$(A、B、D、C为复合铰链,E处有转动副和移动副)、$P_H=0$和原动件数$W=1$,由式(8-1)得

$$F=3n-2P_L-P_H=3\times5-2\times7-0=1$$

且满足

$$W=F=1>0$$

故该机构具有确定的相对运动。

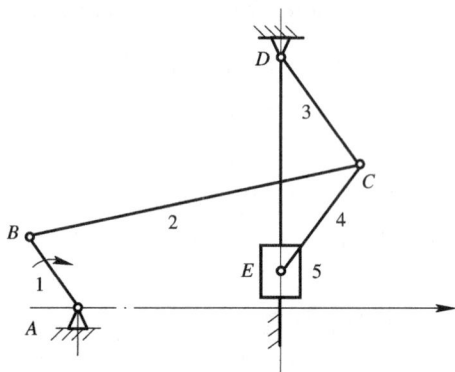

图8-10 例8-3图

2. 局部自由度

机构中常出现一种不影响整个机构运动的、局部的独立运动,称为局部自由度。在计算自由度时应将局部自由度去除。如图8-11所示机构中,滚子的转与不转,转快与转慢都不会影响整个机构的运动。局部自由度虽然不影响整个机构的运动,但滚子可以使接触的滑动摩擦变为滚动摩擦,减少磨损。

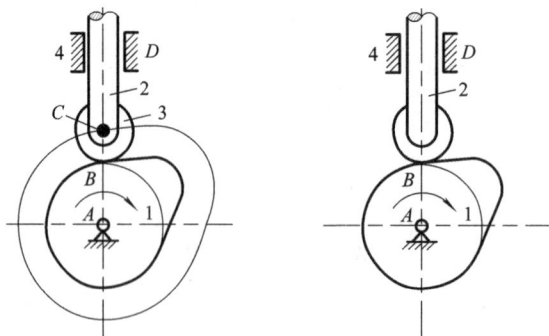

图8-11 滚子凸轮机构

3. 虚约束

与别的约束起着相同作用的约束,称为虚约束。它对机构的运动不起任何限制作用,

在计算自由度时应当除去不计。

平面机构中常出现的虚约束有：

（1）两个构件之间组成多个导路平行的移动副，其中只有一个移动副起约束作用，其余都是虚约束。

（2）两个构件之间组成多个轴线重合的转动副，其中只有一个转动副起作用，其余都是虚约束。

（3）机构中起相同作用的对称部分是虚约束。

虚约束虽然对运动不起作用，但能改善机构受力情况和增加刚度。因此实际中常有虚约束存在，如图 8 - 12 所示。

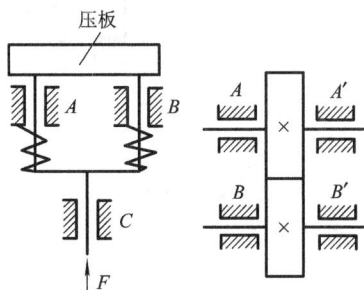

图 8 - 12　虚约束

思考与练习题

8 - 1　什么是平面机构？

8 - 2　什么是运动副？运动副在机构中起何作用？平面低副与平面高副有何区别？

8 - 3　机构中的构件可分为哪些种类？试举例说明。

8 - 4　什么是机构运动简图？如何绘制机构运动简图？

8 - 5　试绘制题 8 - 5 图所示各机构的机构示意图。

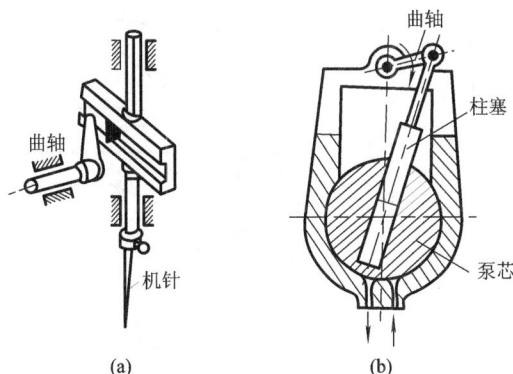

(a)　　　　　　　　　(b)

题 8 - 5 图

8-6　试绘制题8-6图所示各机构的运动简图(运动尺寸由图上量取)。

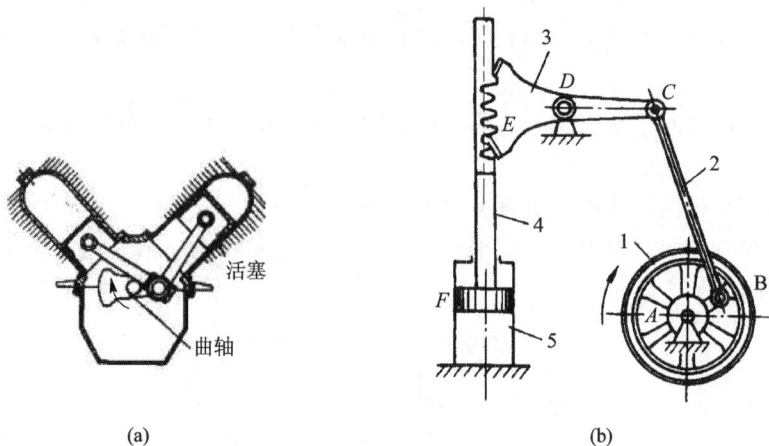

(a)　　　　　　　　　　　　　　(b)

题8-6图

8-7　计算题8-7图所示机构的自由度。

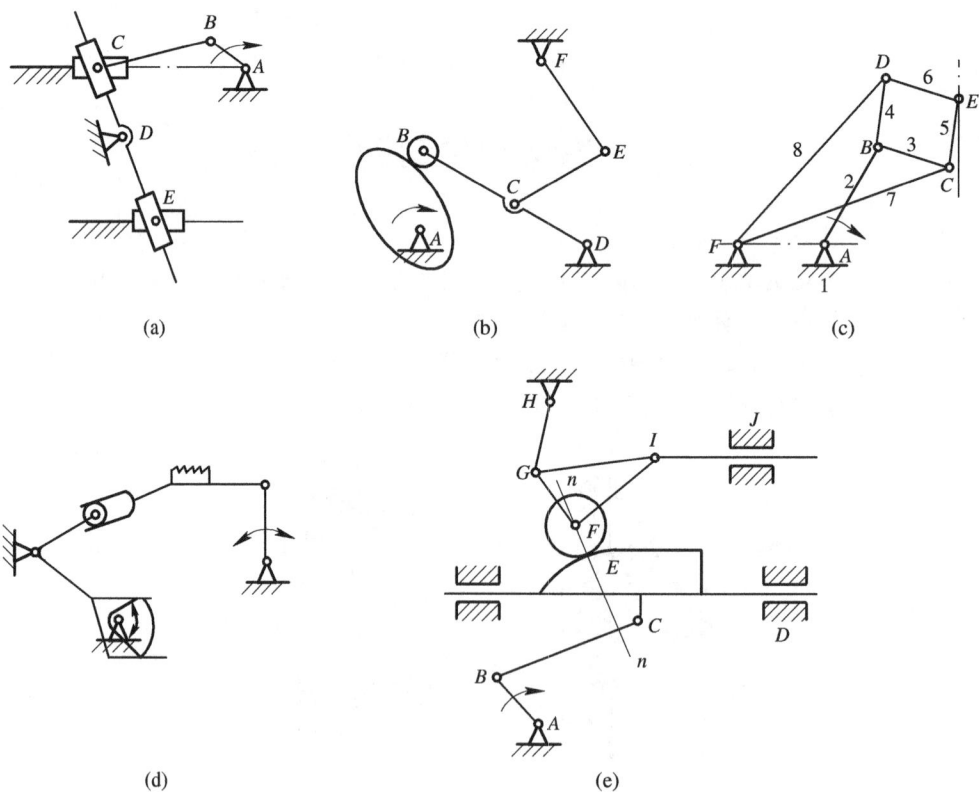

(a)　　　　　　　　(b)　　　　　　　　(c)

(d)　　　　　　　　　　　　(e)

题8-7图

第 9 章　平面连杆机构

在平面机构中，若各运动副都是低副，则称其为平面连杆机构。平面连杆机构的优点是：运动副为平面或圆柱面接触，承载能力大，制造容易；运动形式多样，能实现多种运动规律和轨迹。其缺点是：构件数较多，且低副中存在间隙，运动累积误差大；设计较难，不易精确实现复杂的运动规律。平面连杆机构广泛应用于各种机械和仪器中。

最简单的平面连杆机构由四个构件组成，称为平面四杆机构，其应用非常广泛，而且是组成多杆机构的基础。本章着重介绍平面四杆机构的类型、特性及其设计方法。

9.1　平面四杆机构的类型

9.1.1　铰链四杆机构

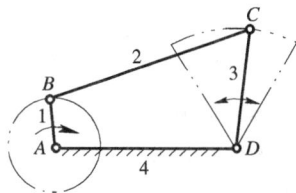

在平面四杆机构中，若各运动副都是转动副，则称其为铰链四杆机构，如图 9－1 所示。

在此机构中，构件 4 为机架；构件 1、3 与机架直接相连，称为连架杆；构件 2 与机架间接相连，称为连杆。机构工作时，连架杆作定轴转动，连杆作平面复杂运动。能作整周转动的连架杆称为曲柄，只能在一定角度范围内摆动的连架杆称为摇杆。按两连架杆中曲柄与摇杆的存在情况，铰链四杆机构可分为三种基本形式。

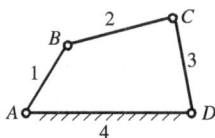

图 9－1　铰链四杆机构　　　　　　图 9－2　曲柄摇杆机构

1. 曲柄摇杆机构

在铰链四杆机构中，若两个连架杆之一为曲柄，另一为摇杆，则称为曲柄摇杆机构，如图 9－2 所示。在此机构中，连架杆 1 为曲柄，其可绕固定铰链中心 A 作整周转动，故活动铰链中心 B 的轨迹为圆；连架杆 3 为摇杆，其只能绕固定铰链中心 D 来回摆动，故活动铰链中心 C 的轨迹为一段圆弧。

曲柄摇杆机构的传动特点是：可实现曲柄转动与摇杆摆动的相互转换。图 9－3 所示为雷达天线俯仰角调整机构,构件1为曲柄,它转动后通过连杆2使摇杆3(即天线)绕D点摆动,从而调整天线的俯仰角以对准通信卫星。图9-4所示为缝纫机踏板机构,构件3为摇杆(即踏板),它上下摆动后通过连杆2使曲柄1(大皮带轮)连续转动,从而驱动缝纫机工作。

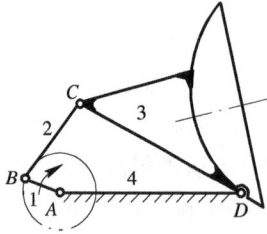

图9-3 雷达天线俯仰角调整机构　　　　图9-4 缝纫机踏板机构

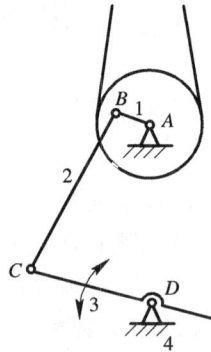

2. 双曲柄机构

在铰链四杆机构中,若两个连架杆均为曲柄,则称为双曲柄机构,如图9-5所示。

双曲柄机构的传动特点是:当主动曲柄匀速转动时,从动曲柄一般作变速转动。图9-6所示为惯性筛机构,它利用双曲柄机构 $ABCD$ 从动曲柄3的变速转动,通过杆5带动筛子6作变速往复移动,从而达到利用惯性筛分物料的目的。

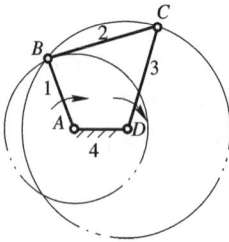

图9-5 双曲柄机构　　　　　　图9-6 惯性筛机构

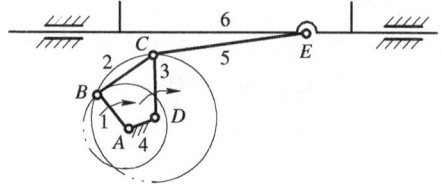

在双曲柄机构中,若相对的两杆平行且长度相等,则称为平行四边形机构,如图9-7所示。该机构的传动特点是两曲柄以相同的角速度同向转动,连杆作平动。图9-8所示为平行四边形机构在机车车轮联动机构中的应用。

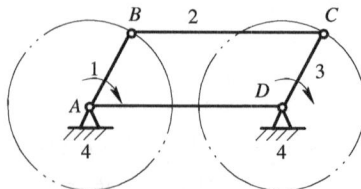

图9-7 平行四边形机构

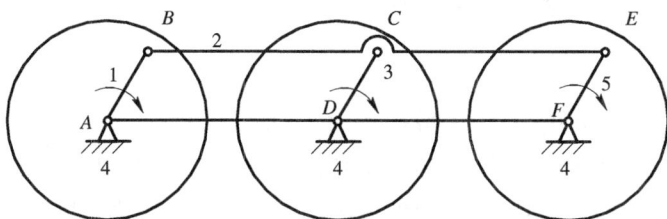

图 9-8　机车车轮联动机构

在双曲柄机构中，若两相对杆的长度分别相等，但不平行，则称为反平行四边形机构，如图 9-9 所示。在反平行四边形机构中，当以其长边为机架时，两曲柄的转动方向相反，如图 9-10 所示的车门启闭机构就利用了这个特性，它可使两扇车门（AE 和 DF）同时开启或关闭；当以其短边为机架时，两曲柄的转向相同，其性能与一般的双曲柄机构相似。

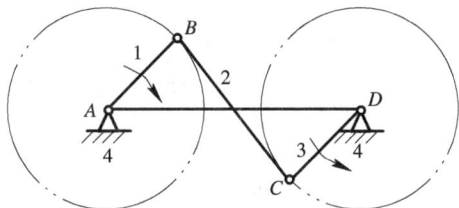

图 9-9　反平行四边形机构

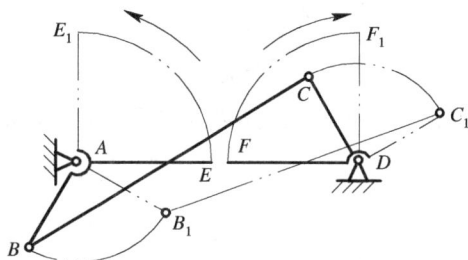

图 9-10　车门启闭机构

3. 双摇杆机构

在铰链四杆机构中，若两个连架杆均为摇杆，称为双摇杆机构，如图 9-11 所示。

双摇杆机构的传动特点是：可将一种摆动转换成另一种摆动。在双摇杆机构中，如果两摇杆长度相等，则称为等腰梯形机构。图 9-12 为等腰梯形机构在汽车前轮转向机构中的应用，车身 4 为机架，连架杆 1、3 是摇杆且分别与左、右前轮固连，2 为连杆，转动方向盘可通过杆 5 驱动摇杆 1、3（车轮）摆动，从而实现汽车的转向。

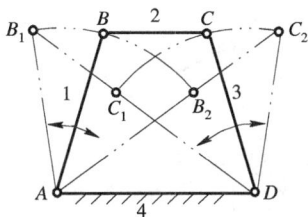

图 9-11　双摇杆机构

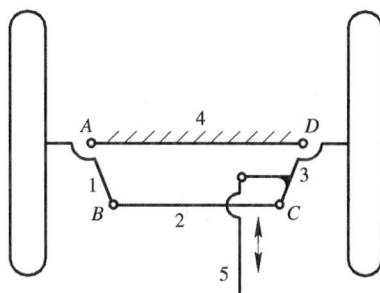

图 9-12　汽车前轮转向机构

9.1.2　含有一个移动副的四杆机构

1. 曲柄滑块机构

图 9-13 所示的四杆机构中，4 为机架，1、3 为连架杆，2 为连杆，3 与 4 之间构成移动副，其余三个运动副为转动副。机构工作时，连架杆 1 作整周转动，称为曲柄；连架杆 3 作往复移动，称为滑块；该机构称为曲柄滑块机构。当滑块移动的导路 $m—m$ 通过曲柄的转动中心 A 时，称为对心曲柄滑块机构(图 9-13(a))；当滑块移动的导路 $m—m$ 不通过曲柄的转动中心 A 时，称为偏置曲柄滑块机构(图 9-13(b))，偏置的距离 e 称为偏距。

曲柄滑块机构的传动特点是：可以实现曲柄转动和滑块往复移动之间的相互转换，其在内燃机、冲床、空压机等机械中得到了广泛的应用。在图 9-13(a)所示的对心曲柄滑块机构中，如果分别选择其他三个构件为机架，则可得到以下讨论的机构。

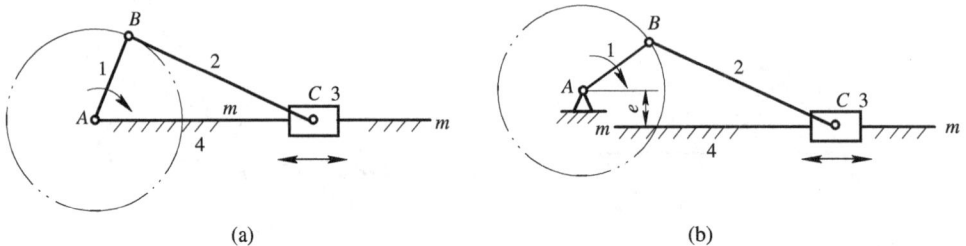

(a)　　　　　　　　　　　(b)

图 9-13　曲柄滑块机构

2. 转动导杆机构

在图 9-13(a)所示的对心曲柄滑块机构中，若改选构件 1 为机架，则得到图 9-14 所示的曲柄转动导杆机构，简称转动导杆机构。在此机构中，两连架杆 2、4 均作整周转动，其中，构件 2 称为曲柄，构件 4 为滑块 3 提供导轨作用，称为导杆。

转动导杆机构的传动特点是：当曲柄匀速转动时，导杆作变速转动。图 9-15 为插床插刀运动机构，利用转动导杆机构 ABC 中导杆 4 的变速运动，使插刀 6 在切削行程时运动慢，在空回行程时运动快，以缩短非工作时间，提高生产率。

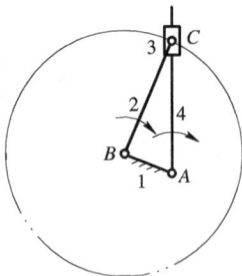

图 9-14　转动导杆机构　　　　　图 9-15　插床插刀运动机构

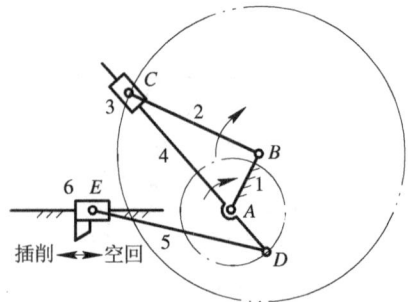

3. 摆动导杆机构

在图 9-14 所示的转动导杆机构中，若使机架长度大于曲柄长度，即 $a > b$，则得到图 9-16 所示的摆动导杆机构。在此机构中，构件 2 可整周转动，而导杆 4 只能往复摆动。

摆动导杆机构的传动特点是：当曲柄匀速转动时，导杆作变速摆动。图 9-17 为摆动导杆机构 ABC 在牛头刨床刨刀运动机构中的应用，其作用与转动导杆机构在插床插刀运动机构中的作用相同。

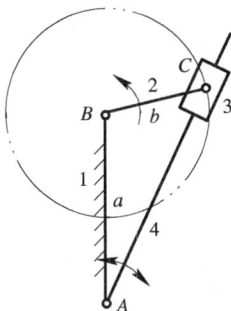

图 9-16　摆动导杆机构

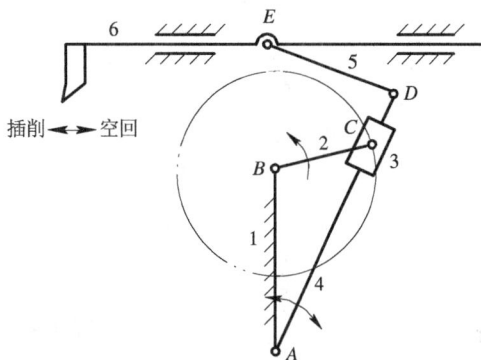

图 9-17　牛头刨床刨刀运动机构

4. 摇块机构

在图 9-13(a) 所示的对心曲柄滑块机构中，若改选构件 2 为机架，则得到图 9-18 所示的摇块机构。在此机构中，构件 1 作整周转动，滑块 3 作往复摆动。

摇块机构的传动特点是：它可将导杆的相对移动转化为曲柄的转动。图 9-19 所示为摇块机构在自卸卡车车厢举升机构中的应用。其中摇块 3 为油缸，利用压力油推动活塞使车厢翻转卸料。

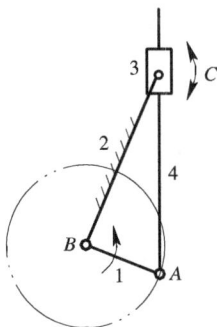

图 9-18　摇块机构

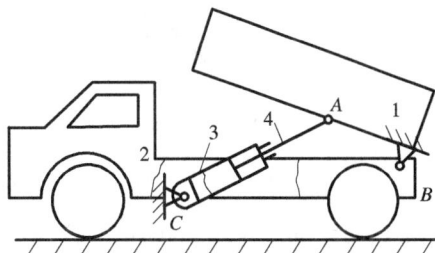

图 9-19　自卸卡车车厢举升机构

5. 定块机构

在图 9-13(a) 所示的对心曲柄滑块机构中，若改选滑块 3 为机架，则得到图 9-20 所示的定块机构。在此机构中，导杆 4 作往复移动，构件 2 作往复摆动。图 9-21 所示的手压抽水机为该机构的应用实例。

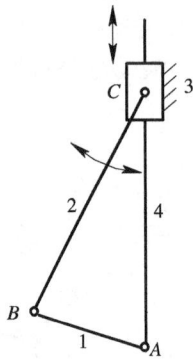

图 9-20 定块机构

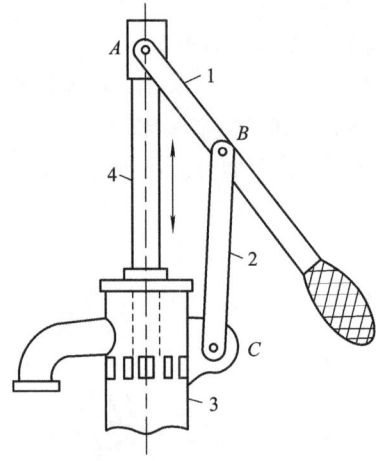

图 9-21 手压抽水机

9.2 四杆机构的基本性质

9.2.1 铰链四杆机构存在曲柄的条件

在图 9-22 所示的曲柄摇杆机构中，设各杆长度依次为 l_1、l_2、l_3、l_4，且 $l_1 < l_4$。假定 AB 为曲柄，则曲柄 AB 回转一周过程中，必有两次与连杆 BC 共线。

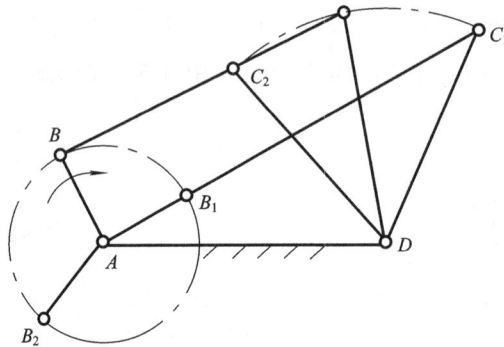

图 9-22 铰链四杆机构

据三角形两边之和大于第三边的定理，由 $\triangle AC_2D$ 有

$$l_3 + l_4 > l_1 + l_2$$

由 $\triangle AC_1D$ 有

$$l_2 - l_1 + l_4 > l_3$$
$$l_2 - l_1 + l_3 > l_4$$

将上列三式整理，并考虑到四个杆件同时共线的情况，可得

$$l_1 + l_2 \leqslant l_3 + l_4$$

$$l_1+l_3\leqslant l_2+l_4$$
$$l_1+l_4\leqslant l_2+l_3$$

将以上三式两两相加,化简得

$$l_1\leqslant l_2$$
$$l_1\leqslant l_3$$
$$l_1\leqslant l_4$$

上面各式表明,铰链四杆机构存在一个曲柄的条件是:

(1) 最短杆与最长杆长度之和小于或等于其余两杆长度之和;

(2) 曲柄为最短杆。

若 $l_1>l_4$,同样可以得出 l_4 为最短杆。

可以归纳出铰链四杆机构存在曲柄的条件是:

(1) 最短杆与最长杆长度之和小于或等于其余两杆长度之和;

(2) 机架或连架杆为最短杆。

且上述两个条件必须同时满足。

根据曲柄存在条件还可作出如下推论:

(1) 当满足最短杆与最长杆长度之和小于或等于其余两杆长度之和条件时,可能有以下三种情况:

① 若以最短杆的相邻杆作为机架,则得到曲柄摇杆机构;

② 若以最短杆为机架,则得到双曲柄机构;

③ 若以最短杆的相对杆为机架,则得到双摇杆机构。

(2) 当不满足最短杆与最长杆长度之和小于或等于其余两杆长度之和条件时,只能是双摇杆机构。

9.2.2　急回运动特性

在图 9 - 23 所示的曲柄摇杆机构中,曲柄 AB 为原动件,它以等角速度 ω_1 顺时针转动。当曲柄与连杆在 AB_1C_1 共线时(称为拉直共线),摇杆处于右极限位置 C_1D;当曲柄与连杆在 AB_2C_2 共线时(称为重叠共线),摇杆处于左极限位置 C_2D。机构所处的 AB_1C_1D 和 AB_2C_2D 这两个位置称为极位,摇杆两个极位 C_1D、C_2D 之间的夹角 ψ 称为摆角,与此对应,曲柄两个位置 AB_1、AB_2 之间所夹的锐角 θ 称为极位夹角。当机构从极位 AB_1C_1D 运

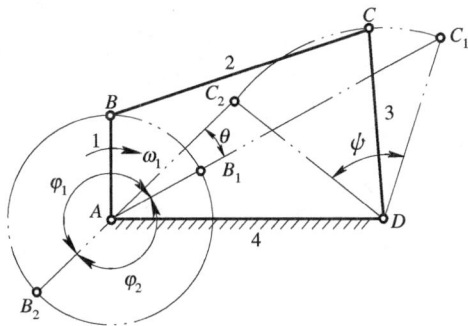

图 9 - 23　曲柄摇杆机构的急回特性

动到另一极位 AB_2C_2D 时，曲柄转过的角度为 $\varphi_2 = 180° - \theta$，摇杆转过的角度为 ψ，所用时间 $t_2 = \varphi_2/\omega_1$，摇杆的平均角速度 $\omega_{m2} = \psi/t_2$；当机构从极位 AB_2C_2D 转回到极位 AB_1C_1D 时，曲柄转过的角度 $\varphi_1 = 180° + \theta$，摇杆转过的角度仍为 ψ，所用时间 $t_1 = \varphi_1/\omega_1$，摇杆的平均角速度 $\omega_{m1} = \psi/t_1$；因为 $\varphi_2 < \varphi_1$，所以 $t_2 < t_1$，$\omega_{m2} > \omega_{m1}$，即摇杆往复摆动的平均角速度不同，一快一慢，这一运动特性称为急回运动特性。机构急回运动的程度可用行程速比系数 K 来衡量，即

$$K = \frac{\omega_{m2}}{\omega_{m1}} = \frac{\psi/t_2}{\psi/t_1} = \frac{t_1}{t_2} = \frac{\varphi_1/\omega_1}{\varphi_2/\omega_1} = \frac{\varphi_1}{\varphi_2} = \frac{180° + \theta}{180° - \theta} \qquad (9-1)$$

上式表明，当 $\theta = 0$ 时，$K = 1$，机构无急回特性；当 $\theta \neq 0$ 时，机构具有急回特性，θ 角愈大，K 值愈大，急回特性愈显著。θ 角的大小与各构件的长度有关，设计时，通常要预选 K 值，求出 θ，因此，由式(9-1)可求得

$$\theta = 180° \times \frac{K-1}{K+1} \qquad (9-2)$$

除曲柄摇杆机构外，偏置曲柄滑块机构和摆动导杆机构等也具有急回特性，可用类似的方法进行分析。如前所述，在牛头刨床一类的往复式工作机器中，利用机构的急回特性，在慢速行程工作，在快速行程空回，可以缩短非工作时间，提高劳动生产率。

9.2.3　压力角和传动角

在图 9-24 所示的曲柄摇杆机构中，如果不计质量和摩擦力，则连杆 2 是二力构件，由原动件 1 经过连杆 2 作用在从动件 3 上点 C 的驱动力 $\boldsymbol{F}$，将沿着 BC 方向。力 $\boldsymbol{F}$ 与点 C 速度 v_C 方向之间所夹的锐角 α 称为机构在此位置的压力角，而力 $\boldsymbol{F}$ 与 v_C 方向的垂直方向之间所夹的锐角 γ 称为机构在此位置的传动角，显然，α 和 γ 互为余角。力 $\boldsymbol{F}$ 在速度 v_C 方向的分力 $F_t = F\cos\alpha = F\sin\gamma$，力 $\boldsymbol{F}$ 在 v_C 方向的垂直方向的分力 $F_n = F\sin\alpha = F\cos\gamma$，其中，分力 F_t 对 D 点有力矩作用，是使从动件转动的有用分力；而分力 F_n 对 D 点无力矩作用，仅使运动副压紧，增加了摩擦，是有害分力。可见，传动角 γ 越大(压力角 α 越小)，有用分力 F_t 越大，有害分力 F_n 越小，对机构的传力越有利。因此，在连杆机构中常用传动角 γ 的大小及其变化情况来衡量机构传力性能的好坏。

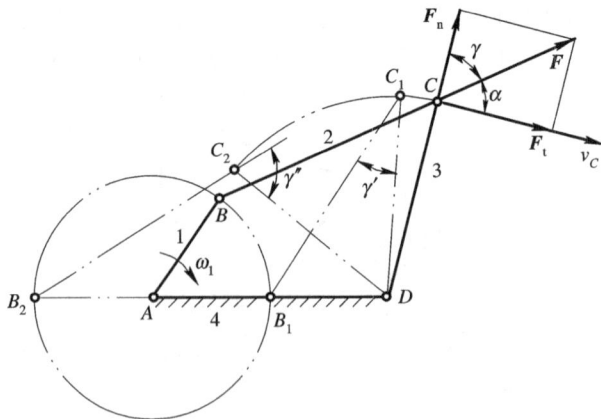

图 9-24　曲柄摇杆机构的压力角和传动角

机构在运动过程中，其传动角的大小是变化的。根据分析，当曲柄 AB 转到与机架 AD 重叠共线和拉直共线两位置 AB_1、AB_2 时，对应的传动角 γ' 和 γ'' 中较小者为机构的最小传动角 γ_{min}。为了保证机构具有良好的传力性能，设计时通常应使 $\gamma_{min} \geqslant 40° \sim 50°$。

9.2.4　死点位置

在图 9-25 所示的曲柄摇杆机构中，设摇杆 CD 为主动件，则当连杆与从动曲柄两次共线时，机构的传动角 $\gamma = 0$，这时摇杆 CD 通过连杆作用于从动曲柄 AB 上的力恰好通过其回转中心 A，此力对 A 点不产生力矩，所以出现了不能使曲柄转动的"顶死"现象，或转向不确定现象。机构的这种位置称为死点位置。可见，四杆机构中是否存在死点位置，取决于从动件是否与连杆共线，或机构的传动角 γ 是否为零。

对于传动机构来说，机构有死点是不利的，必须采取适当的措施，使机构能顺利地通过死点而正常工作。如可采用安装飞轮加大惯性的方法，借惯性作用使机构冲过死点，缝纫机踏板机构中的大带轮即兼有飞轮的作用；也可采用将两组以上的相同的机构并联使用，而使各组机构的死点相互错开排列。

在工程实践中，也常利用机构的死点来满足一些特定的工作要求。如图 9-26 所示的钻床夹具，用力 F 压下手柄 2，工件 5 即被夹紧，此时连杆 2 与从动件 3 共线（BCD）；外力 F 撤除后，在夹紧反力 F_n 的作用下，因机构处于死点位置，夹具并不会自动松开而仍保持夹紧状态；当需要取出工件时，抬起手柄松开夹具即可。

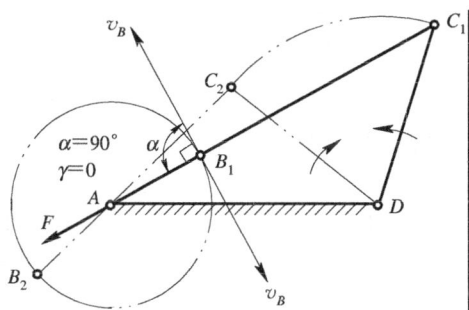

图 9-25　曲柄摇杆机构的死点位置

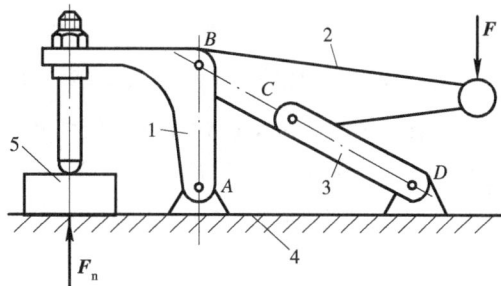

图 9-26　钻床夹具

9.3　平面四杆机构的设计

平面四杆机构设计的基本任务是：根据给定的运动要求，选定机构的形式，确定各构件的长度。四杆机构设计的方法有图解法、实验法和解析法。本章主要介绍按给定连杆位置或行程速比系数设计四杆机构的图解法。

9.3.1　按给定连杆位置设计四杆机构

1. 按给定连杆的两个位置设计四杆机构

图 9-27(a)所示为一加热炉的炉门启闭机构 $ABCD$，炉门（即连杆 BC）关闭时在铅垂位置 E_1，炉门开启时在水平位置 E_2。炉门上两铰链中心 B 和 C 的位置已知，要求设计该

铰链四杆机构。

该设计的实质是已知连杆长度及连杆两个位置 B_1C_1、B_2C_2，确定其余三构件的长度，如图 9－27(b)所示。要确定其余三构件的长度，关键是确定固定铰链中心 A、D 的位置。由于在铰链四杆机构中，铰链 B 的轨迹是以 A 为圆心的圆弧，铰链 C 的轨迹是以 D 为圆心的圆弧，所以 A 点必在 B_1B_2 的垂直平分线 b_{12} 上，D 点必在 C_1C_2 的垂直平分线 c_{12} 上。显然，只给定连杆两个位置，将有无穷多解。本设计中，固定铰链 A、D 的位置受加热炉结构的限制，只能安装在 $y-y$ 线上。连接 AB_1、C_1D，即得所求的四杆机构。

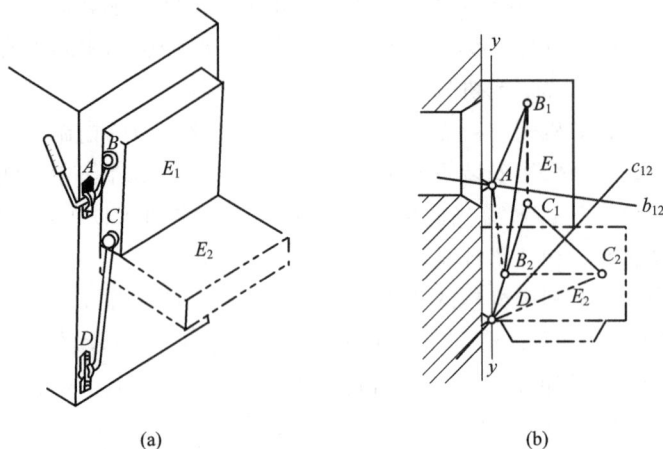

(a)　　　　　　　　　　　　　(b)

图 9－27　按给定连杆的两个位置设计四杆机构

2. 按给定连杆的三个位置设计四杆机构

如图 9－28 所示，已知连杆的长度及连杆经过的三个位置 B_1C_1、B_2C_2、B_3C_3，设计四杆机构。同上分析，因为 B_1、B_2、B_3 三点共圆，C_1、C_2、C_3 三点共圆，所以作 B_1B_2 和 B_2B_3 的垂直平分线 b_{12}、b_{23}，其交点即为固定铰链 A 的位置，作 C_1C_2 和 C_2C_3 的垂直平分线 c_{12}、c_{23}，其交点即为固定铰链 D 的位置，连接 AB_1、C_1D，即得所求的四杆机构。此时，有唯一解。

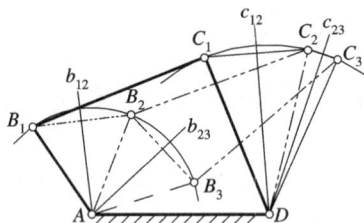

图 9－28　按给定连杆的三个位置设计四杆机构

9.3.2　按给定行程速比系数 K 设计四杆机构

设计一曲柄摇杆机构，已知摇杆长度 l_{CD}、摆角 ψ 和行程速比系数 K，试用图解法确定其余三个构件的长度。

参考图 9－23，本设计的关键是确定曲柄转动中心 A，设计步骤如下：

（1）求出极位夹角 $\theta=180°\times\dfrac{K-1}{K+1}$。

（2）选定比例尺，任选一点作为摇杆的摆动中心 D，作出摇杆两个极位 C_1D 和 C_2D，使 $C_1D=C_2D=l_{CD}$，$\angle C_1DC_2=\psi$，如图 9-29 所示。

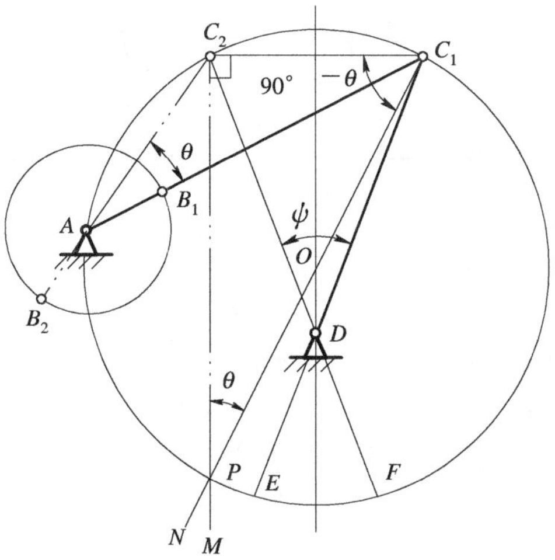

图 9-29　按给定行程速比系数 K 设计四杆机构

（3）连接 C_2、C_1，并作 C_2M 垂直于 C_2C_1，再作 $\angle C_2C_1N=90°-\theta$，得 C_1N 与 C_2M 相交于 P 点，则 $\angle C_1PC_2=\theta$。

（4）作出直角 $\triangle PC_1C_2$ 的外接圆（圆心 O 在斜边 PC_1 的中点），因为同圆弧上的圆周角相等，此圆周上（弧 $\overset{\frown}{C_1C_2}$ 和弧 $\overset{\frown}{EF}$ 除外）的任意一点 A，满足 $\angle C_1AC_2=\angle C_1PC_2=\theta$，所以均可作为曲柄的转动中心。

（5）从图 9-23 可知，机构在极位时有 $AC_1=AB_1+B_1C_1$，$AC_2=B_2C_2-AB_2$，因为 $AB_1=AB_2=AB$，$BC_1=BC_2=BC$，联立求解有：曲柄 $AB=(AC_1-AC_2)/2$，连杆 $BC=(AC_1+AC_2)/2$。其中，AC_1、AC_2 和机架 AD 可从图上直接量取。通过比例换算即可确定三个构件的实际长度 l_{AB}、l_{BC}、l_{AD}。

因为 A 点是在 $\triangle PC_1C_2$ 的外接圆上任意选取的，所以满足已知条件的解有无穷多。A 点位置不同，机构最小传动角的大小也不同，为了得到良好的传动性能，还须根据最小传动角及其他附加条件来确定 A 点的位置。

思考与练习题

9-1　平面连杆机构的主要优、缺点是什么？

9-2　平面四杆机构的基本类型有哪些？试列举其应用实例。

9-3　什么是机构的急回运动特性？有何意义？如何判断？

9-4　什么是压力角和传动角？它对机构的传动性能有何影响？

9-5　何谓机构的死点位置？克服死点位置的方法有哪些？举例说明死点位置的应用。

9-6 在题9-6图中已注明铰链四杆机构各构件的尺寸,当构件1、2、3、4分别为机架时,试判断该机构的基本类型。

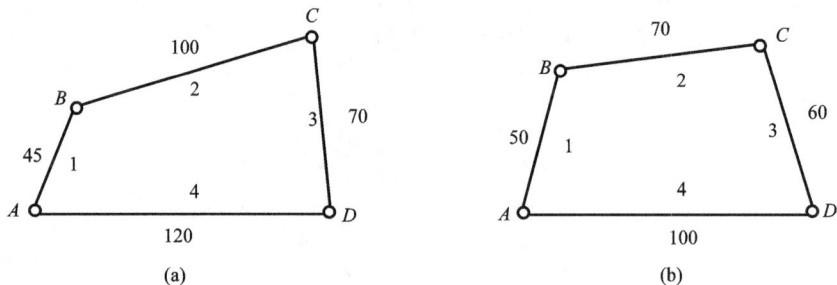

(a)   (b)

题9-6图

9-7 在题9-7图所示的曲柄摇杆机构中,已知曲柄长度 $a=15$ mm,连杆长度 $b=60$ mm,摇杆长度 $c=36$ mm,机架长度 $d=50$ mm。

(1) 按 $1:1$ 的比例作出机构的两个极限位置,并量出摇杆的摆角 ψ 和极位夹角 θ 的值。

(2) 求出行程速比系数 K。

(3) 当曲柄顺时针转动时,摇杆在哪个方向摆动得快,哪个方向摆动得慢?

(4) 作出机构最小传动角位置,并量出 γ_{min} 值。

(5) 当曲柄主动时,该机构是否存在死点位置,为什么?当摇杆主动时,该机构是否存在死点位置,为什么?

9-8 在题9-8图所示的曲柄滑块机构中,已知曲柄长度 $a=20$ mm,连杆长度 $b=60$ mm,偏距 $e=10$ mm。

(1) 按 $1:1$ 的比例作出机构的两个极限位置,并量出滑块的行程 S 和极位夹角 θ 的值。

(2) 求出行程速比系数 K。

(3) 当曲柄顺时针转动时,滑块在哪个方向移动得快,哪个方向移动得慢?

(4) 当曲柄主动时,该机构是否存在死点位置,为什么?当滑块主动时,该机构是否存在死点位置,为什么?

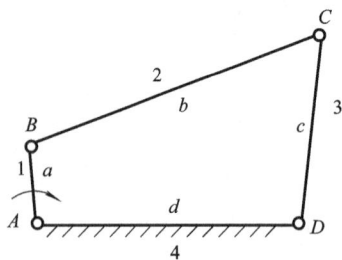

题9-7图

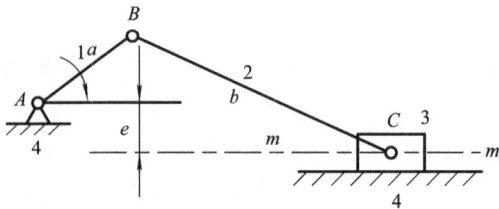

题9-8图

9-9 在题9-9图所示的摆动导杆机构中,已知曲柄长度 $b=25$ mm,机架长度 $a=50$ mm。

（1）按 1∶1 的比例作出机构的两个极限位置，并量出导杆的摆角 ψ 和极位夹角 θ 的值。

（2）求出行程速比系数 K。

（3）当曲柄顺时针转动时，导杆在哪个方向摆动得快，哪个方向摆动得慢？

（4）当曲柄主动时，该机构是否存在死点位置，为什么？当导杆主动时，该机构是否存在死点位置，为什么？

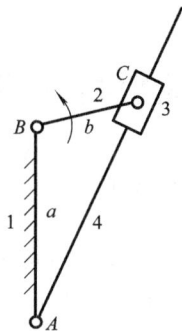

题 9-9 图

9-10　设计一曲柄摇杆机构。已知摇杆长度 $l_{CD}=75$ mm，机架长度 $l_{AD}=83$ mm，摆角 $\psi=45°$，行程速比系数 $K=1.25$，试用图解法求曲柄和连杆的长度 l_{AB}、l_{BC}。

第10章 凸 轮 机 构

10.1 凸轮机构的应用与分类

10.1.1 凸轮机构的组成、应用和特点

图 10-1 所示为一内燃机的配气机构。当凸轮 1 回转时，其轮廓迫使从动件 2（即气阀）上下移动，从而使阀门开启和关闭。阀门的启闭运动规律取决于凸轮轮廓曲线的形状。

图 10-2 所示为一自动机床的进刀机构。当圆柱凸轮 1 回转时，其凹槽的侧面迫使从动件 2 绕 O 点作往复摆动，通过从动件 2 上的扇形齿轮与固定在刀架 3 上的齿条的啮合，控制刀架作进刀和退刀运动。刀架进退刀的运动规律取决于圆柱凸轮凹槽曲线的形状。

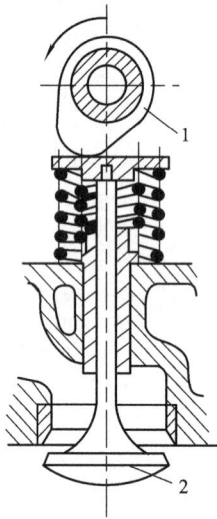

图 10-1 内燃机配气机构

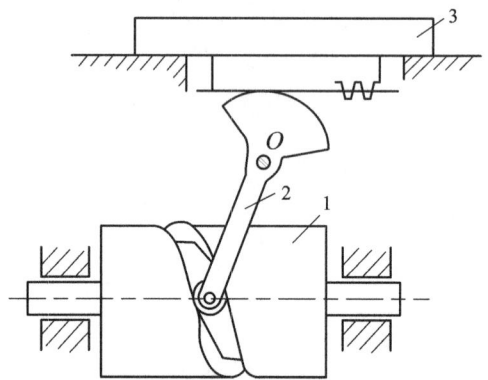

图 10-2 自动机床进刀机构

由以上两例可见，凸轮是一个具有曲线轮廓或凹槽的构件，当它运动时，通过其曲线轮廓与从动件的高副接触，使从动件获得预期的运动。所以凸轮机构是由凸轮、从动件和机架三个基本构件所组成的一种高副机构。

凸轮机构广泛应用于各种机械，特别是自动机械和自动控制装置中。凸轮机构的主要优点是：只要适当地设计凸轮的轮廓曲线，就可以使从动件获得各种预期的运动规律，而且结构简单、紧凑。凸轮机构的缺点是：凸轮与从动件之间为点、线高副接触，易磨损。故凸轮机构多用在要求准确实现预期运动规律且传力不大的场合。

10.1.2　凸轮机构的分类

凸轮机构的类型很多，常按凸轮和从动件的形状及其运动形式的不同来分类。

1. 按凸轮的形状分类

（1）盘形凸轮。如图 10 - 1 所示，凸轮呈盘状，绕固定轴
线转动，并且具有变化的向径，称为盘形凸轮。盘形凸轮的
结构简单，应用最广。

（2）移动凸轮。如图 10 - 3 所示，凸轮呈板状，作往复直
线移动，称为移动凸轮。它可以看成是转轴在无穷远处的盘
形凸轮的一部分。

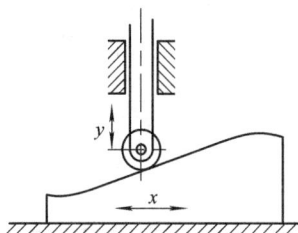

图 10 - 3　移动凸轮机构

（3）圆柱凸轮。如图 10 - 2 所示，凸轮呈圆柱状，绕固定
轴线转动，并且具有曲线凹槽，称为圆柱凸轮。圆柱凸轮可以看成是将移动凸轮卷在圆柱
体上形成的。圆柱凸轮机构是一种空间凸轮机构。

2. 按从动件的形状分类

（1）尖顶从动件。如图 10 - 4(a)所示，这种从动件的结构最简单，但因尖顶与凸轮是
点接触，易磨损，故只适用于低速和轻载场合，如仪表等机构中。

（2）滚子从动件。如图 10 - 4(b)所示，这种从动件的滚子和凸轮之间为滚动摩擦，磨
损较小，故可承受较大的载荷，因而应用较广。

（3）平底从动件。如图 10 - 4(c)所示，这种从动件与凸轮的接触区易形成油膜，润滑
好，且机构的传动角恒等于 90°，传动平稳，效率高，故适用于高速场合。

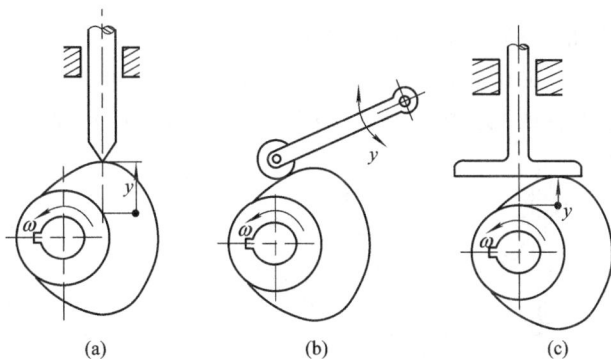

(a)　　　　　　　　(b)　　　　　　　　(c)

图 10 - 4　从动件的结构形式

3. 按从动件的运动形式分类

（1）移动从动件。如图 10 - 4(a)、(c)所示，从动件作往复移动。若其轴线通过凸轮的回
转中心，则称为对心移动从动件(图 10 - 4(c))，否则称为偏置移动从动件(图 10 - 4(a))。

（2）摆动从动件。如图 10 - 4(b)所示，从动件作往复摆动。

4. 按凸轮与从动件保持接触的方法分类

为了保证凸轮机构正常地工作，在运动中必须使凸轮与从动件始终保持接触。根据其
保持接触的方法不同，凸轮机构可分为以下两类：

（1）力封闭凸轮机构。在这类机构中，利用重力、弹簧力（图 10-1）或其他外力使凸轮与从动件保持接触。

（2）形封闭凸轮机构。在这类机构中，利用凸轮或从动件的特殊几何结构使凸轮与从动件保持接触。例如在图 10-2 所示的凸轮机构中，利用凸轮上的凹槽与置于槽中的滚子使凸轮与从动件保持接触。

10.2　从动件常用的运动规律

10.2.1　凸轮轮廓曲线与从动件运动规律的关系

图 10-5(a)所示为一尖顶对心移动从动件盘形凸轮机构。凸轮的轮廓由$\overarc{AB}$、$\overarc{BC}$、$\overarc{CD}$及$\overarc{DA}$四段曲线组成，其中$\overarc{BC}$、$\overarc{DA}$两段是以凸轮回转轴心 O 为圆心的圆弧。凸轮回转轴心 O 与轮廓上任意一点的连线称为向径，以 O 为圆心，以凸轮的最小向径 r_b 为半径所作的圆称为基圆，r_b 称为基圆半径。从动件与凸轮在 A 点接触时，凸轮上 A 点的向径最小，从动件处于最低位置。当凸轮以等角速度 ω 逆时针转动、从动件与凸轮在$\overarc{AB}$段接触时，凸轮的向径将由最小变为最大，从动件将由最低位置 A 被推到最高位置 B'，从动件的这一运动过程称为推程，而相应的凸轮转角 δ_t 称为推程运动角。凸轮继续转动，当从动件与凸轮在$\overarc{BC}$段接触时，由于凸轮的最大向径保持不变，所以从动件将处于最高位置而静止不动，这一过程称为远休止，与之相应的凸轮转角 δ_s 称为远休止角。而后，当从动件与凸轮在$\overarc{CD}$段接触时，凸轮的向径由最大变为最小，从动件由最高位置又回到最低位置，从动件的这一运动过程称为回程，相应的凸轮转角 δ_h 称为回程运动角。最后，当从动件与凸轮在$\overarc{DA}$段接触时，由于$\overarc{DA}$段凸轮的最小向径保持不变，所以从动件将处于最低位置而静止不动，这一过程称为近休止，与之相应的凸轮转角 δ_s' 称为近休止角。凸轮再继续转动时，从动件又重复上述过程。从动件在推程或回程中移动的距离 h 称为从动件的行程。

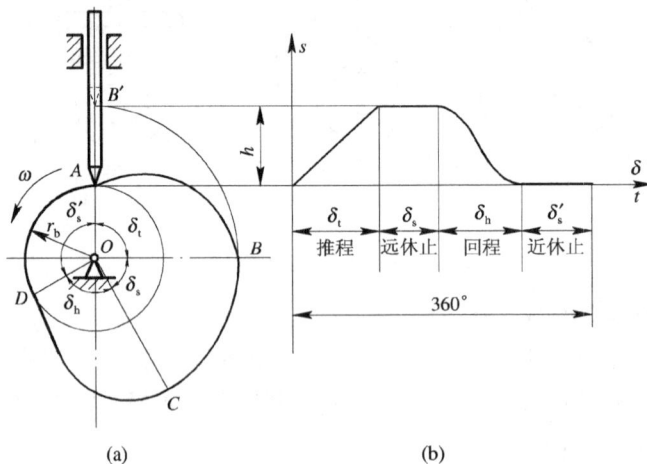

图 10-5　尖顶对心移动从动件盘形凸轮机构

所谓从动件的运动规律，是指从动件在运动时，其位移 s、速度 v、加速度 a 随时间 t

或凸轮转角 δ 的变化规律。从动件的运动规律可以用运动方程或运动线图表示，例如图 10-5(b) 所示即为从动件的位移随凸轮转角 δ 变化的运动线图。

从以上分析可知，从动件的运动规律与凸轮轮廓线的形状是相互对应的。设计凸轮机构时，首先应根据工作要求确定从动件的运动规律，然后按照这一运动规律设计凸轮的轮廓曲线。

10.2.2 从动件常用的运动规律

凸轮机构中，从动件的运动规律是由机器的工作要求决定的，工作要求不同，从动件的运动规律不同。以下介绍三种常用的运动规律。

1. 等速运动规律

当凸轮以等角速度 ω 转动时，从动件在推程或回程中作等速运动，称之为等速运动规律。图 10-6 所示为从动件在推程中作等速移动时，其位移、速度和加速度随时间变化的曲线。由图可见，从动件在运动起始和终止位置，由于速度突然改变，其瞬时加速度趋于无穷大，因而产生无穷大的惯性力（实际上由于材料存在弹性变形，惯性力不可能达到无穷大），使凸轮机构受到强烈冲击，这种冲击称为刚性冲击。因此，等速运动规律只适用于低速和从动件质量较小的凸轮机构。在实际应用时，为了避免刚性冲击，常将这种运动规律的运动开始和终止的两小段加以修正，使速度逐渐增高和逐渐降低。

2. 等加速等减速运动规律

当凸轮以等角速度 ω 转动时，从动件在推程或回程的前半行程中作等加速运动，在后半行程中作等减速运动，称之为等加速等减速运动规律。通常两加速度的绝对值相等。

图 10-7 所示为从动件在推程中作等加速等减速移动时，其位移、速度和加速度随时间变化的曲线。

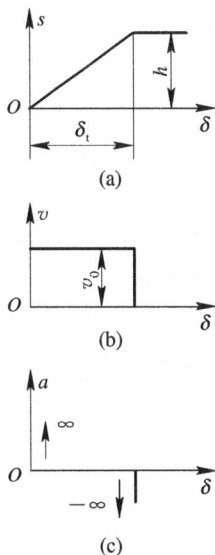

图 10-6 等速运动

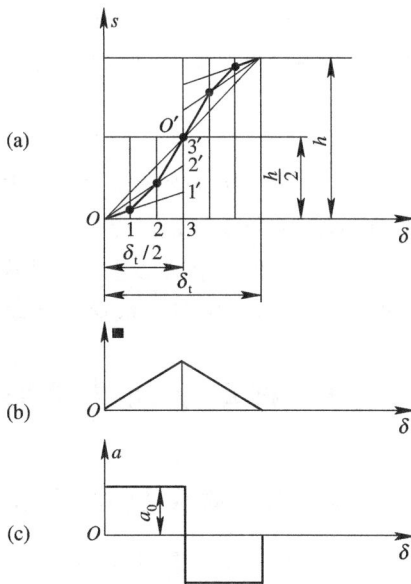

图 10-7 等加速等减速运动

由物理学可知，初速度为零的物体作等加速运动时，其位移曲线为一抛物线，即

$$s = \frac{1}{2}at^2$$

当时间为 1：2：3⋯时，其对应位移之比为 1：4：9⋯。因此，等加速段抛物线可按如下方法画出：将前半推程角 $\delta_t/2$ 和前半行程 $h/2$ 分成相同的若干等份（图中为 3 等份），得到等分点 1、2、3 和 1′、2′、3′；再将原点 O 分别与等分点 1′、2′、3′ 相连，并过等分点 1、2、3 分别作铅垂线，该两组直线对应相交，光滑连接这些交点即可。等减速段的位移线图也是一段抛物线，它与等加速段抛物线中心对称（相对 O'），开口相反，利用对称原理即可作出。

由图 10-7 可见，速度线图为一连续的折线，而加速度在运动起始位置、行程中点和终止位置存在有限突变，必引起惯性力的突变而产生冲击，这种由有限惯性力引起的冲击称为柔性冲击。因此，等加速等减速运动规律适用于中速凸轮机构。

3. 简谐运动规律

当一质点在圆周上作匀速运动时，该点在这个圆的直径上的投影所构成的运动，称为简谐运动。在凸轮机构中，当凸轮以等角速度 ω 转动时，若从动件在推程或回程的位移按简谐运动变化，称之为简谐运动规律。

图 10-8 所示为从动件在推程中作简谐运动时，其位移、速度和加速度随时间变化的曲线。其中，位移线图的作法如下：以从动件的行程 h 为直径画半圆（如图 10-8(a)所示），将推程角和此半圆周分成相同的若干等份（图中为 6 等份），得等分点 1、2、3⋯和 1″、2″、3″⋯；过等分点 1、2、3⋯分别作铅垂线，过等分点 1″2″3″⋯分别作水平线，它们之间相应的交点为 1′、2′、3′⋯，光滑连接这些点即可。

由图 10-8 可见，从动件的位移按简谐运动变化时，其速度按正弦曲线变化，其加速度按余弦曲

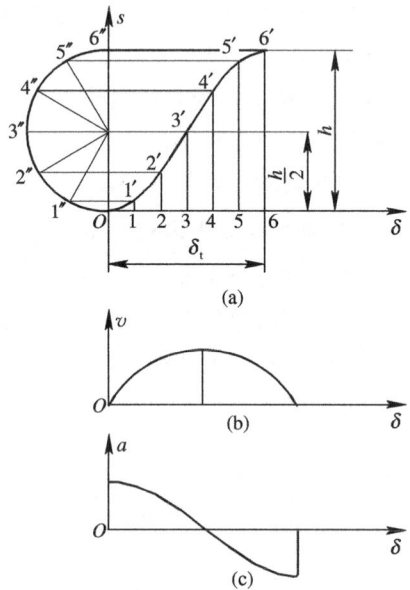

图 10-8　简谐运动

线变化，故该规律又称为余弦加速度运动规律。从动件在运动起始和终止位置的加速度存在有限突变，会产生柔性冲击，故简谐运动规律适用于中速凸轮机构。

10.3　移动从动件盘形凸轮轮廓曲线的图解设计

10.3.1　尖顶对心移动从动件盘形凸轮轮廓曲线的设计

图 10-9 为一尖顶对心移动从动件盘形凸轮机构。已知凸轮的基圆半径 $r_b = 15$ mm，当凸轮逆时针等速转动时，从动件的运动规律如下表所示，试设计该凸轮的轮廓曲线。

凸轮转角 δ	0～90°	90°～150°	150°～240°	240°～360°
从动件的运动规律	等速上升 16 mm	停止不动	等加速等减速下降到原处	停止不动

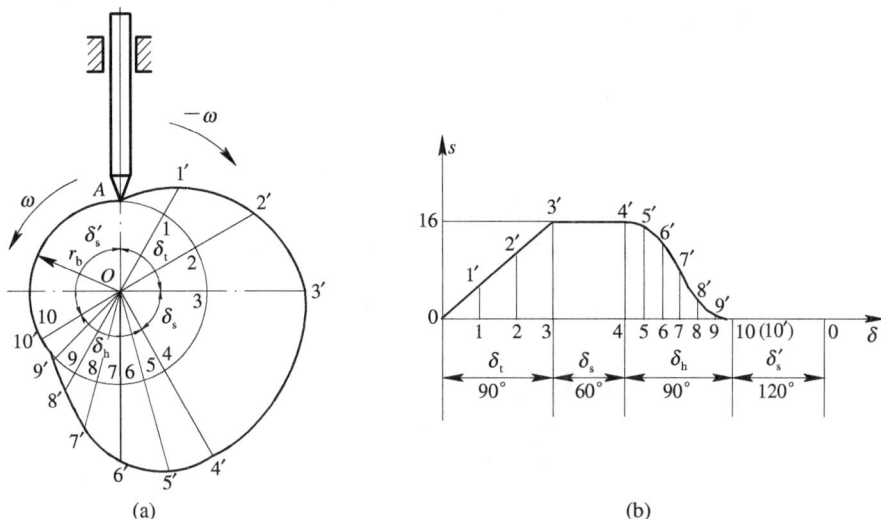

(a)　　　　　　　　　　　　　　(b)

图 10-9　尖顶对心移动从动件盘形凸轮轮廓线设计

凸轮机构工作时凸轮是转动的，而绘制凸轮轮廓时却需要凸轮与图纸相对静止。为此，我们在设计中采用"反转法"。根据相对运动原理：如果给整个机构加上绕凸轮轴心 O 的公共角速度 $-\omega$，机构各构件间的相对运动不变。这样一来，凸轮相对不动，而从动件一方面随机架和导路以角速度 $-\omega$ 绕 O 点转动，另一方面又在导路中往复移动。由于尖顶始终与凸轮轮廓相接触，所以反转后尖顶的运动轨迹就是凸轮轮廓。根据"反转法"原理，可以作图如下：

（1）选取长度比例尺 $\mu_l = 1$ mm/1 mm，角度比例尺 $\mu_\delta = 0.5°/1$ mm，按前述的方法绘制从动件的位移线图，如图 10-9(b)所示。将位移曲线的横坐标分成若干等份（图中将 δ_t 分成 3 等份，将 δ_h 分成 6 等份），得到等分点 1、2、…、9、10，对应的位移为 $11'$、$22'$、…、$99'$、$1010'$。

（2）按同一长度比例尺，以 r_b 为半径画出基圆，此基圆与从动件导路的交点 A，便是从动件尖顶的起始位置。

（3）从 A 点开始沿 $-\omega$ 方向将基圆分成与图 10-9(b)对应的等份，得到等分点 1、2、3、…、10，将 O 点与各等分点相连并延长，它们便是反转后从动件导路的各个位置。

（4）在从动件导路的各个位置上，量取与图 10-9(b)对应的位移 $11'$、$22'$、…、$99'$、$1010'$，得到尖顶反转后的一系列位置 $1'$、$2'$、…、$9'$、$10'$。将这些点光滑连接，便得到所要求的凸轮轮廓线。

10.3.2　滚子对心移动从动件盘形凸轮轮廓曲线的设计

若将图 10-9 中的尖顶改为滚子，滚子半径 $r_t = 4$ mm，其他条件保持不变，如图 10-10

所示，按照反转法原理，其凸轮轮廓曲线的绘制方法如下：

（1）把滚子中心看做尖顶从动件的尖顶，按上述方法绘制出一条轮廓曲线 β_0，它是滚子中心在反转运动中的轨迹，称为凸轮的理论廓线。

（2）以理论廓线 β_0 上各点为圆心，以滚子半径 r_t 为半径作一系列滚子圆，再作这些滚子圆的包络线 β，它与滚子直接接触，称为凸轮的实际廓线。该方法称为包络法。

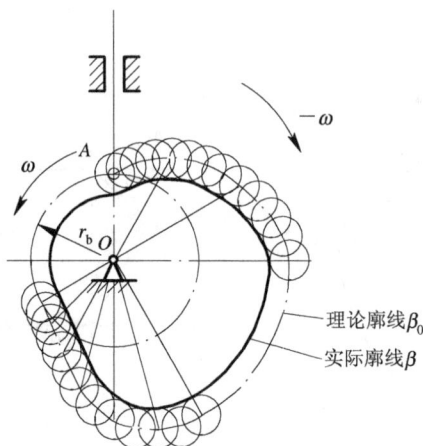

图 10 - 10　滚子对心移动从动件盘形凸轮轮廓线设计

从以上作图过程可知，滚子从动件凸轮机构中，凸轮的基圆半径是指其理论廓线的最小向径，如图 10 - 10 中 r_b 所示。理论廓线 β_0 与实际廓线 β 是法向等距曲线，它们之间的法向距离为滚子半径 r_t。

10.3.3　凸轮机构设计中应注意的几个问题

设计凸轮机构时，不仅要保证从动件按选定的运动规律运动，而且要求传动性能好，结构紧凑，强度高，为此应注意以下几个问题。

1. 滚子半径的选择

采用滚子从动件时，滚子半径的选择要考虑凸轮实际廓线的形状、滚子的结构和强度等因素。凸轮理论廓线形状一定时，滚子半径对实际廓线形状的影响，通常用实际廓线的最小曲率半径来反映。在图 10 - 11(a)、(b)、(c)中，凸轮理论廓线 β_0 为同一段外凸的曲线，设它的最小曲率半径 $\rho_{0\,min}$，滚子半径为 r_t，则凸轮实际廓线上的最小曲率半径 $\rho_{min}=\rho_{0\,min}-r_t$。在图 10 - 11(a)中，$r_t<\rho_{0\,min}$，$\rho_{min}>0$，实际廓线 β 为一光滑曲线。在图 10 - 11(b)中，$r_t=\rho_{0\,min}$，$\rho_{min}=0$，实际廓线变尖。在图 10 - 11(c)中，$r_t>\rho_{0\,min}$，$\rho_{min}<0$，实际廓线出现了交叉现象。由于实际廓线的尖点部分在工作中容易被磨掉，而廓线的交叉部分在加工时将被直接切削掉，所以这两种情况都会导致从动件不能准确地实现预期的运动规律，从而造成运动失真。在图 10 - 11(d)中，凸轮理论廓线为一段内凹的曲线，其实际廓线上的最小曲率半径 $\rho_{min}=\rho_{0\,min}+r_t>0$，无论滚子半径如何变化，实际廓线都是光滑且连续的。

因此，为了避免运动失真并减小磨损，凸轮实际廓线上的最小曲率半径应满足 $\rho_{min}=\rho_{0\,min}-r_t\geqslant(3\sim5)$ mm。若 $\rho_{0\,min}$ 太小，将使滚子半径太小而不能满足安装条件和强度条件，此时应当加大基圆半径，重新设计凸轮的轮廓曲线。

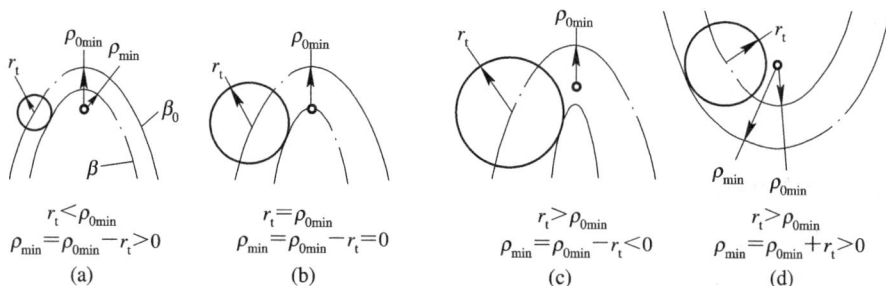

$r_t < \rho_{0min}$
$\rho_{min} = \rho_{0min} - r_t > 0$
(a)

$r_t = \rho_{0min}$
$\rho_{min} = \rho_{0min} - r_t = 0$
(b)

$r_t > \rho_{0min}$
$\rho_{min} = \rho_{0min} - r_t < 0$
(c)

$r_t > \rho_{0min}$
$\rho_{min} = \rho_{0min} + r_t > 0$
(d)

图 10-11　滚子半径对实际廓线形状的影响

2. 凸轮机构的压力角

在图 10-12 所示的尖顶对心移动从动件盘形凸轮机构中，凸轮与从动件在图示 A 点接触。当凸轮逆时针等速转动时，凸轮对从动件的法向作用力 $\boldsymbol{F}_n$ 与从动件上 A 点的速度 v_B 方向之间所夹的锐角 α 称为凸轮机构在图示位置的压力角。将 $\boldsymbol{F}_n$ 分解为水平分力 $\boldsymbol{F}_x$ 和垂直分力 $\boldsymbol{F}_y$，$\boldsymbol{F}_x = \boldsymbol{F}_n \sin\alpha$，$\boldsymbol{F}_y = \boldsymbol{F}_n \cos\alpha$。$\boldsymbol{F}_y$ 推动从动件运动，是有用分力，$\boldsymbol{F}_x$ 使从动件与导路压紧，增加了摩擦阻力，是有害分力。显然，压力角 α 越大，有用分力越小，有害分力越大，当 α 大到某一数值时，则有用分力 $\boldsymbol{F}_y$ 将小于有害分力 $\boldsymbol{F}_x$ 引起的摩擦力，使凸轮机构发生自锁。一般来说，凸轮轮廓线上不同点处的压力角是不同的，为了避免自锁并使机构具有良好的传力性能，应限制其最大压力角 α_{max} 不得超过某一许用压力角 $[\alpha]$，即 $\alpha_{max} \leqslant [\alpha]$。通常规定：在推程时，对于移动从动件 $[\alpha] = 30°$，对摆动从动件 $[\alpha] = 45°$；在回程时 $[\alpha] = 70° \sim 80°$。若校核不满足，可增大基圆半径重新设计凸轮轮廓线。

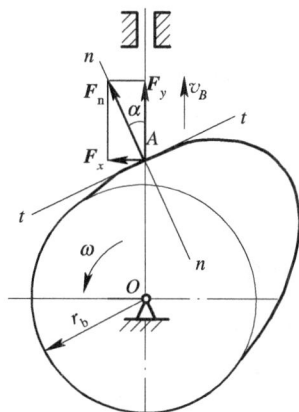

图 10-12　凸轮机构的压力角

3. 凸轮的基圆半径

选择较小的基圆半径，可以减小凸轮机构的尺寸；选择较大的基圆半径，可以增大凸轮轮廓线的曲率半径，避免其变尖、交叉而引起运动失真，并减小磨损。选择较大的基圆半径，还可以减小凸轮机构的压力角，改善传力性能。在图 10-12 所示的凸轮机构中，机构的压力角 α 与基圆半径 r_b 的关系为

$$\tan\alpha = \frac{v}{\omega(r_b + s)}$$

由该式可知,当凸轮的角速度 ω、从动件的位移 s 和速度 v 给定时,机构的压力角随基圆半径的增大而减小。在实际设计中,凸轮的基圆半径初步可根据结构条件确定。对于凸轮轴,基圆半径 r_b 应大于轴的直径 r 和滚子半径 r_t 之和,即 $r_b > r + r_t$。当凸轮与轴单独制造时,取 $r_b \geq 1.8r + r_t + (7\sim10)$ mm。

4. 凸轮机构的材料

凸轮机构是一种高副机构,其主要失效形式是凸轮与从动件接触表面的疲劳点蚀和磨损,前者是由变化的接触应力引起的,后者是由摩擦引起的。因此,凸轮副材料应具有足够的接触强度和良好的耐磨性,特别是其接触表面应具有较高的硬度。凸轮及滚子的常用材料如表 10-1 所示。

表 10-1　凸轮与滚子的常用材料

名称	材料	热处理	适用
凸轮	HT250 HT300 QT450-10 QT500-7	退火	低速、轻载、大型低精度凸轮
	QT600-3 QT700-2 QT800-2 QT900-2	等温淬火 HRC45~50	中速、中载、中等精度的凸轮轴
	45 40Cr 45Mn2	正火	低速、轻载、精度要求不高的一般凸轮
	45 40Cr 45Mn2	调质后,表面淬火 HRC45~55	中(高)速、中载、中等精度的一般凸轮
	15 20 20Mn2 20Cr 20CrMnTi	渗碳淬火到 HRC58~63,渗碳层厚度为(0.8~1.2) mm	中(高)速、轻(中)载、高精度凸轮
	GCr15	淬火 HRC60~64	
	T10 T10A	表面淬火 HRC56~60	一般精度仿形靠模凸轮
	38CrMoAl 35CrAl	氮化 HRC60~67	高精度仿形靠模凸轮
滚子	20Cr 18CrMnTi	渗碳淬火到 HRC58~63,渗碳层厚度为(0.8~1.2) mm	与钢制凸轮相配
	T8 T10 GCr15	淬火 HRC56~64	与铸铁或钢制凸轮相配
	45 40Cr	表面淬火 HRC45~55	与铸铁凸轮相配

5. 凸轮与滚子的结构

1) 凸轮结构

基圆小的凸轮常与轴做成一体,称为凸轮轴,如图 10-13(a)所示。基圆较大的凸轮,为了制造方便,则与轴分开制造。凸轮与轴的固定方式有键联接(图 10-13(b))、销联接(图 10-13(c))和弹性开口锥套螺母联接(图 10-13(d))等。在图 10-13(d)中,装配时拧紧螺母,则开口锥套向右移动,锥套收缩抱紧轴,同时楔紧凸轮轴孔,靠结合面的摩擦力实现固定；松开螺母，转动凸轮，可以任意调整凸轮的起始位置。

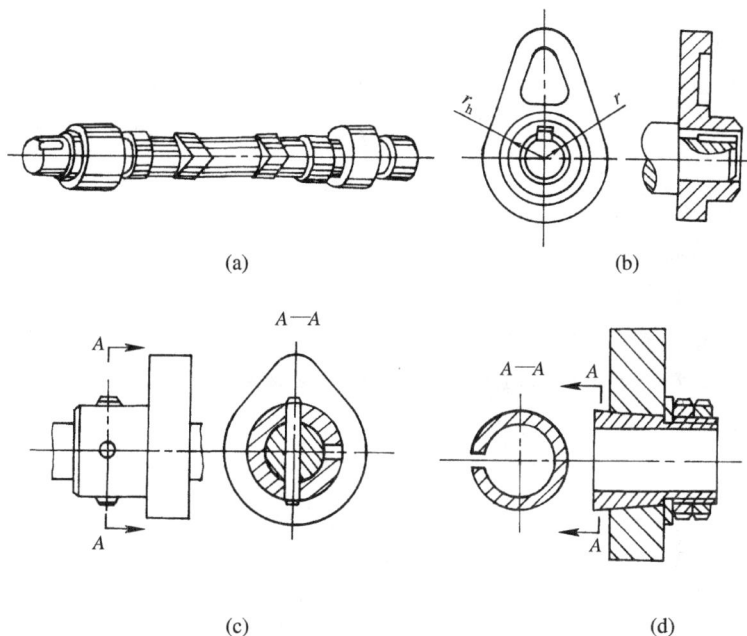

(a)

(b)

(c)

(d)

图 10-13 凸轮结构

2）滚子结构

滚子从动件的滚子可以是专用零件（图 10-14(a)、(b)），也可以采用滚动轴承（图 10-14(c)）。滚子在从动件上的支承，常采用悬臂式螺栓结构（图 10-14(a)）和简支式叉臂结构（图 10-14(b)、(c)）。

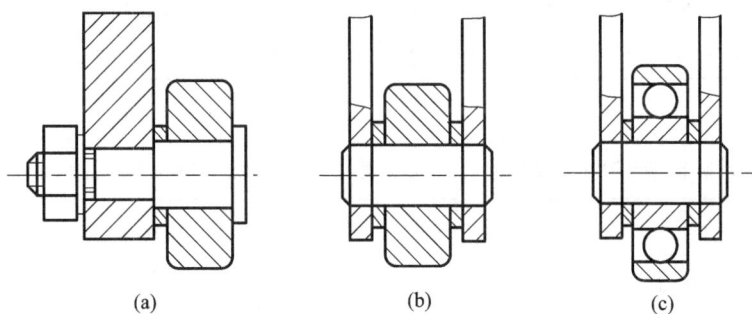

(a)

(b)

(c)

图 10-14 滚子结构

思考与练习题

10-1　与平面连杆机构相比，凸轮机构的优、缺点是什么？为什么凸轮机构会在自动机械中得到广泛的应用？

10-2　比较尖顶、滚子和平底从动件的优、缺点及应用场合。

10-3　从动件的常用运动规律有哪几种，各有何特点，各适用于何场合？

10-4 在滚子移动从动件盘形凸轮机构中,若将滚子从动件换成尖顶从动件,但仍然使用原来的凸轮,则从动件的运动规律是否变化?

10-5 滚子半径和基圆半径的选择原则是什么?

10-6 题 10-6 图所示为一滚子对心移动从动件盘形凸轮机构,凸轮的实际廓线是一半径为 R、圆心为 C 的圆盘。若 $R=30$ mm,滚子半径 $r_t=5$ mm,偏心距 $OC=15$ mm。要求在图上画出:

(1) 凸轮的理论廓线;

(2) 凸轮的基圆 r_b;

(3) 从动件的行程 h;

(4) 当前位置从动件的位移 s 和压力角 α;

(5) 凸轮从图示位置继续转过 60° 时从动件的位移 s' 和压力角 α'。

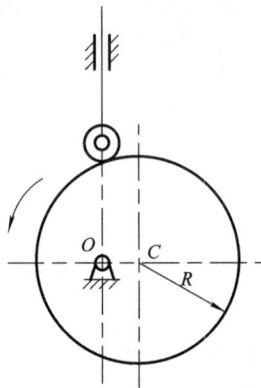

题 10-6 图

10-7 试以作图法设计一滚子对心移动从动件盘形凸的轮廓曲线。已知凸轮以等角速度顺时针转动,基圆半径 $r_b=30$ mm,滚子半径 $r_t=10$ mm。从动件的运动规律见下表:

凸轮转角 δ	0~150°	150°~180°	180°~300°	300°~360°
从动件的运动规律	简谐运动上升 16 mm	远休止	等加速等减速下降到原处	近休止

第 11 章　间歇运动机构

在机构中，若主动件连续运动，而从动件周期性间歇运动，则称该机构为间歇运动机构。间歇运动机构广泛应用于自动机械之中，其类型很多，本章主要介绍棘轮机构和槽轮机构。

11.1　棘　轮　机　构

11.1.1　棘轮机构的工作原理及类型

1. 棘轮机构的工作原理

棘轮机构的典型结构如图 11-1 所示，它主要由摇杆 1、主动棘爪 2、棘轮 3、止回棘爪 4 和机架 5 组成。当摇杆 1 逆时针摆动时，铰接在摇杆上的主动棘爪 2 插入棘轮 3 的齿槽内，推动棘轮同步转动一定的角度。当摇杆 1 顺时针摆动时，止回棘爪 4 阻止棘轮 3 反向转动，此时主动棘爪 2 在棘轮 3 的齿背上滑回原位，棘轮 3 静止不动。这样，当摇杆 1（主动件）连续往复摆动时，棘轮 3（从动件）便得到单向的间歇转动。图中弹簧 6 用来使主动棘爪 2 和止回棘爪 4 与棘轮 3 保持接触。

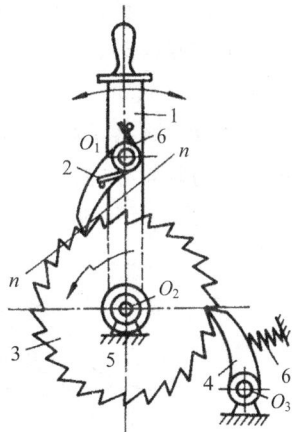

图 11-1　外啮合齿式棘轮机构

2. 棘轮机构的类型

根据工作原理，棘轮机构可分为齿式棘轮机构和摩擦式棘轮机构两大类。

1）齿式棘轮机构

齿式棘轮机构的工作原理为啮合原理。按啮合方式可分为外啮合（图 11-1）和内啮合（图 11-2）两种形式。按从动件不同的间歇运动方式又可分为以下形式：

（1）单向间歇转动。如图 11-1、11-2 所示，从动件均作单向间歇转动。

（2）单向间歇移动。如图 11-3 所示，当主动件 1 往复摆动时，棘爪 2 推动棘齿条 3 作单向间歇移动。

（3）双动式棘轮机构。如图 11-4 所示，主动摇杆

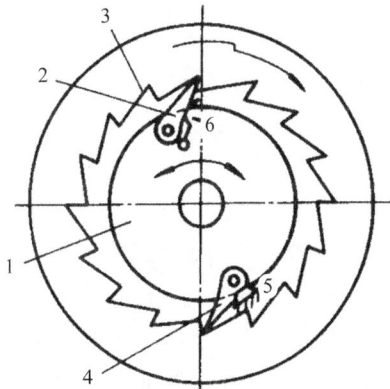

图 11-2　内啮合齿式棘轮机构

1 上装有两个主动棘爪 2 和 2′,摇杆 1 绕 O_1 轴来回摆动都能使棘轮 3 沿同一方向间歇转动,摇杆往复摆动一次,棘轮间歇转动两次。

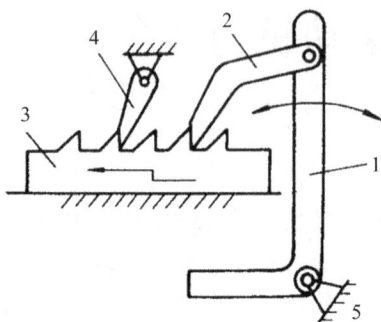

图 11-3 移动棘轮机构

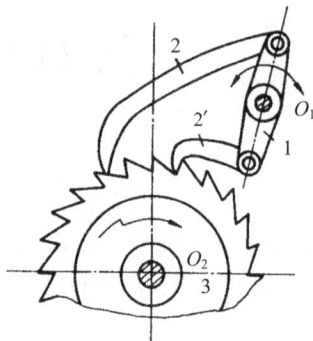

图 11-4 双动式棘轮机构

(4) 双向式棘轮机构。如图 11-5 所示,在图(a)所示机构中,当棘爪 2 在实线位置 AB 时,摇杆 1 往复摆动,棘轮 3 逆时针单向间歇转动;当棘爪 2 绕 A 轴翻转到虚线位置 AB' 时,摇杆 1 往复摆动,棘轮 3 顺时针单向间歇转动。在图(b)所示机构中,当摇杆 1 往复摆动时,棘爪 2 与棘轮 3 右侧齿面接触,棘轮 3 逆时针单向间歇转动。用手柄提起棘爪 2,直至定位销脱出,再将手柄转动 180° 后放下,使定位销插入另一定位孔,当摇杆 1 往复摆动时,棘爪 2 与棘轮 3 左侧齿面接触,棘轮 3 将顺时针单向间歇转动。在双向式棘轮机构中,棘轮一般采用对称齿形。

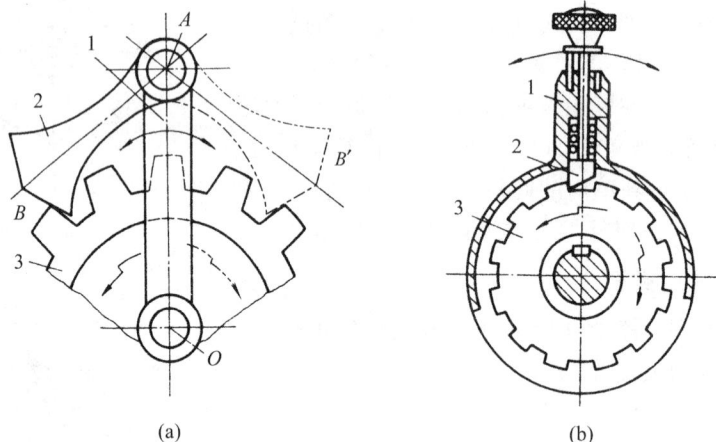

(a)

(b)

图 11-5 双向式棘轮机构

2) 摩擦式棘轮机构

摩擦式棘轮机构的工作原理为摩擦原理。在图 11-6 所示的机构中,当摇杆往复摆动时,主动棘爪 2 靠摩擦力驱动棘轮 3 逆时针单向间歇转动,止回棘爪 4 靠摩擦力阻止棘轮反转。由于棘轮的廓面是光滑的,因此这种机构又称为无棘齿棘轮机构。该类机构棘轮的转角可以无级调节,噪声小,但棘爪与棘轮的接触面间容易发生相对滑动,故运动的可靠性和准确性较差。

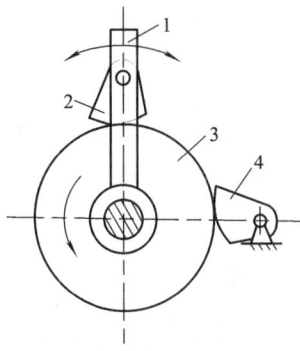

图 11 - 6　摩擦式棘轮机构

11.1.2　棘轮转角的调节方法

当需要调节棘轮每次转过的角度时，可采用以下两种方法。

1. 改变摇杆的摆角

图 11 - 7(a)所示为牛头刨床中的横向进给机构。通过齿轮 1、2，曲柄摇杆机构 2、3、4，棘轮机构 4、5、7 来使与棘轮固联的丝杠 6 作间歇转动，从而使牛头刨工作台实现横向间歇进给。调节曲柄的长度 O_2A，可改变摇杆的摆角及棘轮的转角，从而改变横向进给量的大小。

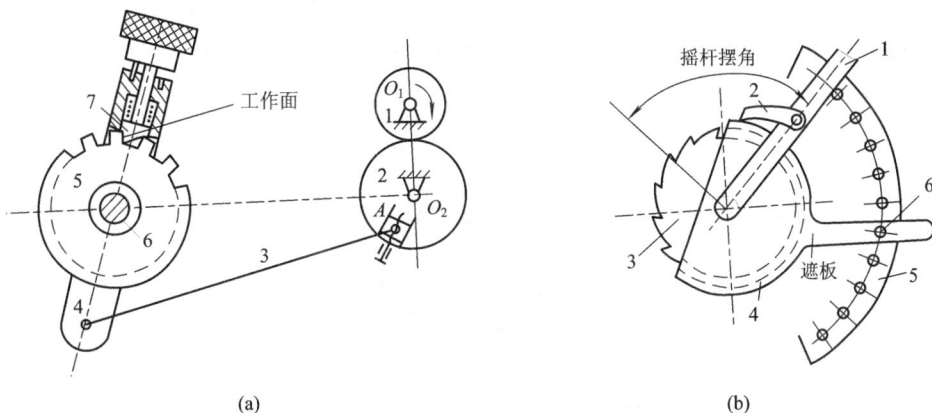

(a)

(b)

图 11 - 7　棘轮转角的调节方法

2. 在棘轮上安装遮板

如图 11 - 7(b)所示的棘轮机构，摇杆 1 的摆角不变，但在棘轮 3 上安装了遮板 4，改变插销 6 在定位孔中的位置，即可调节摇杆摆程范围内露出的棘齿数，从而改变棘轮转角的大小。

11.1.3　棘轮机构的特点及应用

齿式棘轮机构具有结构简单、制造方便、运动可靠、棘轮的转角可调等优点；其缺点是传力小，工作时有较大的冲击和噪声，而且运动精度低。因此，它适用于低速和轻载场合，通常用来实现间歇式送进、制动、超越和转位分度等要求。

1）间歇式送进

图 11-8 所示为浇注流水线的送进装置，棘轮与带轮固联在同一轴上，当活塞 1 在汽缸内往复移动时，输送带 2 间歇移动，输送带静止时进行自动浇注。

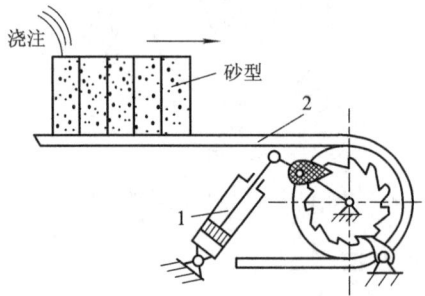

图 11-8　浇注流水线的送进装置

2）超越运动

图 11-9 所示为自行车后轴上的内啮合棘轮机构，飞轮 1 即内齿棘轮，它用滚动轴承支承在后轮轮毂 2 上，两者可相对转动。轮毂 2 上铰接着两个棘爪 4，棘爪用弹簧丝压在棘轮的内齿上。当链轮比后轮转得快时（顺时针），棘轮通过棘爪带动后轮同步转动，即脚蹬得快，后轮就转得快。当链轮比后轮转得慢时，如自行车下坡或脚不蹬时，后轮由于惯性仍按原转向转动，此时，棘爪 4 将沿棘轮齿背滑过，后轮与飞轮脱开，从而实现了从动件转速超越主动件转速的作用。按此原理工作的离合器称为超越离合器。

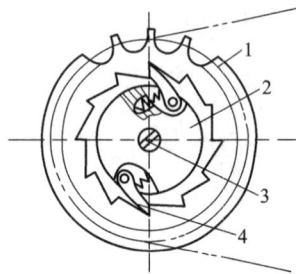

图 11-9　自行车后轴上的超越离合器

11.2　槽　轮　机　构

11.2.1　槽轮机构的工作原理及类型

1. 槽轮机构的工作原理

槽轮机构的典型结构如图 11-10 所示，它由主动拨盘 1、从动槽轮 2 和机架组成。拨盘 1 匀速转动，当拨盘上的圆销 A 未进入槽轮的径向槽时，由于槽轮的内凹锁止弧 efg 被拨盘的外凸锁止弧 abc 卡住，故槽轮不动。图(a)所示为圆销 A 刚进入槽轮径向槽时的位置，此时锁止弧 efg 也刚被松开。此后，槽轮受圆销 A 的驱动而转动。当圆销 A 在另一边离开径向槽时（图(b)），锁止弧 efg 又被卡住，槽轮又静止不动。直至圆销 A 再次进入槽轮的另一个径向槽时，又重复上述运动。所以槽轮作时动时停的间歇运动。

2. 槽轮机构的类型

按结构特点可将槽轮机构分为外槽轮机构(图 11-10)和内槽轮机构(图 11-11)，前者槽轮与拨盘的转向相反，后者则转向相同。按拨盘上圆销的数目多少，槽轮机构可分为单销槽轮机构(图 11-10)和多销槽轮机构(图 11-12)，前者拨盘每转一转槽轮运动一次，后者则运动多次。拨盘的圆销数和槽轮的槽数合理搭配，可使槽轮实现不同的间歇运动规律。

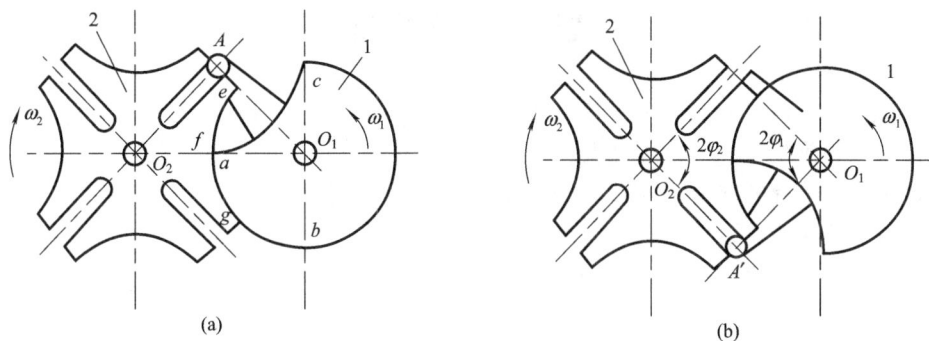

图 11-10　外槽轮机构

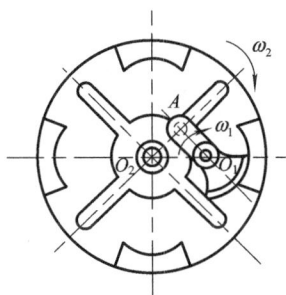

图 11-11　内槽轮机构

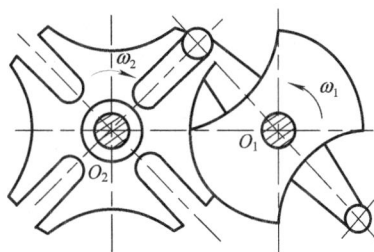

图 11-12　双销槽轮机构

11.2.2　槽轮机构的特点及应用

槽轮机构具有结构简单、工作可靠和运动较平稳等优点；其缺点是槽轮的转角大小不能调节，且存在柔性冲击。因此，槽轮机构适用于速度不高的场合，常用于机床的间歇转位和分度机构中。

图 11-13 所示为槽轮机构在转塔车床刀架转位机构中的应用，拨盘 1 转一转，通过槽轮 2 使刀架 3 转动一次，从而将下道工序所需要的刀具转到工作位置上。图 11-14 所示为槽轮机构在电影放映机卷片机构中的应用，拨盘 1 连续转动，通过槽轮 2 使电影胶片间歇地移动，因人具有视觉暂留机能，故看到的画面正好连续。

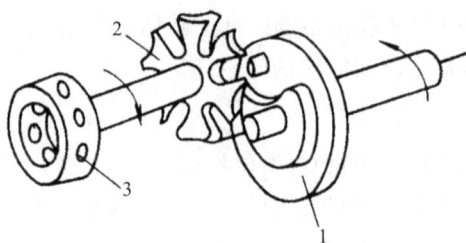

图 11-13 转塔车床刀架转位机构

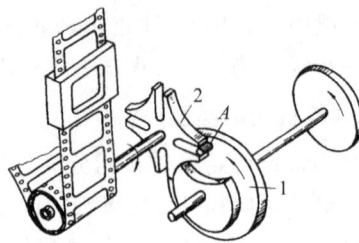

图 11-14 电影放映机卷片机构

思考与练习题

11-1 试说明棘轮机构的组成和工作原理。

11-2 棘轮机构可分为哪些类型？

11-3 调节棘轮转角大小的方法有哪些？

11-4 试说明槽轮机构的组成和工作原理。

11-5 试举例说明棘轮机构和槽轮机构的应用。

第四篇　常用机械传动

引　言

　　传动在机械中起着传递能量、分配能量、改变转速及改变运动形式等作用。传动的类型一般有机械传动和电传动。机械传动按传动原理的不同又分为啮合传动和摩擦传动。本篇将以常用啮合传动中的齿轮传动和轮系及常用摩擦传动中的带传动为研究对象，研究这些机械传动的组成、工作原理、运动特点、零件结构的特点、受力分析、失效分析及设计方法等内容。

第12章　齿轮传动

12.1　概　　述

12.1.1　齿轮传动的特点和应用

齿轮传动是应用极为广泛的传动形式之一。其主要优点是能够传递任意两轴间的运动和动力,传动平稳、可靠,效率高,寿命长,结构紧凑,传动速度和功率范围广;缺点是需要专门设备制造,加工精度和安装精度较高,且不适宜远距离传动。

12.1.2　齿轮传动的类型

齿轮传动的类型很多,按照两齿轮传动时的相对运动为平面运动或空间运动,可将其分为平面齿轮传动和空间齿轮传动两大类。

1. 平面齿轮传动

平面齿轮传动用于两平行轴之间的传动。

(1)直齿圆柱齿轮传动。直齿圆柱齿轮简称直齿轮,其轮齿与轴线平行。直齿圆柱齿轮传动又可分为外啮合齿轮传动(图 12-1)、内啮合齿轮传动(图 12-2)和齿轮齿条传动(图 12-3)。

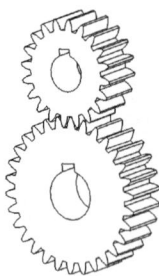

| 图 12-1　外啮合齿轮传动 | 图 12-2　内啮合齿轮传动 | 图 12-3　齿轮齿条传动 |

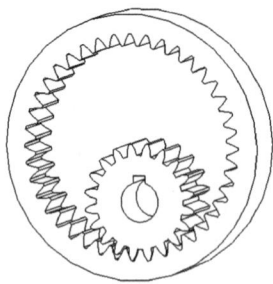

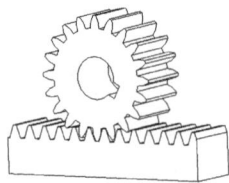

(2)斜齿圆柱齿轮传动。斜齿圆柱齿轮简称斜齿轮。斜齿轮的轮齿与轴线成一定角度,如图 12-4 所示。斜齿轮传动也可分为外啮合齿轮传动、内啮合齿轮传动和齿轮齿条传动。

(3)人字齿轮传动。人字齿轮的轮齿成人字形,如图 12-5 所示。

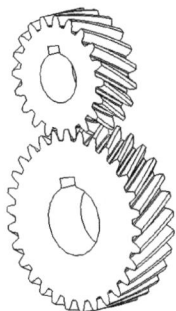

图 12-4　斜齿圆柱齿轮传动

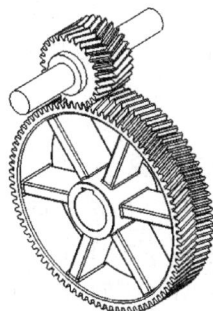

图 12-5　人字齿轮传动

2. 空间齿轮传动

空间齿轮传动用于相交轴和交错轴之间的传动。

（1）圆锥齿轮传动。圆锥齿轮传动用于相交轴之间的传动，有直齿圆锥齿轮传动（图 12-6）和曲齿圆锥齿轮传动（图 12-7）。

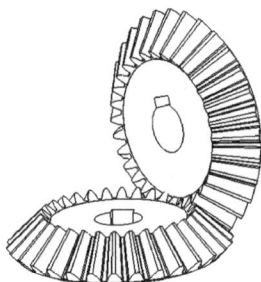

图 12-6　直齿圆锥齿轮传动

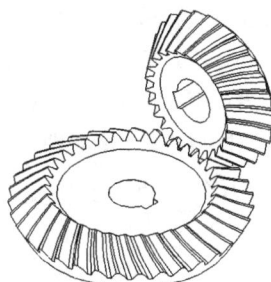

图 12-7　曲齿圆锥齿轮传动

（2）螺旋齿轮传动。螺旋齿轮传动用于交错轴之间的传动，如图 12-8 所示。

（3）蜗轮蜗杆传动。蜗轮蜗杆传动用于垂直交错轴之间的传动，如图 12-9 所示。

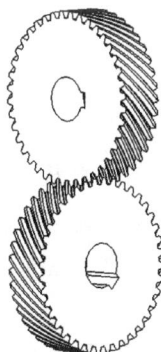

图 12-8　螺旋齿轮传动

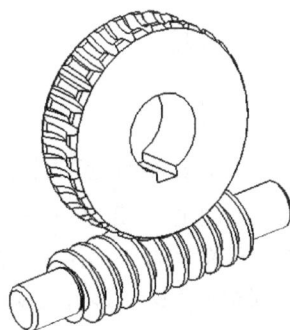

图 12-9　蜗轮蜗杆传动

12.1.3　齿廓啮合的基本定律

齿轮传动要求准确、平稳，即要求在传动过程中，瞬时传动比保持不变，以免产生冲击、振动和噪音。

齿轮传动是依靠主动轮的轮齿依次拨动从动轮的轮齿来实现的。若两轮的齿数分别为 z_1 和 z_2，则两轮的转数之比 i 为

$$i = \frac{n_1}{n_2} = \frac{z_2}{z_1} \tag{12-1}$$

对一对齿轮来说，i 恒定不变。但是，这并不能保证每一瞬时的传动比（即两轮的角速度之比）亦为常数。传动的瞬时传动比是否保持恒定，与齿轮的齿廓曲线有关。下面来研究齿廓曲线与齿轮瞬时传动比之间的关系。

图 12-10 为一对齿轮的齿廓 E_1 和 E_2 在任意点 K 接触，齿廓 E_1 上 K 点的速度为 $v_{K1} = \omega_1 \times \overline{O_1 K}$；齿廓 E_2 上 K 点的速度为 $v_{K2} = \omega_2 \times \overline{O_2 K}$。

过 K 点作两齿廓的公法线 NN 与连心线 $O_1 O_2$ 交于 P 点。

v_{K1}、v_{K2} 在公法线 NN 上的分量应相等，否则两齿廓将互相嵌入或分离，故 $ab \perp NN$。

过 O_2 作 $O_2 Z /\!/ NN$，与 $O_1 K$ 的延长线交于 Z 点，因 $\triangle Kab$ 与 $\triangle KO_2 Z$ 的对应边互相垂直，所以 $\triangle Kab \backsim \triangle KO_2 Z$，其对应边成比例，即

$$\frac{\overline{KZ}}{\overline{O_2 K}} = \frac{\overline{Kb}}{\overline{Ka}} = \frac{v_{K1}}{v_{K2}} = \frac{\omega_1 \times \overline{O_1 K}}{\omega_2 \times \overline{O_2 K}}$$

故

$$\frac{\omega_1}{\omega_2} = \frac{\overline{KZ}}{\overline{O_1 K}}$$

又因 $\triangle O_1 O_2 Z \backsim \triangle O_1 PK$，则

$$\frac{\overline{KZ}}{\overline{O_1 K}} = \frac{\overline{O_2 P}}{\overline{O_1 P}}$$

由此可得瞬时传动比

$$i_{12} = \frac{\omega_1}{\omega_2} = \frac{\overline{O_2 P}}{\overline{O_1 P}} \tag{12-2}$$

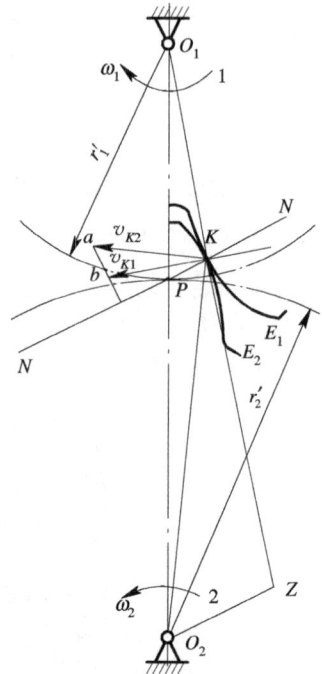

图 12-10　齿廓啮合的基本定律

由上式可知，要使两轮的传动比为常数，则应使 $\overline{O_2 P}/\overline{O_1 P}$ 为常数。又因两轮的轴心 O_1、O_2 为定点，即连心线 $O_1 O_2$ 为定长，故要使 $\overline{O_2 P}/\overline{O_1 P}$ 为常数，则必须使 P 点在连心线上为一定点。P 称为节点。不论齿廓在何点接触，过接触点所作两齿廓的公法线必须与连心线交于一固定点，这就是齿廓啮合基本定律。

以 O_1 和 O_2 为圆心，$O_1 P$ 及 $O_2 P$ 为半径所作的两个相切的圆称为节圆。由式（12-2）可知，$\omega_1 \cdot \overline{O_1 P} = \omega_2 \cdot \overline{O_2 P}$，故两节圆是作纯滚动的。设 r_1'、r_2' 分别表示两齿轮的节圆半径，则两齿轮的中心距 $a = r_1' + r_2'$。

凡能满足齿廓啮合基本定律的一对齿廓称为共轭齿廓。一般来讲，任意给定一条齿廓曲线，就可以根据齿廓啮合基本定律作出与其共轭的另一条齿廓曲线。

理论上，满足齿廓啮合基本定律的齿廓曲线是很多的。例如，渐开线、摆线和圆弧线

等都已得到广泛的应用，其中渐开线齿廓易于制造和安装，应用最为广泛。本章主要介绍渐开线齿轮。

12.2　渐 开 线 齿 轮

12.2.1　渐开线的形成及基本性质

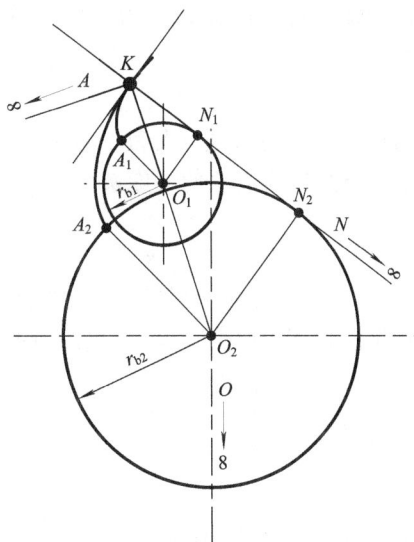

1. 渐开线的形成

如图 12-11 所示，当直线 KN 沿一圆周作纯滚动时，直线上任一点 K 的轨迹就是渐开线。此圆称为渐开线的基圆，半径用 r_b 表示。直线 KN 称为渐开线的发生线。θ_K 称为渐开线在 K 点的展角。

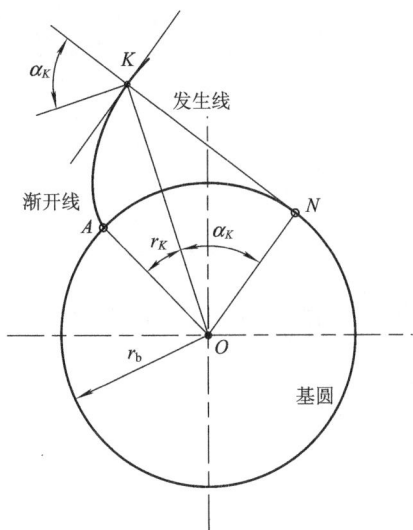

图 12-11　渐开线的形成　　　　　　　图 12-12　渐开线的形状取决于基圆大小

2. 渐开线的性质

根据渐开线的形成，可知渐开线具有下列一些特性：

（1）发生线沿基圆滚过的直线长度，等于基圆上被滚过的圆弧长度，即 $\overline{KN}=\overset{\frown}{NA}$。

（2）发生线 KN 是渐开线在任意点 K 的法线。因此，发生线上任一点的法线必切于基圆。

（3）渐开线齿廓上某点的法线与该点的速度方向线所夹的锐角 α_K 称为该点的压力角。由图 12-11 可知，

$$\cos\alpha_K = \frac{r_b}{r_K}$$

由上式可知，渐开线上各点的压力角是不相等的。

（4）渐开线的形状完全取决于基圆的大小。如图 12-12 所示，基圆半径相等，则渐开线相同；基圆半径愈小，则渐开线愈弯曲；基圆半径愈大，则渐开线愈平直；基圆半径为无穷大时，则渐开线就变成直线。

（5）基圆内无渐开线。

12.2.2　渐开线标准直齿圆柱齿轮的基本参数和几何尺寸

1. 齿轮各部分的名称和主要参数

图 12-13 所示为直齿圆柱齿轮的一部分。整个圆周上轮齿的总数称为齿轮的齿数，用 z 表示。

过齿轮各齿顶端的圆称为齿顶圆，半径用 r_a 表示。过齿轮各齿槽底部的圆称为齿根圆，半径用 r_f 表示。在任意半径 r_k 的圆周上，同一轮齿两侧齿廓间的弧长称为该圆上的齿厚，用 s 表示，而相邻两齿齿间的弧长称为该圆上的齿槽宽，用 e 表示。相邻两齿同侧齿廓间的弧长称为该圆上的齿距，用 p 表示，即

$$p = s + e$$

为使设计制造方便，人为取定一个半径为 d 的圆，把这个圆称为齿轮的分度圆。

$$d = \frac{zp}{\pi}$$

把比值 p/π 人为地规定成一些简单的有理数，并把这个比值叫做模数，以 m 表示，即

$$m = \frac{p}{\pi}$$

于是得

$$d = mz$$

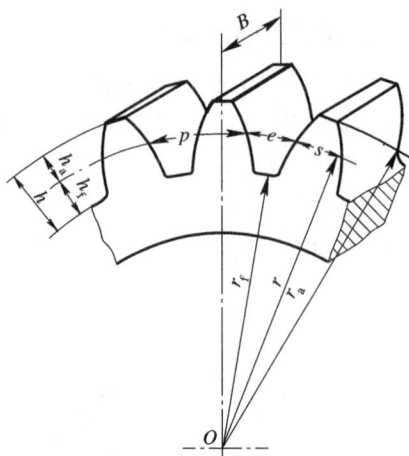

图 12-13　齿轮各部分的名称

齿轮的模数在我国已经标准化了，见表 12-1。并规定分度圆上的压力角 α 为标准值 20°。模数和压力角是齿轮尺寸计算中两个重要的基本参数。

表 12-1　渐开线齿轮的模数（GB 1357—87）　　　　　　　　mm

第一系列	1	1.25	1.5	2	2.5	3	4		5	6	8	10	12	16	20	25	32	40	50	
第二系列	1.75	2.25	2.75	(3.25)	3.5	(3.75)	4.5	5.5	(6.5)	7	9	(11)	14	18	22	28	(30)	36	45

注：① 选取时优先采用第一系列，括号内的模数尽可能不用；② 对斜齿轮，该表所示为法面模数。

分度圆与齿顶圆之间的径向距离称为齿顶高，用 h_a 表示。分度圆与齿根圆之间的径向距离称为齿根高，用 h_f 表示。齿顶高与齿根高之和称为全齿高，用 h 表示。

2. 基本参数

标准直齿圆柱齿轮的基本参数有五个：z、m、α、h_a^*、c^*，其中 h_a^* 称为齿顶高系数，c^* 称为顶隙系数。这两个系数在我国已标准化了，$h_a^* = 1$，$c^* = 0.25$。

3. 几何尺寸计算

标准直齿圆柱齿轮的几何尺寸计算公式见表 12-2。

表 12 - 2　标准直齿圆柱齿轮的几何尺寸计算公式

名　　　称	代　号	计　算　公　式
齿顶高	h_a	$h_a = h_a^* m = m$
齿根高	h_f	$h_f = (h_a^* + c^*)m = 1.25m$
全齿高	h	$h = h_a + h_f = (2h_a^* + c^*)m = 2.25m$
分度圆直径	d	$d = mz$
基圆直径	d_b	$d_b = d\cos\alpha$
齿顶圆直径	d_a	$d_a = d + 2h_a = m(z + 2h_a^*)$
齿根圆直径	d_f	$d_f = d - 2h_f = m(z - 2h_a^* - 2c^*)$
齿距	p	$p = \pi m$
齿厚	s	$s = \dfrac{p}{2} = \dfrac{\pi m}{2}$
齿槽宽	e	$e = \dfrac{p}{2} = \dfrac{\pi m}{2}$
标准中心距	a	$a = \dfrac{1}{2}(d_1 + d_2) = \dfrac{m}{2}(z_1 + z_2)$

4. 内齿轮与齿条

图 12 - 14 所示为一内齿圆柱齿轮，内齿轮的轮齿分布在空心圆柱体的内表面上。与外齿轮相比有下面几个不同点：

（1）内齿轮的齿厚相当于外齿轮的齿槽宽，内齿轮的齿槽宽相当于外齿轮的齿厚。

（2）内齿轮的齿顶圆在它的分度圆之内，齿根圆在它的分度圆以外。

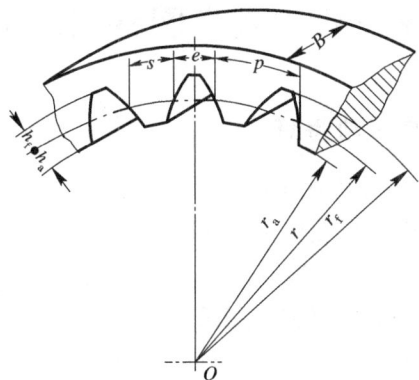

图 12 - 14　内齿轮各部分尺寸

图 12 - 15 所示为一齿条，它与齿轮相比有下面两个主要特点：

（1）由于齿条的齿廓是直线，所以齿廓上各点的法线是平行的；传动时齿条是直线移动的，故各点的速度大小和方向均相同；齿条齿廓上各点的压力角也都相同，等于齿廓的倾斜角。

（2）与分度线相平行的各直线上的齿距都相等。

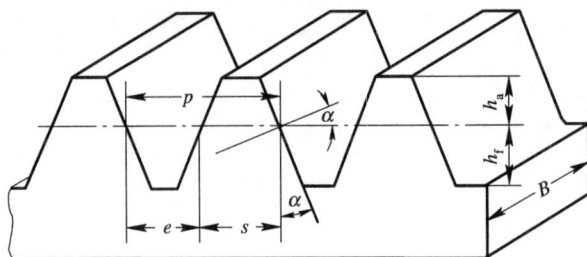

图 12 - 15　齿条各部分尺寸

5. 公法线长度

齿轮上跨过一定齿数 k 所量得的渐开线间的法线距离称为公法线长度，如图 12 - 16 所示，用 W_k 表示。跨齿数 k 和公法线长度 W_k 的计算可由机械设计手册查得。

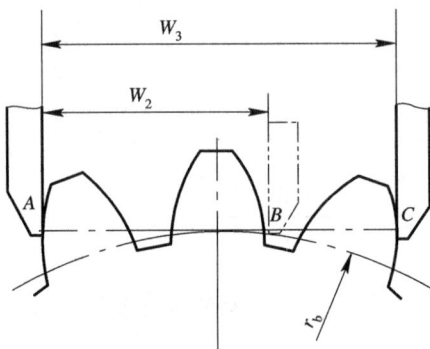

图 12 - 16　公法线长度

12.3　渐开线标准直齿圆柱齿轮的啮合传动

12.3.1　渐开线齿轮啮合传动特点

（1）渐开线齿廓能保证瞬时传动比恒定。图 12 - 17 所示为一对渐开线齿廓在任一点 K 接触，过 K 点作这对齿廓的公法线 N_1N_2。根据渐开线的性质，此公法线 N_1N_2 必同时与两轮的基圆相切。这样，N_1N_2 就为两轮基圆的一条内公切线，与连心线 O_1O_2 相交于 P 点，即这对渐开线齿廓满足齿廓啮合基本定律。即

$$i_{12} = \frac{\omega_1}{\omega_2} = \frac{O_2P}{O_1P} = 常数$$

（2）一对渐开线齿廓在任何位置啮合时，接触点的公法线都是同一条直线 N_1N_2，这说

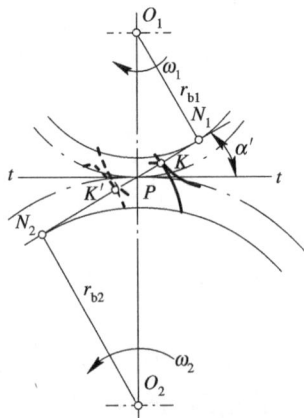

图 12 - 17　渐开线齿廓满足齿廓啮合基本定律

明一对渐开线齿廓从开始啮合到脱离啮合所有啮合点均应在 N_1N_2 线上。因此，N_1N_2 是两齿廓接触点的轨迹线，称为啮合线。由于啮合线与公法线是同一条直线，故齿廓间的正压力方向不变。这有利于齿轮传动的平稳性。

啮合线 N_1N_2 与过节点的两节圆公切线 $t-t$ 所夹的锐角称为啮合角，用 α' 表示（图 12-17）。显然渐开线齿轮的啮合角也是不变的。

（3）由图 12-17 可知，$\triangle O_1N_1P \backsim \triangle O_2N_2P$，所以两轮的传动比还可以写成

$$i_{12} = \frac{\omega_1}{\omega_2} = \frac{O_2P}{O_1P} = \frac{r_{b2}}{r_{b1}} \qquad (12-3)$$

上式表明：渐开线齿轮的传动比等于两轮基圆半径的反比。由于在齿轮加工完成之后，其基圆大小已完全确定。所以，即使两齿轮的实际中心距与设计中心距有所偏差，也不会影响两齿轮的传动比，渐开线齿轮传动的这一特性称为其传动的可分性，它对于渐开线齿轮的加工和装配都是十分有利的。

12.3.2　渐开线齿轮啮合传动的条件

1. 正确啮合条件

如图 12-18 所示，设相邻两齿同侧齿廓与啮合线（也是公法线）N_1N_2 的交点分别为 K_1 和 K_2，线段 K_1K_2 的长度称为齿轮的法向齿距。要使两轮正确啮合，它们的法向齿距必须相等。由渐开线的性质可知，法向齿距等于两轮基圆上的齿距。因此，要使两轮正确啮合，必须满足 $p_{b1} = p_{b2}$，且 $p_b = \pi m \cos\alpha$，故可得

$$\pi m_1 \cos\alpha_1 = \pi m_2 \cos\alpha_2$$

由于模数 m 和压力角 α 都已标准化，所以要满足上式，则应有

$$\left. \begin{array}{c} m_1 = m_2 = m \\ \alpha_1 = \alpha_2 = \alpha \end{array} \right\} \qquad (12-4)$$

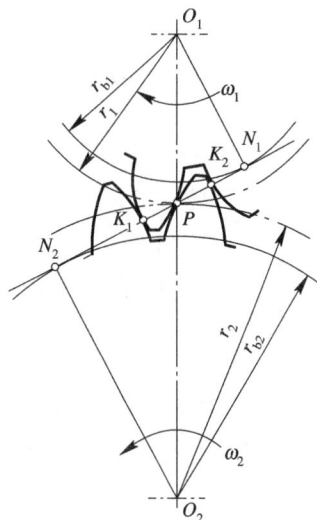

图 12-18　正确啮合条件

渐开线齿轮正确啮合的条件是：两轮的模数和压力角分别相等。

2. 标准安装条件

为了避免冲击、振动，理论上齿轮传动应为无侧隙传动。由于一对齿轮传动相当于一对节圆作纯滚动，因此，要使一对齿轮作无侧隙传动，就应使一个齿轮节圆上的齿厚等于另一齿轮节圆上的齿槽宽。对于满足正确啮合条件的一对标准齿轮，其分度圆上的齿厚与齿槽宽相等，即 $s=e=\pi m/2$。所以，要保证无侧隙传动，要求分度圆与节圆重合。分度圆与节圆重合的安装称为标准安装，此时的中心距称为标准中心距：

$$a = r_1' + r_2' = r_1 + r_2 = \frac{m}{2}(z_1 + z_2)$$

标准安装时两齿轮留有径向间隙 c：

$$c = (h_a^* + c^*)m - h_a^* m = c^* m$$

3. 连续传动条件

1）渐开线齿轮的啮合过程

图 12-19 所示为一对渐开线齿轮的啮合过程。轮 1 为主动轮，轮 2 为从动轮，两轮角速度方向如图所示。N_1N_2 为啮合线。开始啮合时，先是主动轮的齿根部分与从动轮的齿顶部分接触，啮合的起点为从动轮的齿顶圆与啮合线 N_1N_2 的交点 B_2。随着传动的进行，主动轮轮齿上的啮合点逐渐向齿顶部分移动，而从动轮轮齿上的啮合点逐渐向齿根部分移动。啮合的终点为主动轮的齿顶圆与啮合线 N_1N_2 的交点 B_1。

从一对轮齿的啮合过程来看，啮合点实际的轨迹只是啮合线 N_1N_2 上的 B_1B_2 段，故把 B_1B_2 称为实际啮合线段，N_1、N_2 称为啮合极限点。

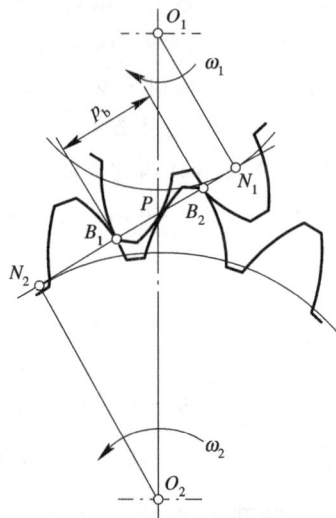

图 12-19 轮齿的啮合过程

2）连续传动条件

要使齿轮连续传动，就必须在前一对轮齿还未脱离啮合时，后一对轮齿已经开始啮合。显然，必须使 $B_1B_2 \geq p_b$，即要求实际啮合线段 B_1B_2 大于或等于基圆齿距 p_b，如图 12-19 所示。齿轮连续传动的条件为

$$\varepsilon = \frac{B_1B_2}{p_b} \geq 1 \tag{12-5}$$

式中，ε 称为重合度，它表明同时参与啮合轮齿的对数。$\varepsilon=1$ 表明始终有一对齿啮合，$\varepsilon=2$ 表明始终有两对齿啮合，而 $\varepsilon=1.3$ 表明在齿轮转过一个基圆齿距的时间内有 30% 的时间是两对齿啮合，70% 的时间是一对齿啮合。

实际中，为确保齿轮传动的连续性，ε 值应大于或至少等于一定的许用值 $[\varepsilon]$，即

$$\varepsilon \geq [\varepsilon]$$

许用值 $[\varepsilon]$ 的大小是随着齿轮传动的使用要求和制造精度而定的，一般可在 $1.05 \sim 1.35$ 范围内选取。

12.4 渐开线齿轮的切齿原理及变位齿轮的概念

12.4.1 渐开线齿轮的切齿原理

齿轮加工方法很多，有切制法、铸造法、热轧法、冲压法和粉末冶金法等等，最常用的是切制法。按其加工原理，切制法还可分为仿形法和范成法。

1. 仿形法

仿形法加工是刀具在通过其轴线的平面内时，刀刃的形状和被切齿轮齿间形状相同。一般采用盘形铣刀和指状铣刀。如图 12-20 所示为盘形铣刀切制齿轮。切制时，铣刀转

动,同时毛坯沿其轴线移动一个行程,这样就切出一个齿槽。然后毛坯退回原来位置,将毛坯转过 $360°/z$,再继续切制,直到切出全部齿槽,也就形成了齿轮。指状铣刀切制齿轮如图 12-21 所示。

由于渐开线形状取决于基圆大小,而基圆直径 $d_b = mz\cos\alpha$,故齿廓形状与模数、齿数、压力角有关。理论上,模数和压力角相同,不同齿数的齿轮,应采用不同的刀具,这在实际生产中是很难实现的。通常每种刀具加工一定范围的齿数,刀具齿形按此范围内某一特定的齿数设计。因此对大多数齿轮而言,这种加工在理论上是存在一定的误差的。

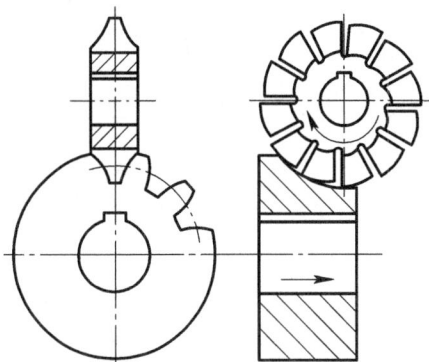

图 12-20　盘形铣刀切制齿轮　　　　图 12-21　指状铣刀切制齿轮

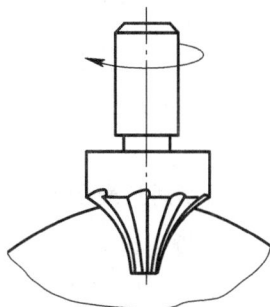

2. 范成法

范成法也称展成法,是利用一对齿轮啮合时两轮的齿廓互为包络线的原理加工齿轮的,如图 12-22 所示。加工时,刀具与齿坯相当于一对齿轮(或齿轮与齿条)的无侧隙啮合传动。范成法加工齿轮常用的刀具有齿轮插刀、齿条插刀和齿轮滚刀。

用范成法加工齿轮时,一把齿轮刀具可以加工模数、压力角相同而齿数不同的齿轮,且生产率较高,所以应用广泛。

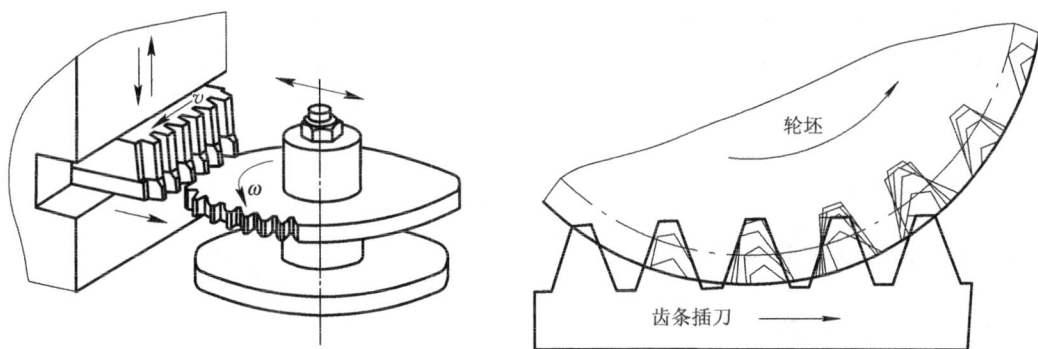

图 12-22　用齿条插刀加工齿轮

12.4.2　根切现象与不发生根切时的最少齿数

1. 根切现象

用范成法加工齿轮时,若刀具的齿顶线(或齿顶圆)超过啮合极限点 N(如图 12-23 所示)，被切齿轮的根部被切去了一部分(如图 12-24 所示)，这种现象称为根切现象。

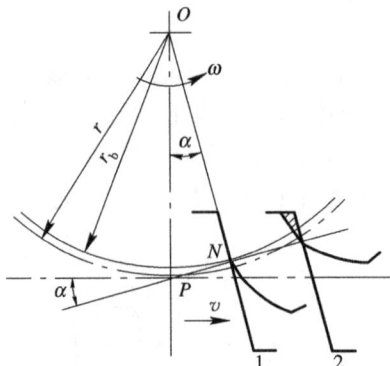

图 12-23　根切的产生

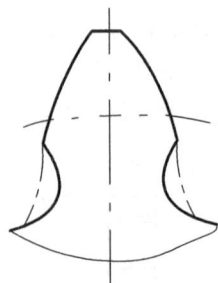

图 12-24　根切现象

2. 不发生根切时的最少齿数

图 12-25 为齿条插刀加工标准齿轮的情况。此时，刀具的分度线必须与被切齿轮的分度圆相切。要使被切齿轮不发生根切，刀具的齿顶线不得超过啮合极限点 N，即

$$h_a^* m \leqslant NM$$

由 $\triangle PNO$ 和 $\triangle PMN$ 知

$$NM = PN \cdot \sin\alpha = r \sin^2\alpha = \frac{mz}{2}\sin^2\alpha$$

整理可得

$$z \geqslant \frac{2h_a^*}{\sin^2\alpha}$$

因此，切制标准齿轮时，为了保证无根切现象，被切齿轮的最少齿数应为

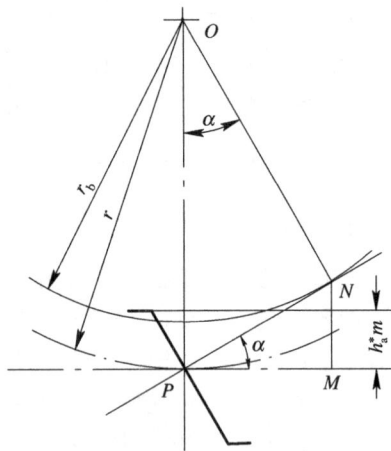

图 12-25　最少齿数

$$z_{min} = \frac{2h_a^*}{\sin^2\alpha} \tag{12-6}$$

当 $\alpha = 20°$、$h_a^* = 1$ 时，$z_{min} = 17$。

12.4.3　变位齿轮的概念

1. 变位齿轮的概念

轮齿发生根切的原因是刀具的齿顶线超过了啮合极限点 N。如图 12-26 所示，我们可以将刀具向远离轮坯中心的方向移动一个距离 xm，刀具就不会切到轮齿的根部，从而不再发生根切现象。

通过改变刀具和轮坯的相对位置来切制齿轮的方法称为变位修正法，这样切制的齿轮称为变位齿轮。

刀具向远离轮坯方向移动，称为正变位；刀具向靠近轮坯方向移动，称为负变位。刀

具的移动量为 xm，其中 x 称为变位系数。正变位时，变位系数为正值；负变位时，变位系数为负值。

　　由于加工变位齿轮时，齿轮的模数、压力角、齿数以及分度圆、基圆都与标准齿轮相同，所以两者的齿廓曲线是相同的渐开线，只是截取了不同的部位（如图 12-27 所示）。由图 12-27 可以看出，正变位齿轮齿根部分齿厚增大，提高了齿轮的抗弯强度，而齿顶齿厚减薄；负变位齿轮与其相反。

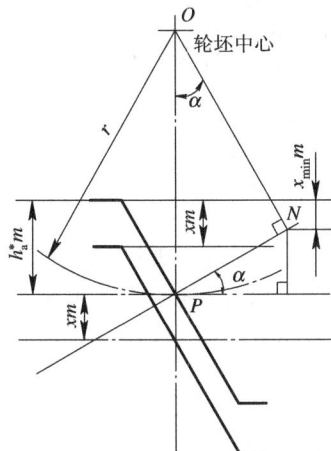

图 12-26　切制变位齿轮

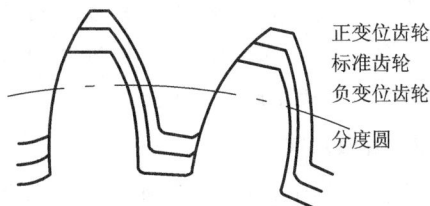

图 12-27　变位齿轮的齿廓

2. 不发生根切的最小变位系数

　　由图 12-26 可以看出，要避免根切，刀具的最小移动量为 $x_{\min}m$，刀具的齿顶线通过 N 点，则

$$\frac{mz}{2}\sin^2\alpha = (h_a^* - x_{\min})m$$

　　由式(12-6)有

$$\sin^2\alpha = \frac{2h_a^*}{z_{\min}}$$

代入上式，得

$$x_{\min} = h_a^* \frac{z_{\min} - z}{z_{\min}} \qquad (12-7)$$

12.5　渐开线直齿圆柱齿轮传动的设计

12.5.1　失效形式

　　齿轮失效一般都是其轮齿部分失效，主要失效形式有轮齿折断、齿面点蚀、齿面胶合、齿面磨损、齿面塑性变形等。

1. 轮齿折断

　　轮齿像一个悬臂梁，受载后齿根部弯曲应力最大，而且有应力集中，使得轮齿容易在根部折断。

轮齿折断分为两种情况：一种是当重复受载后，齿根处产生疲劳裂纹，裂纹逐步扩展，致使轮齿折断(图 12 - 28(a))；另一种是轮齿受到短时过载或冲击载荷而突然折断(图 12 - 28(b))。

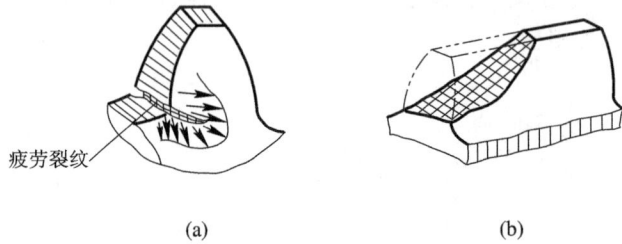

疲劳裂纹

(a)　　　　　　　　　(b)

图 12 - 28　轮齿折断

为了防止轮齿突然折断，应避免过载和冲击。对于疲劳折断，则应进行轮齿弯曲疲劳强度计算。另外，适当增大齿根过渡处的圆角曲率半径，可以降低应力集中作用，提高轮齿弯曲强度，防止齿根折断。

2. 齿面点蚀

齿轮工作时，其啮合表面上任一啮合点所产生的接触应力是由零(该点未进入啮合时)逐渐变到最大值(该点啮合时)，即齿面接触应力是按脉动循环变化的。因此，齿面长时间在这种循环应力作用下，齿的表面就会产生细微的疲劳裂纹，裂纹的扩展使表层金属微粒剥落下来形成齿面点蚀，如图 12 - 29 所示。实践表明，齿面点蚀多出现在轮齿节线附近靠齿根的一侧。

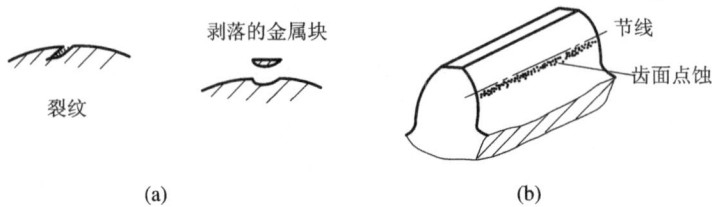

剥落的金属块　　　　　　　　节线

　　　　　　　　　　　　　　　　齿面点蚀

裂纹

(a)　　　　　　　　　(b)

图 12 - 29　齿面点蚀

提高齿面硬度和降低齿面粗糙度是防止齿面点蚀的有效措施。在设计时，通常需要进行齿面接触疲劳强度计算。

3. 齿面胶合

在高速重载的齿轮传动中，由于齿面间压力很大，造成啮合面间润滑油膜的破裂，使滑动速度较大的、直接接触的金属表面产生瞬时高温而粘连，其中较软齿面上的金属颗粒沿啮合齿面相对滑动速度方向被另一齿面撕下，这种失效形式称为齿面胶合，如图 12 - 30 所示。

在低速重载的齿轮传动中，由于齿面间不易形成油膜，也可能出现胶合现象。

为了提高齿轮的抗胶合能力，可以采用抗胶合能力强的润滑油，选择不同齿轮材料组合，提高齿面的硬度和光洁度等。

4. 齿面磨损

当灰尘、砂粒、铁屑等落入齿面间时，将引起齿面的磨粒磨损(图 12-31)。闭式齿轮传动，只要注意润滑油的更换和清洁，一般不会出现这种齿面磨损。开式齿轮传动，由于齿轮外露，其主要失效形式为齿面磨损。

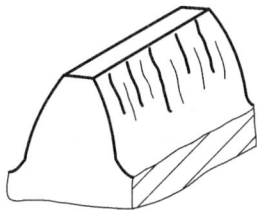

图 12-30　齿面胶合

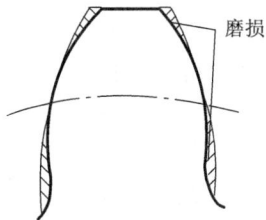

图 12-31　齿面磨损

5. 齿面塑性变形

若轮齿的硬度较低，在啮合过程中，轮齿齿面上会产生局部金属流动现象——塑性变形，从而破坏齿面的渐开线齿形。这种失效形式常在低速、过载和启动频繁的传动中发生。

提高齿面硬度，或选用黏度较高的润滑油等，都有助于防止或减轻齿面塑性变形。

12.5.2　齿轮材料的选择

1. 齿轮材料的基本要求

由齿轮的失效形式可知，对齿轮材料的基本要求为：

(1) 齿面应有足够的硬度；

(2) 齿芯应有足够的强度和韧性；

(3) 应有良好的加工工艺性能及热处理性能。

齿轮的常用材料是钢，其次是铸铁，有时也采用非金属材料。

2. 齿轮材料及热处理

1) 锻钢

锻钢因其具有强度高、韧性好、便于制造及热处理等优点，故大多数齿轮都用锻钢制造。

常用锻钢有优质碳素钢(45、50 等)和合金钢(35SiMn、40Cr、20CrMnTi 等)两大类。

常用的热处理方法主要有表面淬火、渗氮、渗碳淬火、调质和正火等。根据热处理后齿面硬度的不同，齿轮可分为软齿面齿轮(硬度≤350 HBS)和硬齿面齿轮(硬度>350 HBS)。一般情况下，经过调质、正火热处理的齿轮为软齿面齿轮，普通要求的齿轮传动多采用软齿面齿轮，因其易于加工制造、成本较低。经过表面淬火、渗氮、渗碳淬火热处理的齿轮多为硬齿面齿轮，常用于中高速、重载或重要的齿轮传动。

一对啮合齿轮中，由于小齿轮齿数少，轮齿受载次数多，且齿根较薄，所以弯曲强度低、磨损大。因此，为使大、小齿轮使用寿命相当，常使小齿轮的齿面硬度比大齿轮齿面硬度稍高出 20~50 HBS。传动比大时，硬度差取大值。

2）铸钢

当齿轮的尺寸较大（大于(400～600) mm)而不便于锻造时，可用铸造方法制造成铸钢齿坯，再进行正火处理。铸钢耐磨性和强度均较好，承载能力稍低于锻钢。

3）铸铁

低速、轻载场合的齿轮可以制成铸铁齿坯。铸铁齿轮的加工性能、抗点蚀、抗胶合性能均较好，但强度低，耐磨性及抗冲击性差。

齿轮的常用材料及其机械性能见表 12-3。

表 12-3　齿轮的常用材料及其机械性能

材料牌号	热处理方法	强度极限 σ_b/MPa	屈服极限 σ_s/MPa	齿面硬度	许用接触应力 $[\sigma_H]$/MPa	许用弯曲应力 $[\sigma_F]$/MPa
HT300		300		187～255HBS	290～347	80～105
QT600-3		600		190～270HBS	436～535	262～315
ZG310-570	正火	580	320	163～197HBS	270～301	171～189
ZG340-640		650	350	179～207HBS	288～306	182～196
45		580	290	162～217HBS	468～513	280～301
ZG340-640	调质	700	380	241～269HBS	468～490	248～259
45		650	360	217～255HBS	513～545	301～315
35SiMn		750	450	217～269HBS	585～648	388～420
40Cr		700	500	241～286HBS	612～675	399～427
45	调质后表面淬火			40～50HRC	972～1053	427～504
40Cr				48～55HRC	1035～1098	483～518
20Cr	渗碳后淬火	650	400	56～62HRC	1350	645
20CrMnTi		1100	850		1350	645

注：表中[σ_F]为轮齿单向受载的试验条件下得到的，若轮齿的工作条件为双向受载，则应将表中数值乘以 0.7。

3. 设计准则

对于闭式软齿面齿轮传动，齿面点蚀是主要的失效形式，应先按齿面接触疲劳强度进行设计计算，确定齿轮的主要参数和尺寸，然后再按弯曲疲劳强度校核齿根的弯曲强度。闭式硬齿面齿轮传动常因齿根折断而失效，故通常先按齿根弯曲疲劳强度进行设计计算，确定齿轮的模数和其他尺寸，然后再按接触疲劳强度校核齿面的接触强度。

对于开式齿轮传动中的齿轮，齿面磨损为其主要失效形式，故通常按照齿根弯曲疲劳强度进行设计计算，确定齿轮的模数，考虑磨损因素，再将模数增大 10%～20%，而无需校核接触强度。

12.5.3　齿轮传动精度等级的选择

国标 GB 10095—88 规定，渐开线圆柱齿轮精度有 12 个等级，其中 1 级最高，12 级最低，常用的精度等级为 6～9 级。一般机械中的齿轮，当圆周速度小于 5 m/s，采用插齿或滚齿加工，轮齿为直齿时，多采用 8 级精度。中、高速重载齿轮，当圆周速度小于 10 m/s 时可采用 7 级精度。低速(圆周速度小于 3 m/s)、轻载、不重要的齿轮可采用 9 级精度。

在设计齿轮传动时，应根据齿轮的用途、使用条件、传递的圆周速度和功率大小等，选择齿轮精度等级。各精度等级对应的各项公差值，可查 GB 10095—88 或有关设计手册。

12.5.4　直齿圆柱齿轮传动的设计

1. 轮齿受力分析和计算载荷

1）受力分析

图 12-32 表示一直齿圆柱齿轮在节点 P 处的受力情况。不考虑摩擦力，作用在齿面上的法向力 F_n 可分解为圆周力 F_t 和径向力 F_r。

$$\left.\begin{array}{l} F_t = \dfrac{2T_1}{d_1} \\[2mm] F_r = F_t \tan\alpha \\[2mm] F_n = \dfrac{F_t}{\cos\alpha} \end{array}\right\} \qquad (12-8)$$

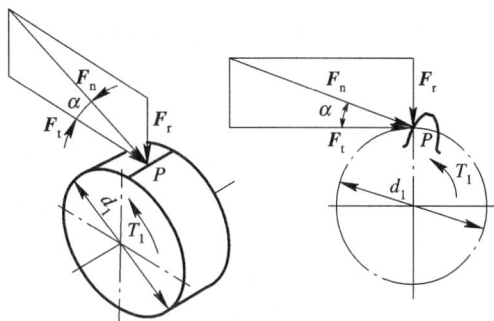

图 12-32　齿轮受力分析

式中：T_1 是主动轮传递的扭矩；d_1 是主动轮分度圆直径；α 是压力角。

在主动轮上，圆周力的方向与转动方向相反；在从动轮上，圆周力的方向与转动方向一致。径向力的方向分别指向各自的齿轮中心。

2）计算载荷

由式(12-8)计算的载荷均为齿轮的名义载荷，考虑齿轮传动实际工况等影响因素，通过修正计算得到的载荷，称为计算载荷 F_n'。在齿轮传动强度计算中，载荷大小应按计算载荷进行计算。

$$F_n' = KF_n$$

式中，K 是载荷系数，参照表 12-4 选取，F_n 是由式(12-8)计算的名义载荷。

表 12-4　载荷系数 K

原动机	工作机械的载荷特性		
	平稳和比较平稳	中等冲击	大的冲击
电动机、汽轮机	1～1.2	1.2～1.6	1.6～1.8
多缸内燃机	1.2～1.6	1.6～1.8	1.9～2.1
单缸内燃机	1.6～1.8	1.8～2.0	2.2～2.4

2. 齿面接触疲劳强度计算

齿面点蚀主要与齿面的接触应力的大小有关。为防止齿面点蚀，应保证齿面的最大接触应力 σ_H 不大于齿轮材料的许用接触应力$[\sigma_H]$。

一对齿轮的啮合可看做两个圆柱体的接触。因此，轮齿表面最大接触应力可近似运用

弹性力学中的赫兹公式进行计算。再结合标准直齿圆柱齿轮传动的特点，得到齿面接触疲劳强度校核公式为

$$\sigma_{H} = 3.52 Z_{E} \sqrt{\frac{KT_1(u \pm 1)}{bd_1^2 u}} \leqslant [\sigma_{H}] \tag{12-9}$$

为了便于设计计算，引入齿宽系数 $\psi_d = b/d_1$，代入上式，得到齿面接触疲劳强度的设计公式为

$$d_1 \geqslant \sqrt[3]{\frac{KT_1(u \pm 1)}{\psi_d u}\left(\frac{3.52 Z_E}{[\sigma_H]}\right)^2} \tag{12-10}$$

式中，Z_E 称为节点区域系数。若两齿轮材料均为钢，$Z_E = 189.8\sqrt{\text{MPa}}$，将其分别代入式(12-9)和式(12-10)，得到一对钢制齿轮的齿面接触疲劳强度的设计公式：

$$d_1 \geqslant 76.43 \sqrt[3]{\frac{KT_1(u \pm 1)}{\psi_d u [\sigma_H]^2}} \tag{12-11}$$

一对钢制齿轮的齿面接触疲劳强度校核公式为

$$\sigma_H = 668 \sqrt{\frac{KT_1(u \pm 1)}{bd_1^2 u}} \leqslant [\sigma_H] \tag{12-12}$$

式中，u 为两齿轮的齿数比，$u = z_2/z_1$；"＋"号用于外啮合，"－"号用于内啮合。

应用上述公式时应注意：一对齿轮啮合时，两齿轮间的接触应力 σ_{H1} 和 σ_{H2} 相等，但许用接触应力 $[\sigma_{H1}]$ 和 $[\sigma_{H2}]$ 一般是不相等的，应将 $[\sigma_{H1}]$ 和 $[\sigma_{H2}]$ 中较小值代入公式计算。

3. 齿根弯曲疲劳强度计算

齿根弯曲疲劳强度计算是为了防止齿根出现疲劳折断。因此，应保证齿根最大弯曲应力 σ_F 不大于齿轮材料的许用弯曲应力 $[\sigma_F]$。

轮齿可看做一悬臂梁。据材料力学的相关理论并结合齿轮传动的特点，可得齿根弯曲疲劳强度的校核公式为

$$\sigma_F = \frac{2KT_1}{bmd_1} \cdot Y_F \cdot Y_S = \frac{2KT_1}{bm^2 z_1} \cdot Y_F \cdot Y_S \leqslant [\sigma_F] \tag{12-13}$$

式中，T_1 是主动轮的转矩，单位为 N·mm；Y_F 称为齿形系数，见表 12-5；Y_S 称为应力修正系数，见表 12-6；b 是轮齿的接触宽度，单位为 mm；m 为模数；z_1 是主动轮齿数；$[\sigma_F]$ 是轮齿的许用弯曲应力，单位为 MPa。

表 12-5　标准外齿轮的齿形系数 Y_F

z	12	14	16	17	18	19	20	22	25	28	30	35	40	45	50	60	80	100	$\geqslant 200$
Y_F	3.47	3.22	3.03	2.97	2.91	2.85	2.81	2.75	2.65	2.58	2.54	2.47	2.41	2.37	2.35	2.30	2.25	2.18	2.14

表 12-6　标准外齿轮的应力修正系数 Y_S

z	12	14	16	17	18	19	20	22	25	28	30	35	40	45	50	60	80	100	$\geqslant 200$
Y_S	1.44	1.47	1.51	1.53	1.54	1.55	1.56	1.58	1.59	1.61	1.63	1.65	1.67	1.69	1.71	1.73	1.77	1.80	1.88

引入齿宽系数 $\psi_d = b/d_1$，代入上式，得到齿根弯曲疲劳强度的设计公式为

$$m \geqslant 1.26 \sqrt[3]{\frac{KT_1 \cdot Y_F \cdot F_S}{\psi_d \cdot z_1^2 \cdot [\sigma_F]}} \tag{12-14}$$

应用公式时注意：一对齿轮的齿数是不相同的，故两齿轮的齿形系数 Y_F 和应力修正系数 Y_S 是不相等的，且两齿轮的许用弯曲应力 $[\sigma_F]$ 也不一定相等。因此，必须分别校核两齿轮的齿根弯曲疲劳强度。设计计算时，可将两齿轮的 $\dfrac{Y_F Y_S}{[\sigma_F]}$ 值进行比较，取其较大值代入式（12 - 14）中计算，计算所得模数应取标准值。

4．设计步骤和参数选择

一般情况下，设计时已知：齿轮传动的功率、转速、传动比、工作机和原动机的特性；外形尺寸和中心距等特殊限制；寿命、可靠性等。

设计内容：确定齿轮传动的主要参数、几何尺寸、结构和精度等，并绘制齿轮工作图。

设计步骤如下：

（1）确定齿轮的材料和热处理方法。确定出大小齿轮的硬度值和许用应力。

（2）按疲劳强度条件确定基本参数。根据齿轮传动设计准则，选择公式（12 - 11）或公式（12 - 14）计算基本参数 d_1 或 m。

（3）确定齿数。确定小齿轮齿数时，首先应满足 $z_1 \geqslant 17$，一般取 $z_1 = 20 \sim 40$。转速较高时，取其中较大的值。按公式 $z_2 = i z_1$ 计算出 z_2，并圆整为整数。

（4）模数。在满足弯曲强度的条件下取较小的模数。

（5）齿宽系数。齿宽系数 $\psi_d = b/d_1$，一般取 $\psi_d = 0.2 \sim 1.4$，可参考机械设计手册。为了安装方便，一般小齿轮齿宽 b_1 比大齿轮齿宽 b_2 宽（5~10）mm。

（6）根据设计准则校核齿面接触疲劳强度或齿根弯曲疲劳强度。

（7）计算齿轮的几何尺寸。

（8）确定齿轮的结构尺寸。

（9）确定齿轮精度并绘制齿轮工作图。

5．结构设计

齿轮结构设计是合理选择齿轮的结构型式，确定齿轮的轮毂、轮辐、轮缘等各部分的尺寸及绘制齿轮的零件工作图。常见的齿轮结构形式有如下几种。

1）齿轮轴

当圆柱齿轮的齿根圆至键槽底部的距离 $x \leqslant (2 \sim 2.5) m_t$ 时，应将齿轮做成齿轮轴，如图 12 - 33 所示。

2）实体式齿轮

当齿轮的齿顶圆直径 $d_a \leqslant 200$ mm 时，可将齿轮做成实体式结构，如图 12 - 34 所示。

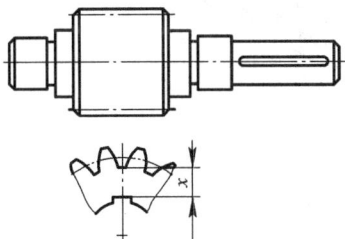

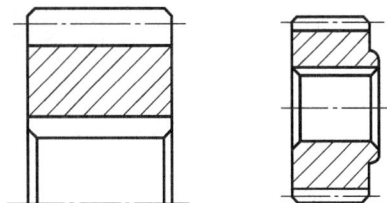

图 12 - 33　齿轮轴　　　　　　　　　　图 12 - 34　实体式齿轮

3）腹板式齿轮

当齿轮的齿顶圆直径 $d_a \leqslant 500$ mm 时，可将其做成腹板式结构，如图 12-35 所示，各部分尺寸由经验公式确定。

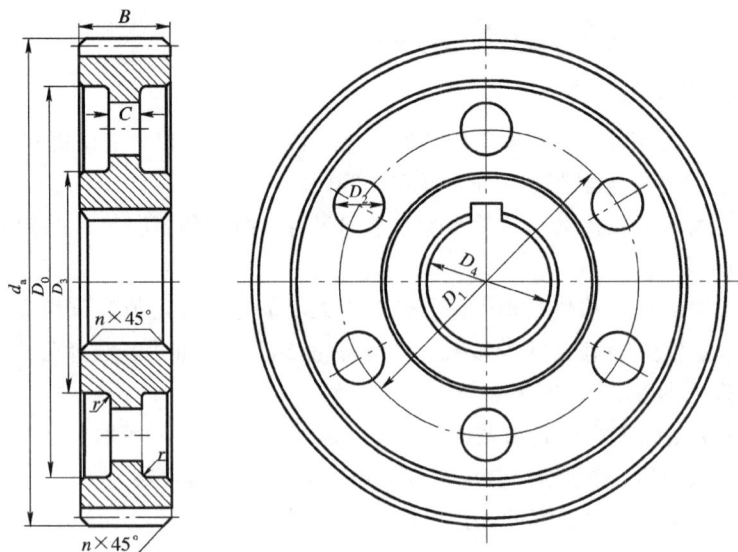

$D_3 = 1.6 D_4$；$D_0 = d_a - 10m$；$D_2 = (0.25 \sim 0.35)(D_0 - D_3)$；

$D_1 = (D_0 + D_3)/2$；$C = (0.2 \sim 0.3)B$；$n = 0.5m$；$r \approx 5$ mm

图 12-35 腹板式齿轮

4）轮辐式齿轮

当齿轮的齿顶圆直径 $d_a \leqslant 1000$ mm 时，可将其做成轮辐式结构，如图 12-36 所示。

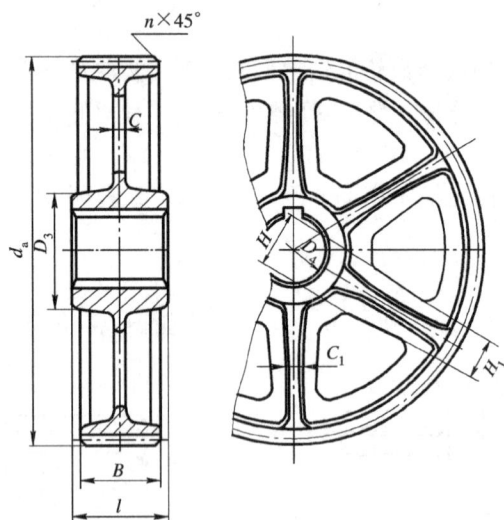

$B < 240$ mm；$D_3 \approx 1.6 D_4$（铸钢）；$D_3 \approx 1.7 D_4$（铸铁）；$H \approx 0.8 D_4$（铸钢）；

$H \approx 0.9 D_4$（铸铁）；$H_1 \approx 0.8H$；$C \approx H/5$；$C_1 \approx H/6$；

$1.5 D_4 > l \geqslant B$；轮辐数常取为 6

图 12-36 轮辐式齿轮

6. 齿轮传动的润滑

齿轮啮合时，由于齿面间存在相对滑动而发生摩擦和磨损，所以在齿轮传动中要考虑润滑。

闭式齿轮传动，当齿轮的圆周速度 $v \leqslant 15$ m/s 时，常将齿轮浸入油池中进行浸油润滑（图 12-37）。齿轮在传动时，把润滑油带到啮合面上，同时也将油甩到箱壁上，借以散热。可以通过箱壁上的油沟给轴承进行润滑。齿轮浸入油中的深度一般不超过一个齿高，但也不应小于 10 mm。

当齿轮的圆周速度 $v > 15$ m/s 时，应采用喷油润滑。它是将润滑油以一定的压力喷到轮齿的啮合处，如图 12-38 所示。

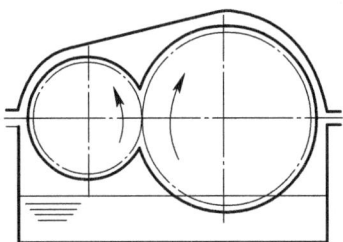

图 12-37　浸油润滑　　　　　　　　　图 12-38　喷油润滑

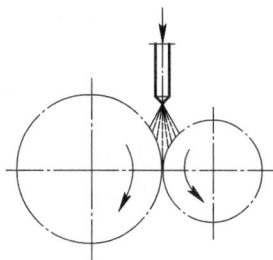

7. 应用举例

例 12-1　设计一减速器中的一对齿轮传动。已知：功率 $P = 5$ kW，小齿轮转速 $n_1 = 960$ r/min，齿数比 $u = 4.8$，电机驱动，单向运转，载荷平稳。

解　(1) 选择齿轮材料、热处理方式及精度等级。

由于该齿轮传动无特殊要求，故所设计的齿轮可选用便于制造且价格便宜的材料。查表 12-3，大、小齿轮均选用 45 钢，小齿轮调质处理，硬度为 217～255 HBS；大齿轮正火处理，硬度为 162～217 HBS。

齿轮选用 8 级精度。

(2) 按齿面接触疲劳强度设计。

由设计计算公式(12-11)进行计算，即

$$d_1 \geqslant 76.43 \sqrt[3]{\frac{K T_1 (u+1)}{\psi_d u [\sigma_H]^2}}$$

① 确定公式中的各计算数值。

小齿轮传递的转矩：

$$T_1 = 9.55 \times 10^6 \frac{P}{n_1} = 9.55 \times 10^6 \frac{5}{960} = 49740 \text{ N} \cdot \text{mm}$$

选 $K = 1.2$，取齿宽系数 $\psi_d = 0.8$，由表 12-3 查得 $[\sigma_{H1}] = 520$ MPa，$[\sigma_{H2}] = 470$ MPa。

② 计算小齿轮分度圆直径：

$$d_1 \geqslant 76.43 \sqrt[3]{\frac{K T_1 (u+1)}{\psi_d u [\sigma_H]^2}} = 76.43 \sqrt[3]{\frac{1.2 \times 49740(4.8+1)}{0.8 \times 4.8 \times 470^2}} = 56.7 \text{ mm}$$

选择小齿轮齿数 $z_1=24$；大齿轮齿数 $z_2=uz_1=4.8\times24=115$

计算模数：

$$m=\frac{d_1}{z_1}=\frac{56.7}{24}=2.36\text{ mm}$$

取模数为标准值：$m=2.5\text{ mm}$。

③ 计算主要尺寸。

分度圆直径：

$$d_1=mz_1=2.5\times24=60\text{ mm}$$
$$d_2=mz_2=2.5\times115=287.5\text{ mm}$$

中心距：

$$a=\frac{d_1+d_2}{2}=\frac{60+287.5}{2}=173.75\text{ mm}$$

齿轮宽度：

$$b=\psi_d d_1=0.8\times60=48\text{ mm}$$

圆整该数值，并取 $b=B_2=50\text{ mm}$，$B_1=55\text{ mm}$。

（3）校核齿根弯曲疲劳强度。

校核公式为

$$\sigma_F=\frac{2KT_1}{bmd_1}\cdot Y_F\cdot Y_S=\frac{2KT_1}{bm^2z_1}\cdot Y_F\cdot Y_S\leqslant[\sigma_F]$$

查表 12-5 得 $Y_{F1}=2.68$，$Y_{F2}=2.18$。

查表 12-6 得 $Y_{S1}=1.59$，$Y_{S2}=1.80$。

根据齿轮材料和齿面硬度，由表 12-3 查得：$[\sigma_{F1}]=301\text{ MPa}$，$[\sigma_{F2}]=280\text{ MPa}$。

$$\sigma_{F1}=\frac{2KT_1}{bm^2z_1}\cdot Y_{F1}\cdot Y_{S1}=\frac{2\times1.2\times49740}{50\times2.5^2\times24}\times2.68\times1.59=67.8\text{ MPa}<[\sigma_{F1}]=301\text{ MPa}$$

$$\sigma_{F2}=\sigma_{F1}\frac{Y_{F2}Y_{S2}}{Y_{F1}Y_{S1}}=67.8\times\frac{2.18\times1.8}{2.68\times1.59}=62.4\text{ MPa}<[\sigma_{F2}]=280\text{ MPa}$$

经校核齿根弯曲疲劳强度合格。

（4）齿轮结构设计及绘制齿轮零件工作图。

以大齿轮为例，由于 $d_a\leqslant500\text{ mm}$，故大齿轮选用腹板式结构。计算结构尺寸数据得

$$d_{a2}=d_2+2h_a^*m=287.5+2\times2.5=292.5\text{ mm}$$
$$D_4=70\text{ mm（按轴直径确定）}$$
$$D_3=1.6D_4=1.6\times70=112\text{ mm，取 }D_3=110\text{ mm}$$
$$D_0=d_a-10m=292.5-10\times2.5=267.5\text{ mm，取 }D_0=270\text{ mm}$$
$$D_1=\frac{D_0+D_3}{2}=\frac{270+110}{2}=190\text{ mm}$$
$$D_2=(0.25\sim0.35)(D_0-D_3)=(0.25\sim0.35)(270-110)=40\sim56\text{，取 }D_2=50\text{ mm}$$
$$C=(0.2\sim0.3)B_2=(0.2\sim0.3)\times50=10\sim15\text{，取 }C=15\text{ mm}$$
$$n=0.5m=0.5\times2.5=1.25\text{ mm，取 }n=1.5\text{ mm}，r=5\text{ mm}$$

根据所计算的几何尺寸和结构尺寸，并参考机械设计手册，可绘得大齿轮零件工作图（略）。

12.6　其他齿轮传动

12.6.1　斜齿圆柱齿轮传动

1. 斜齿圆柱齿轮齿廓曲面的形成、啮合特点及应用

1) 斜齿圆柱齿轮齿廓曲面的形成

当发生面绕基圆柱作纯滚动时，发生面上与基圆柱的轴线相平行的一条直线 KK（图 12 - 38）在空间的运动轨迹就形成了直齿轮的渐开线齿面，简称渐开面。

斜齿轮齿面形成的原理和直齿轮一样，也是发生面绕基圆柱作纯滚动，所不同的是形成渐开面的直线 KK 不再与轴线平行，而是与轴线方向偏斜了一个角度 β_b（图 12 - 39），所形成的曲面称为渐开螺旋面。

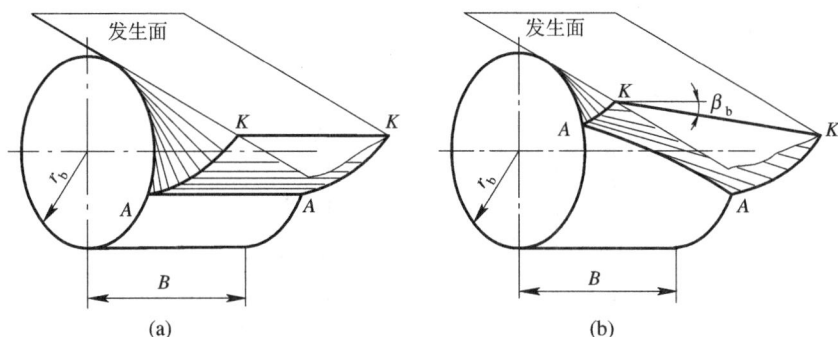

图 12 - 39　渐开线齿面的形成

2) 啮合特点

直齿圆柱齿轮传动时，齿面上的接触线是一条与轴线平行的直线（图 12 - 40(a)），这就使轮齿的啮合沿整个齿宽同时接触或同时分离，比较容易引起冲击、振动和噪音。斜齿轮传动时，齿面上的接触线先由短变长，再由长变短，轮齿是逐渐进入和脱离啮合的（图 12 - 40(b)）。这种接触方式使斜齿轮传动比较平稳，冲击和噪音小。

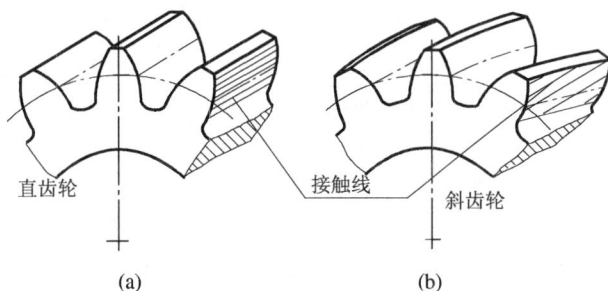

图 12 - 40　齿面接触线比较

由于斜齿轮的轮齿是螺旋形的，所以在啮合区内，齿面上接触线的总长度比同样参数直齿轮的齿面接触线长，故斜齿轮的承载能力也较大。

3）应用

由于斜齿轮传动有上述这些特点，因而它要比直齿轮传动好，所以在高速大功率的传动中，斜齿轮传动应用广泛。但是，由于斜齿轮的轮齿是螺旋形的，因而比直齿轮传动要多一个轴向分力。

2. 斜齿圆柱齿轮的基本参数

由于斜齿轮的轮齿是螺旋形的，所以斜齿轮上的参数有端面与法面之分。与轴线垂直的平面称为端面，与螺旋线垂直的平面称为法面。端面中的参数和法面中的参数分别加下标"t"和"n"来表示。法面参数为标准值。

1）螺旋角

图 12 - 41 是斜齿轮沿其分度圆柱的展开图。不同圆柱上的螺旋角是不相同的。分度圆柱上的螺旋角（简称螺旋角）为

$$\beta = \arctan \frac{\pi d}{P_z}$$

式中：P_z 为螺旋线的导程。

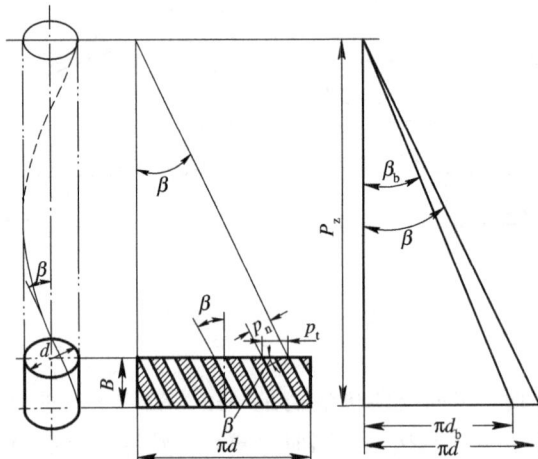

图 12 - 41　斜齿轮的展开图

2）法面模数与端面模数

由图 12 - 41 可以看出，法面齿距与端面齿距有如下关系：

$$p_n = p_t \cos\beta$$

两边同除以 π，可以得到法面模数与端面模数之间的关系：

$$m_n = m_t \cos\beta \tag{12 - 15}$$

3）法面压力角与端面压力角

为便于分析斜齿轮的法面压力角与端面压力角关系，用斜齿条来说明。在图 12 - 42(b) 中，$\triangle aca$ 和 $\triangle bcb$ 分别在端面和法面中。从几何关系可以导出：

$$\tan\alpha_n = \tan\alpha_t \cos\beta \tag{12 - 16}$$

无论在端面还是法面中，齿高和顶隙都是相同的，因此

$$h_a = h_{an}^* m_n$$

$$c = c_n^* m_n$$

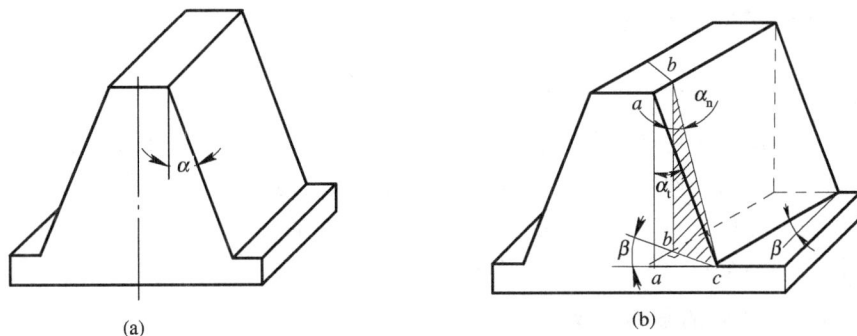

图 12-42   直齿条与斜齿条

4）正确啮合条件

斜齿轮的正确啮合条件除应满足两轮模数和压力角对应相等外，两轮的螺旋角还应大小相等，旋向相反（内啮合旋向相同），即斜齿轮传动的正确啮合条件为

$$m_{n1} = m_{n2} = m_n$$

$$\alpha_{n1} = \alpha_{n2} = \alpha_n$$

$$\beta_1 = \mp \beta_2$$

3. 斜齿圆柱齿轮的几何尺寸计算

斜齿轮的几何尺寸计算见表 12-7。

表 12-7   标准斜齿圆柱齿轮的几何尺寸计算公式（$h_{an}^* = 1$，$c_n^* = 0.25$）

名　称	符　号	公　式
法面模数	m_n	取标准值，与直齿轮相同
法面压力角	α_n	取标准值，$\alpha_n = 20°$
螺旋角	β	一般 $\beta = 8° \sim 20°$
端面模数	m_t	$m_t = \dfrac{m_n}{\cos\beta}$
端面压力角	α_t	$\tan\alpha_t = \dfrac{\tan\alpha_n}{\cos\beta}$
分度圆直径	d	$d = m_t \cdot z = \dfrac{m_n}{\cos\beta} z$
齿顶高	h_a	$h_a = m_n$
齿根高	h_f	$h_f = 1.25 m_n$
全齿高	h	$h = h_a + h_f = 2.25 m_n$
齿顶圆直径	d_a	$d_a = d + 2h_a = m_n \left(\dfrac{z}{\cos\beta} + 2 \right)$
齿根圆直径	d_f	$d_f = d - 2h_f = m_n \left(\dfrac{z}{\cos\beta} - 2.5 \right)$
中心距	a	$a = \dfrac{1}{2}(d_1 + d_2) = \dfrac{m_n}{2\cos\beta}(z_1 + z_2)$

12.6.2　直齿圆锥齿轮传动

1. 直齿圆锥齿轮传动的特点及应用

圆锥齿轮传动用于传递两相交轴之间的运动和动力，两轴间的夹角可以是任意的。机械传动中应用最多的是两轴交角 $\Sigma = 90°$ 的直齿圆锥齿轮传动。

圆锥齿轮的轮齿分布在圆锥表面上，轮齿有直齿和曲齿之分(图 12 – 6、图 12 – 7)，这里我们只讨论两轴交角 $\Sigma = 90°$ 的直齿圆锥齿轮传动。

2. 直齿圆锥齿轮的基本参数

圆锥齿轮的齿形由大端向小端逐渐收缩。为计算和测量方便，规定大端参数为标准值。模数 m 见标准 GB 12368—90；压力角 $\alpha = 20°$；齿顶高系数 $h_a^* = 1$，顶隙系数 $c^* = 0.2$。一对直齿圆锥齿轮传动的正确啮合条件是：两齿轮大端的模数和压力角对应相等。即

$$m_1 = m_2 = m$$

$$\alpha_1 = \alpha_2 = \alpha$$

3. 直齿圆锥齿轮的几何尺寸计算

标准直齿圆锥齿轮的各部分名称(图 12 – 43)及几何尺寸计算公式见表 12 – 8。

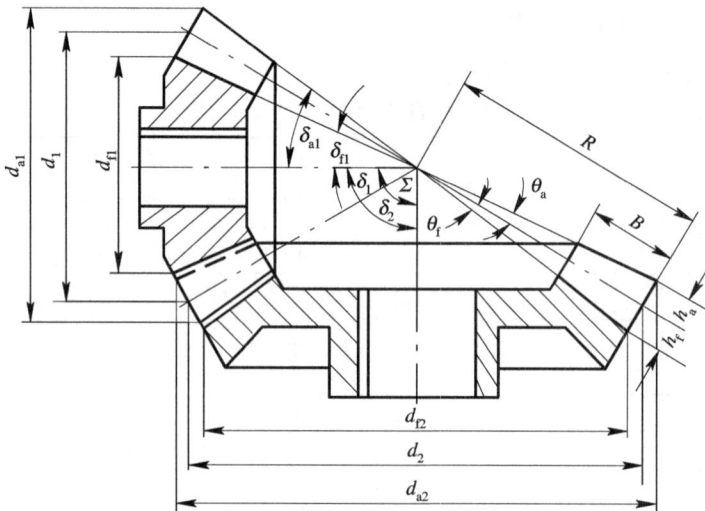

图 12 – 43　标准直齿圆锥齿轮几何尺寸计算

表 12 – 8　$\Sigma = 90°$ 的标准直齿圆锥齿轮几何尺寸计算公式

名　称	符　号	计　算　公　式
模　数	m	一般取大端模数为标准值(GB 12368—90)
传动比	i_{12}	$i_{12} = z_2/z_1 = \tan\delta_2 = \cot\delta_1$
分度圆锥角	δ_1、δ_2	$\delta_1 = 90° - \delta_2$，$\delta_2 = \arctan(z_2/z_1)$
分度圆直径	d	$d = mz$
齿顶高	h_a	$h_a = m$
齿根高	h_f	$h_f = 1.2m$
全齿高	h	$h = 2.2m$

名　称	符　号	计　算　公　式
顶隙	c	$c = 0.2m'$
齿顶圆直径	d_a	$d_a = d + 2m\cos\delta$
齿根圆直径	d_f	$d_f = d - 2.4m\cos\delta$
锥距	R	$R = \dfrac{m}{2}\sqrt{z_1^2 + z_2^2}$
齿顶角	θ_a	$\theta_a = \arctan\left(\dfrac{h_a}{R}\right)$
齿根角	δ_f	$\theta_f = \arctan\left(\dfrac{h_f}{R}\right)$
顶锥角	δ_a	$\delta_a = \delta + \theta_a$
根锥角	δ_f	$\delta_f = \delta - \theta_f$

12.6.3　蜗杆传动

1. 蜗杆传动的特点、类型和应用

蜗杆传动用于传递垂直交错轴之间的运动和动力(图 12-9),广泛应用于各类机床、矿山机械、冶金及起重设备等的传动系统中。

蜗杆传动的传动比大,机构紧凑,传动平稳,噪声小,还可具有自锁性能,但是效率低,蜗轮材料成本较高。

按蜗杆形状的不同,蜗杆传动可分为普通圆柱蜗杆传动(图 12-44)和圆弧面(也称环面)蜗杆传动(图 12-45)。圆柱蜗杆的螺纹切制在圆柱体上,在车床上车削而成。圆弧面蜗杆的齿在一个圆弧回转面上,它的承载能力及传动效率均高于圆柱蜗杆传动,但加工较困难,制造安装要求较高。

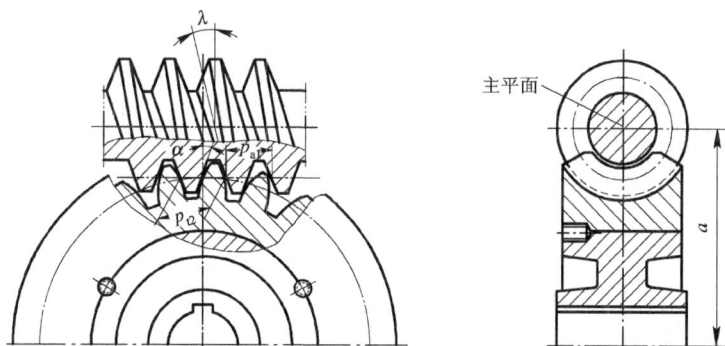

图 12-44　普通圆柱蜗杆传动

普通圆柱蜗杆传动中应用最广的是阿基米德蜗杆，它的蜗杆在包含其轴线的平面内的齿形就是一个标准齿条，在垂直于其轴线的平面内的齿形是一条阿基米德螺旋线。下面仅讨论阿基米德蜗杆。

2. 普通圆柱蜗杆传动的基本参数

如图 12-44 所示，规定通过蜗杆轴线并垂直于蜗轮轴线的平面为主平面。在主平面内，蜗杆与蜗轮的啮合，可以看做齿条与齿轮的啮合。所以，蜗杆传动的正确啮合条件为

$$m_{a1} = m_{t2} = m$$
$$\alpha_{a1} = \alpha_{t2} = \alpha$$
$$\lambda = \beta$$

图 12-45　圆弧面蜗杆传动

式中：m_{a1} 为蜗杆的轴面模数；m_{t2} 为蜗轮的端面模数；α_{a1} 为蜗杆的轴面压力角；α_{t2} 为蜗杆的端面压力角；λ 为蜗杆的导程角；β 为蜗轮的螺旋角。

1）模数 m 和压力角 α

规定在主平面内的模数和压力角为标准值。标准模数 m 见表 12-9；压力角 $\alpha = 20°$；齿顶高系数 $h_a^* = 1$，顶隙系数 $c^* = 0.2$。

表 12-9　蜗杆的基本参数(摘自 GB 10085—1988)

m	z_1	d_1	m	z_1	d_1	m	z_1	d_1	m	z_1	d_1
1	1	18			28			(50)			(90)
1.25	1	16	3.15	1,2,4	(35.5)	6.3	1,2,4	63	12.5	1,2,4	112
		22.4			(45)			(80)			(140)
1.6	1,2,4	20		1	56		1	112		1	200
	1	28			(31.5)			(63)			(112)
		18	4	1,2,4	40	8	1,2,4	80	16	1,2,4	140
2	1,2,4	22.4			(50)			(100)			(180)
		(28)		1	71		1	140		1	250
	1	35.5			(40)			71			(140)
		(22.4)	5	1,2,4	50	10	1,2,4	90	20	1,2,4	160
2.5	1,2,4	28			(63)			(112)			(224)
		(35.5)		1	90		1	160		1	315
	1	45									

注：模数和直径的单位为 mm，括号内的数尽可能不采用。

2）蜗杆头数 z_1 和蜗轮齿数 z_2

蜗杆传动的传动比

$$i = \frac{n_1}{n_2} = \frac{z_2}{z_1}$$

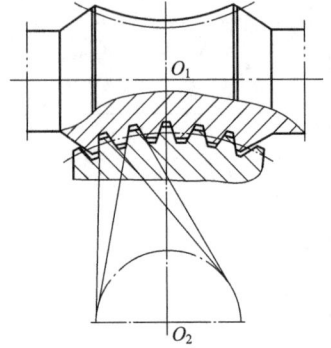

　　蜗杆的头数 z_1 一般取为 1、2、4。单头蜗杆的传动比大，但效率低。要提高效率，应增加蜗杆头数，但头数过多，又给加工带来困难。

　　为避免切制蜗轮时产生根切，当 $z_1=1$ 时，蜗轮齿数 $z_2 \geqslant 17$；当 $z_1=2$ 时，蜗轮齿数 $z_2 > 27$。一般动力传动时，$z_2 < 80$；只传递运动时，z_2 可不受限制。

　　3）蜗杆直径 d_1 和导程角 λ

　　蜗轮是用与之相配的蜗杆直径相同的滚刀加工的。为了限制滚刀的数目，蜗杆的直径也必须标准化，见表 12-9。

　　当分度圆直径 d_1 和蜗杆头数 z_1 确定后，蜗杆的导程角 λ 便确定了。

　　由图 12-46 可以看出

$$\tan\lambda = \frac{z_1 p_{a1}}{\pi d_1} = \frac{m z_1}{d_1}$$

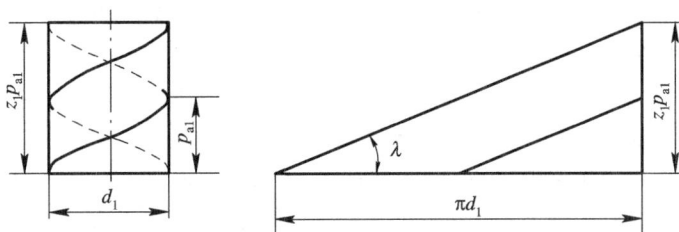

图 12-46　蜗杆平面展开图

3. 蜗杆传动的几何尺寸计算

普通圆柱蜗杆传动的主要几何尺寸计算公式见表 12-10。

表 12-10　普通圆柱蜗杆传动的几何尺寸计算公式

名　称	符　号	蜗杆	蜗轮
齿顶高	h_a	\multicolumn{2}{c}{$h_a = h_a^* m$}	
齿根高	h_f	\multicolumn{2}{c}{$h_f = (h_a^* + c^*)m$}	
全齿高	h	\multicolumn{2}{c}{$h = h_a + h_f = (2h_a^* + c^*)$}	
分度圆直径	d	由表 10-9 选取	$d_2 = m z_2$
齿顶圆直径	d_a	$d_{a1} = d_1 + 2h_a$	$d_{a2} = d_2 + 2h_a$
齿根圆直径	d_f	$d_{f1} = d_1 - 2h_f$	$d_{f2} = d_2 - 2h_f$
蜗杆导程角	λ	$\lambda = \arctan(m z_1 / d_1)$	
蜗轮螺旋角	β		$\beta = \lambda$
中心距	a	\multicolumn{2}{c}{$a = (d_1 + d_2)/2$}	

思考与练习题

　　12-1　要使一对齿轮的瞬时传动比保持不变，其齿廓应满足什么条件？

12-2　渐开线齿廓上各点压力角是否相同? 哪一个圆上的压力角是标准值?

12-3　一对渐开线齿轮的正确啮合条件是什么?

12-4　渐开线标准直齿圆柱齿轮机构在安装时, 两分度圆分离开一个不大的距离, 此时两轮的瞬时传动比是否仍为常数?

12-5　什么是标准安装? 什么是标准中心距? 在什么情况下节圆和分度圆重合?

12-6　渐开线直齿圆柱齿轮、斜齿圆柱齿轮、直齿圆锥齿轮以及蜗杆何处的模数是标准值?

12-7　齿轮的失效形式有哪些? 采取什么措施可减缓失效的发生?

12-8　对齿轮材料的总体要求是什么? 常用的齿轮材料有哪些?

12-9　通常所谓硬齿面与软齿面的界限是如何划分的? 在一对齿轮中, 大、小齿轮的材料和齿面硬度应当怎样搭配?

12-10　一对齿轮啮合时, 大、小齿轮的齿面接触应力是否相等?

12-11　齿轮传动有哪些润滑方式? 如何选择润滑方式?

12-12　齿轮的结构形式有哪些? 齿轮轴适合于什么情况?

12-13　压力角 $\alpha = 20°$, $h_a^* = 1$ 的渐开线标准外齿轮, 当齿数 z 等于多少时基圆和齿根圆最接近? 当齿数变化时这两个圆的相对大小如何变化?

12-14　有一对外啮合正常齿制的标准直齿圆柱齿轮, 已知 $m = 2.5$ mm, $i = 3$, $z_1 = 20$, 试计算这对齿轮的分度圆直径、齿顶圆直径、齿根圆直径、基圆直径、中心距、齿距、齿厚和齿槽宽。

12-15　一单级直齿圆柱齿轮减速器, 已知其中心距 $a = 200$ mm, 传动比 $i = 3$, 小齿轮齿数 $z_1 = 24$, 转速 $n_1 = 1440$ r/min, 齿宽 $b_1 = 100$ mm, $b_2 = 95$ mm, 小齿轮材料为 45 钢调质, 大齿轮为 45 钢正火, 载荷平稳, 电动机驱动, 单向转动, 试计算该齿轮传动所能传递的功率。

12-16　试设计一对标准直齿圆柱齿轮传动, 已知传递的功率 $P = 4$ kW, 小齿轮转速 $n_1 = 450$ r/min, 传动比 $i = 3$, 载荷平稳。

12-17　有一圆柱齿轮传动, 已知 $z_1 = 21$, $z_2 = 22$, $m_n = 2$ mm。要求安装中心距 $a' = 55$ mm, 今采用斜齿轮传动配凑中心距, 试求其螺旋角 β。

12-18　一对斜齿圆柱齿轮传动, 已知 $z_1 = 25$, $z_2 = 100$, $m_n = 4$ mm, $\beta = 15°$, $\alpha = 20°$。试计算这对斜齿轮的主要几何尺寸。

12-19　一对直齿圆锥齿轮传动, 已知 $m = 4$ mm, $z_1 = 26$, $z_2 = 46$, $h_a^* = 1$, $\Sigma = 90°$。试计算其主要的几何尺寸。

12-20　已知 $m = 4$ mm, 蜗杆分度圆直径 $d_1 = 48$ mm, 蜗杆头数 $z_1 = 2$, 传动比 $i = 30$。试计算蜗杆传动的主要几何尺寸。

第 13 章　轮　　系

13.1　概　　述

在机器中，常将一系列相互啮合的齿轮组成传动系统，以实现变速、分路传动、运动分解与合成等功用。这种由一系列齿轮组成的传动系统称为轮系。

13.1.1　轮系的类型

根据轮系在运转时各齿轮轴线的相对位置是否固定，可以分为定轴轮系和周转轮系。

1. 定轴轮系

如图 13-1 所示，所有齿轮几何轴线的位置都是固定的轮系，称为定轴轮系。

2. 周转轮系

若轮系中至少有一个齿轮的几何轴线不固定，而绕其他齿轮的固定几何轴线回转，则称为周转轮系。如图 13-2 所示的轮系中，齿轮 2 除绕自身轴线回转外，还随同构件 H 一起绕齿轮 1 的固定几何轴线回转，该轮系即为周转轮系。

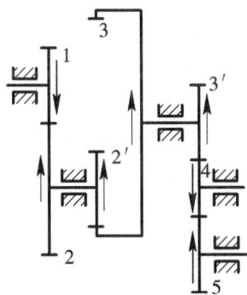

图 13-1　定轴轮系　　　　　　　　　　　图 13-2　周转轮系

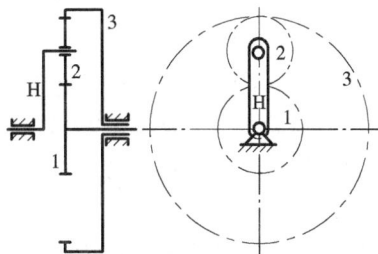

13.1.2　轮系传动比概念

所谓轮系的传动比，是指该轮系中首轮的角速度（或转速）与末轮的角速度（或转速）之比，用 i 表示。

设 1 为轮系的首轮，K 为末轮，则该轮系的传动比为

$$i_{1K} = \frac{\omega_1}{\omega_K} = \frac{n_1}{n_K}$$

轮系的传动比计算，包括计算其传动比的大小和确定输出轴的转向两个内容。

13.2　定轴轮系传动比的计算

13.2.1　平面定轴轮系传动比的计算

如果定轴轮系中各对啮合齿轮均为圆柱齿轮传动，即各轮的轴线都相互平行，则称该轮系为平面定轴轮系。

如图 13-1 所示的平面定轴轮系，设齿轮 1 为首轮，齿轮 5 为末轮，已知各齿轮的齿数为 z_1、z_2、$z_{2'}$、z_3、$z_{3'}$、z_4、z_5。各齿轮的转速分别为 n_1、n_2、$n_{2'}$、n_3、$n_{3'}$、n_4、n_5。下面我们来计算该轮系的传动比 i_{15}。

我们知道，一对齿轮的传动比为

$$i_{12} = \frac{n_1}{n_2} = \mp \frac{z_2}{z_1}$$

外啮合时取"一"号，内啮合时取"＋"号。为此，可以求出轮系中各对啮合齿轮的传动比：

$$i_{12} = \frac{n_1}{n_2} = -\frac{z_2}{z_1}, \quad i_{2'3} = \frac{n_{2'}}{n_3} = \frac{z_3}{z_{2'}}$$

$$i_{3'4} = \frac{n_{3'}}{n_4} = -\frac{z_4}{z_{3'}}, \quad i_{45} = \frac{n_4}{n_5} = -\frac{z_5}{z_4}$$

因为 $n_2 = n_{2'}$，$n_3 = n_{3'}$，所以可将以上各式的两端分别连乘，得

$$i_{12} i_{2'3} i_{3'4} i_{45} = \frac{n_1}{n_2} \frac{n_{2'}}{n_3} \frac{n_{3'}}{n_4} \frac{n_4}{n_5} = \frac{n_1}{n_5} = \left(-\frac{z_2}{z_1}\right)\left(\frac{z_3}{z_{2'}}\right)\left(-\frac{z_4}{z_{3'}}\right)\left(-\frac{z_5}{z_4}\right)$$

即

$$i_{15} = \frac{n_1}{n_5} = i_{12} i_{2'3} i_{3'4} i_{45} = (-1)^3 \frac{z_2 z_3 z_4 z_5}{z_1 z_{2'} z_{3'} z_4}$$

上式表明，定轴轮系的传动比等于组成该轮系的各对啮合齿轮传动比的连乘积，也等于各对啮合齿轮中所有从动轮齿数的连乘积与所有主动轮齿数的连乘积之比。若轮系中外啮合齿轮对数为奇数，则末轮与首轮转向相反；若外啮合齿轮对数为偶数，则末轮与首轮转向相同。

一般的，若 A 为首轮，K 为末轮，m 为圆柱齿轮外啮合的对数，则平面定轴轮系的传动比为

$$i_{AK} = \frac{n_A}{n_K} = (-1)^m \frac{\text{各对齿轮从动轮齿数的连乘积}}{\text{各对齿轮主动轮齿数的连乘积}} \tag{13-1}$$

从上面的传动比计算中又可看到，轮 4 不影响传动比的大小，只起到改变转向的作用。轮系中的这种齿轮称为惰轮。

13.2.2　空间定轴轮系传动比的计算

如果定轴轮系中含有圆锥齿轮、蜗轮蜗杆等空间齿轮传动，即各轮的轴线不完全相互

平行，则称该轮系为空间定轴轮系。

空间定轴轮系传动比的大小也可用式(13-1)来计算。但由于各轮的轴线不都相互平行，所以不能用$(-1)^m$来判断首、末两轮的转向，而要采用画箭头的方法来判断。当然，平面定轴轮系也可以用画箭头的方法判断转向，如图13-1所示。

例 13-1 图13-3所示的空间定轴轮系中，已知各齿轮的齿数$z_1=20$，$z_2=40$，$z_{2'}=15$，$z_3=60$，$z_{3'}=18$，$z_4=18$，$z_7=20$，齿轮7的模数$m=3$ mm，蜗杆头数为1(左旋)，蜗轮齿数$z_6=40$。齿轮1为主动轮，转向如图所示，转速$n_1=100$ r/min，试求齿条8的速度和移动方向。

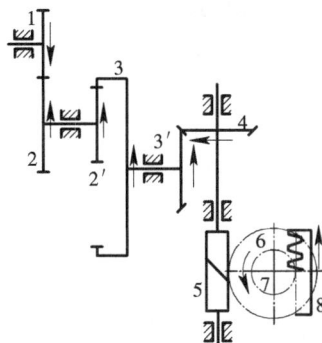

图 13-3 空间定轴轮系

解 (1)根据定轴轮系传动比计算公式(13-1)确定蜗轮转速n_6：

$$i_{16}=\frac{n_1}{n_6}=\frac{z_2 z_3 z_4 z_6}{z_1 z_{2'} z_{3'} z_5}$$

$$n_6=\frac{n_1}{i_{16}}=n_1 \cdot \frac{z_1 z_{2'} z_{3'} z_5}{z_2 z_3 z_4 z_6}=100\times\frac{20\times15\times18\times1}{40\times60\times18\times40}=0.3125 \text{ r/min}$$

(2)计算齿轮7的速度：

$$n_7=n_6$$

$$v_7=\frac{2\pi r_7 n_7}{1000}=\frac{2\pi m z_7 n_7}{2000}=\frac{2\pi\times3\times20\times0.3125}{2000\times60}=0.00098 \text{ m/s}$$

齿条的移动速度为

$$v_8=v_7=0.00098 \text{ m/s}$$

齿条的移动方向如图13-3所示。

13.3 周转轮系传动比计算

13.3.1 周转轮系的组成

在图13-4所示的周转轮系中，齿轮2装在构件 H 上，而构件 H 绕固定轴线 $O—O$ 回转。这样，在轮系运转时，齿轮2既绕着自己的轴线 $O_1—O_1$ 回转(自转)，又随着构件 H 绕着轴线 $O—O$ 回转(公转)，故称齿轮2为行星轮；构件 H 称为系杆或行星架。外齿轮1和内齿轮 3 都是绕着固定轴线 O—O 回转的，称其为太阳轮(或中心轮)。

若周转轮系中有一个太阳轮是固定的，则这种周转轮系又称为行星轮系(图 13 - 5)；若周转轮系中的两个太阳轮都能转动，则称其为差动轮系，如图 13 - 4 所示。

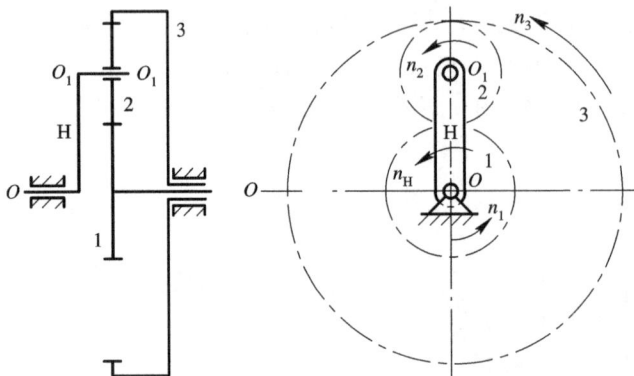

图 13 - 4　周转轮系　　　　　　　　　图 13 - 5　行星轮系

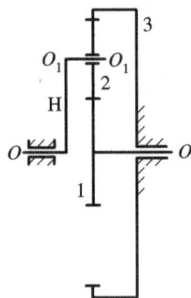

13.3.2　周转轮系传动比的计算

从周转轮系的组成可以看出，周转轮系与定轴轮系的根本差别是周转轮系中有转动着的系杆，使得行星轮既有自转，又有公转。所以周转轮系的传动比就不能直接用定轴轮系的公式来进行计算。

为了解决周转轮系的传动比计算问题，我们设法将周转轮系转化为定轴轮系。根据相对运动原理，假如给整个周转轮系加上一个公共转速"$-n_H$"(图 13 - 6)，则各构件之间的相对运动关系保持不变。但这时系杆"静止不动"了($n_H - n_H = 0$)，于是周转轮系就转化为定轴轮系了。这个经过一定条件转化得到的假想定轴轮系，我们称其为原轮系的转化轮系。转化轮系既然为定轴轮系，我们就可以用定轴轮系的传动比计算公式列出转化轮系中各构件转速之间的关系，并由此得到周转轮系各构件的转速关系，进而求出其传动比。

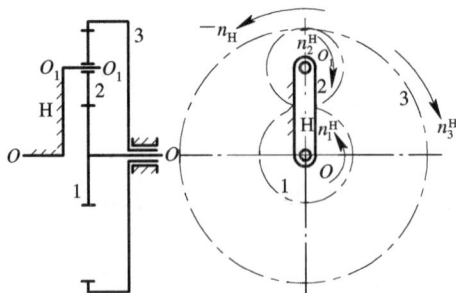

图 13 - 6　转化轮系

如图 13 - 4 所示的周转轮系，当给整个轮系加上"$-n_H$"转动后(图 13 - 6)，各构件转速的变化如表 13 - 1 所示。

表 13 - 1 转化轮系中各构件的转速

构件代号	原来转速	转化轮系中的转速
1	n_1	$n_1^{\mathrm{H}} = n_1 - n_{\mathrm{H}}$
2	n_2	$n_2^{\mathrm{H}} = n_2 - n_{\mathrm{H}}$
3	n_3	$n_3^{\mathrm{H}} = n_3 - n_{\mathrm{H}}$
H	n_{H}	$n_{\mathrm{H}}^{\mathrm{H}} = n_{\mathrm{H}} - n_{\mathrm{H}} = 0$

利用定轴轮系的传动比计算公式，可列出转化轮系中任意两个齿轮的传动比。

在图 13 - 6 所示的转化轮系中，齿轮 1、齿轮 3 的传动比为

$$i_{13}^{\mathrm{H}} = \frac{n_1^{\mathrm{H}}}{n_3^{\mathrm{H}}} = \frac{n_1 - n_{\mathrm{H}}}{n_3 - n_{\mathrm{H}}} = -\frac{z_3}{z_1}$$

式中，i_{13}^{H} 表示在转化轮系中齿轮 1、齿轮 3 的传动比。"—"表示在转化轮系中齿轮 1 和齿轮 3 的转向相反。

据上述原理，可以写出计算周转轮系传动比的一般表达式。设周转轮系中任意两个齿轮 G 与 K 的转速为 n_{G} 和 n_{K}，则它们与系杆转速 n_{H} 之间的关系为

$$i_{\mathrm{GK}}^{\mathrm{H}} = \frac{n_{\mathrm{G}} - n_{\mathrm{H}}}{n_{\mathrm{K}} - n_{\mathrm{H}}} = (-1)^m \frac{\text{从齿轮 G 到 K 之间所有从动轮齿数的乘积}}{\text{从齿轮 G 到 K 之间所有主动轮齿数的乘积}} \qquad (13 - 2)$$

式中：m 为从齿轮 G 到 K 之间外啮合齿轮的对数。

在使用上式时应特别注意：

(1) 该公式只适用于圆柱齿轮组成的行星轮系。对于由圆锥齿轮组成的行星轮系，当两太阳轮和行星架的轴线互相平行时，仍可用转化轮系法来建立转速关系式，但正、负号应按画箭头的方法来确定。而且，不能应用转化机构法列出包括行星轮在内的转速关系。

(2) 将已知转速代入公式时，注意"+"、"—"号。一方向代正号，另一方向必须代负号。求得的转速若为正，说明与正方向一致；若为负，说明与负方向一致。

例 13 - 2 差动轮系如图 13 - 7 所示。已知 $z_1 = 15$，$z_2 = 25$，$z_3 = 20$，$z_4 = 60$，$n_1 = 200$ r/min，$n_4 = 50$ r/min，且两太阳轮 1、4 转向相反。试求系杆转速 n_{H} 及行星轮转速 n_3。

解 计算时要注意，已知转速 n_1 和 n_4 的转向相反。若令 n_1 为正，则 n_4 为负，即将 $n_1 = +200$ r/min，$n_4 = -50$ r/min 代入公式计算。

(1) 按公式(13 - 2)可以列出

$$\frac{n_1 - n_{\mathrm{H}}}{n_4 - n_{\mathrm{H}}} = (-1)^1 \frac{z_2 z_4}{z_1 z_3}$$

代入数据得

$$\frac{200 - n_{\mathrm{H}}}{(-50) - n_{\mathrm{H}}} = -\frac{25 \times 60}{15 \times 20}$$

$$n_{\mathrm{H}} = -\frac{50}{6} \text{ r/min}$$

"—"号说明系杆转速 n_{H} 与齿轮 1 的转向相反。

(2) 求行星轮转速 n_3。由于 $n_2 = n_3$，故按公式(13 - 2)可以列出

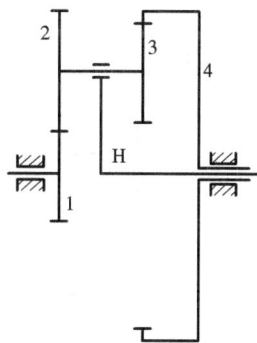

图 13 - 7 差动轮系

$$\frac{n_1 - n_H}{n_2 - n_H} = (-1)^1 \frac{z_2}{z_1}$$

代入数据得

$$\frac{200 - \left(-\dfrac{50}{6}\right)}{n_2 - \left(-\dfrac{50}{6}\right)} = -\frac{25}{15}$$

$$n_2 = -133\frac{1}{3} \ \text{r/min} = n_3$$

"—"号说明行星轮转速 n_3 与齿轮 1 的转向相反。

例 13-3 图 13-8 是由圆锥齿轮组成的周转轮系。已知 $z_1 = 60$，$z_2 = 40$，$z_{2'} = z_3 = 20$，$n_1 = n_3 = 120$ r/min。设太阳轮 1、3 的转向相反，试求系杆 H 的转速 n_H 的大小及方向。

解 该轮系是由圆锥齿轮组成的差动轮系。因此，在转化轮系中各齿轮转向的确定，只能用箭头法。而且不能在所列公式中出现行星轮的转速 $n_2(n_{2'})$。

按公式(13-2)可以列出

$$\frac{n_1 - n_H}{n_3 - n_H} = +\frac{z_2 z_3}{z_1 z_{2'}}$$

等式右边的"+"号，是在转化轮系中用箭头法判定的(图 13-9)。它表示在转化轮系中，太阳轮 1 与太阳轮 3 的转向相同。

将已知数据代入上式，化简得

$$\frac{120 - n_H}{(-120) - n_H} = \frac{40 \times 20}{60 \times 20}$$

$$n_H = 600 \ \text{r/min}$$

其结果为正，表明系杆 H 的转向与太阳轮 1 的转向相同。

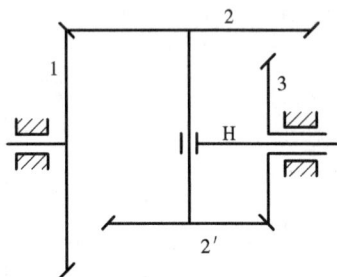

图 13-8 周转轮系   图 13-9 转化轮系

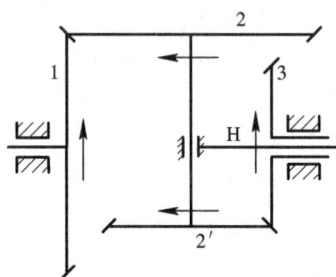

13.4 复合轮系传动比计算

复合轮系是指由定轴轮系和周转轮系组合成的轮系。计算复合轮系的传动比时，不能将整个轮系按求定轴轮系或周转轮系传动比的方法来计算，而应将复合轮系中的定轴轮系和周转轮系区分开，分别列出它们的传动比计算公式，最后联立求解。

计算复合轮系的传动比时，关键是将定轴轮系和周转轮系正确地划分出来。首先把其中的周转轮系找出来,方法是:先找出行星轮和系杆,要注意有时系杆不一定是杆状,再找出与行星轮相啮合的太阳轮。行星轮、太阳轮和系杆便构成一个周转轮系。找出所有的周转轮系,剩余的就是定轴轮系。

例 13-4 如图 13-10 所示的电动机卷扬机减速器中,已知各轮的齿数 $z_1 = 18$, $z_2 = 39$, $z_{2'} = 35$, $z_3 = 130$, $z_{3'} = 18$, $z_4 = 30$, $z_5 = 78$。求传动比 i_{15}。

解 该轮系中,双联齿轮 2—2′ 是行星轮,支持行星轮的内齿轮 5 就是系杆,与行星轮相啮合的齿轮 1 和 3 是太阳轮,由齿轮 1、2(2′)、3、5(H)组成一个差动轮系。余下的由齿轮 3′、4、5 组成定轴轮系。

(1)对差动轮系,可以写出

$$\frac{n_1 - n_H}{n_3 - n_H} = -\frac{z_2 z_3}{z_1 z_{2'}}$$

$$\frac{n_1 - n_H}{n_3 - n_H} = -\frac{39 \times 130}{18 \times 35} \tag{1}$$

(2)对定轴轮系,可以写出

$$\frac{n_3}{n_5} = -\frac{z_5}{z_{3'}} = -\frac{78}{18}$$

由于

$$n_5 = n_H$$

故

$$\frac{n_3}{n_5} = \frac{n_3}{n_H} = -\frac{13}{3}$$

$$n_3 = -\frac{13}{3} n_H \tag{2}$$

(3)联立式(1)和式(2),得

$$\frac{n_1 - n_H}{n_3 - n_H} = \frac{n_1 - n_H}{\left(-\dfrac{13}{3} n_H\right) - n_H} = -\frac{39 \times 130}{18 \times 35}$$

化简得

$$\frac{n_1}{n_H} = \frac{39 \times 130 \times 16}{18 \times 35 \times 3} + 1 = 43.92$$

$$i_{1H} = \frac{n_1}{n_H} = 43.92$$

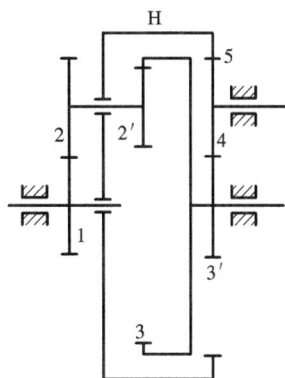

图 13-10 电动机卷扬机减速器

13.5 轮 系 的 功 用

13.5.1 实现大传动比传动

当两轴之间需要较大的传动比时,如果仅用一对齿轮传动,必然使两轮的尺寸相差很大，小齿轮也较易损坏。通常一对齿轮的传动比不大于 5～7。由于定轴轮系的传动比等于该轮系中各对啮合齿轮传动比的连乘积，所以采用轮系可获得较大的传动比。尤其是周转轮系，可以用很少几个齿轮获得很大的传动比，而且结构很紧凑。如图 13-11 所示的行星轮系，H 和齿轮分别是主、从动件，据公式(13-2)可列出

$$\frac{n_1 - n_H}{0 - n_H} = \frac{z_2 z_3}{z_1 z_{2'}}$$

$$1 - i_{1H} = \frac{101 \times 99}{100 \times 100}$$

$$i_{1H} = \frac{1}{10000}$$

$$i_{H1} = 10000$$

即当系杆转 10000 转时，齿轮 1 才转 1 转，可见传动比确实很大。

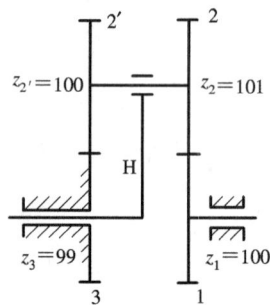

图 13-11　行星轮系

13.5.2　实现远距离传动

当两轴间的距离较远时，如果仅用一对齿轮传动(如图 13-12 中的齿轮 1、2)，两轮尺寸很大。这样既占空间又费材料。若改用轮系传动(如图 13-12 中的齿轮 A、B、C、D)，则整个机构的轮廓尺寸减小。

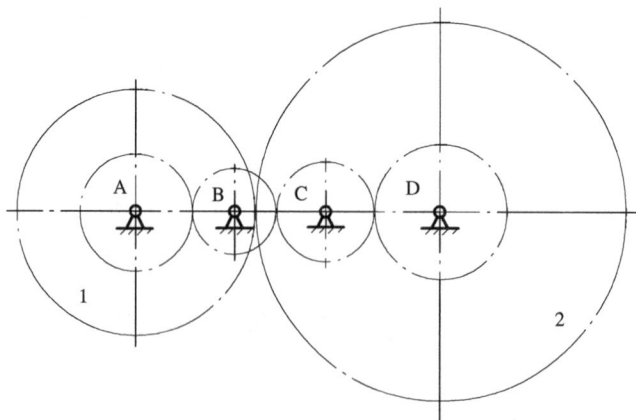

图 13-12　实现远距离传动

13.5.3　实现变速传动

在主动轴转速不变的情况下，通过轮系，可以使从动轮获得若干种转速。如图 13 - 13 所示的车床变速箱，通过三联齿轮 a 和双联齿轮 b 在轴上的移动，使得带轮可以有六种不同的转速。此外，用周转轮系也可实现变速传动。

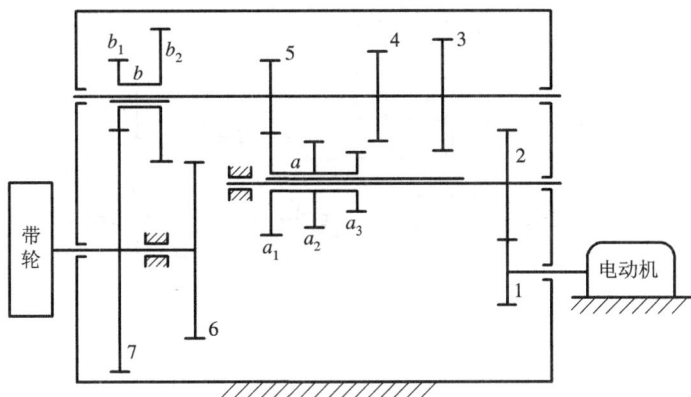

图 13 - 13　车床变速箱

13.5.4　实现换向传动

在主动轴转向不变的情况下，利用轮系可以改变从动轴的转向。图 13 - 14 所示为车床上走刀丝杠的三星轮换向机构。通过扳动手柄 S，从动轮 4 可实现换向。

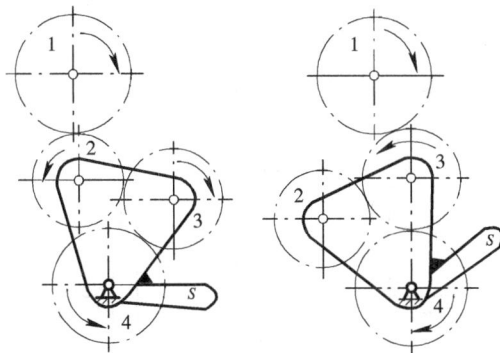

图 13 - 14　三星轮换向机构

13.5.5　实现分路传动

利用轮系，可以将主动轴上的运动传递给若干个从动轴，实现分路传动。

图 13 - 15 为滚齿机上滚刀与轮坯之间作展成运动的运动简图。滚齿加工要求滚刀的转速与轮坯的转速必须满足传动比关系。主动轴 I 通过锥齿轮 1 经锥齿轮 2 将运动传给滚刀，主动轴又通过齿轮 3 经齿轮 4—5、6、7—8 传给蜗轮 9，带动轮坯转动，从而满足滚刀与轮坯的传动比要求。

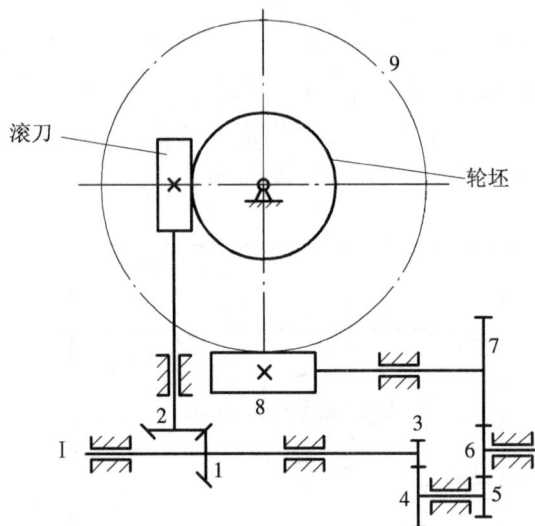

图 13-15 滚齿机中的轮系

13.5.6 实现运动的合成与分解

对于差动轮系，必须给定两个基本构件的运动，第三个基本构件的运动才能确定。也就是说，第三个基本构件的运动是另两个基本构件的运动的合成。

如图 13-16 所示的差动轮系，$z_1 = z_3$，故

$$\frac{n_1 - n_H}{n_3 - n_H} = -\frac{z_3}{z_1} = -1$$

即

$$n_H = \frac{1}{2}(n_1 + n_3)$$

上式说明，系杆 H 的转速是轮 1 和轮 3 转速的合成。

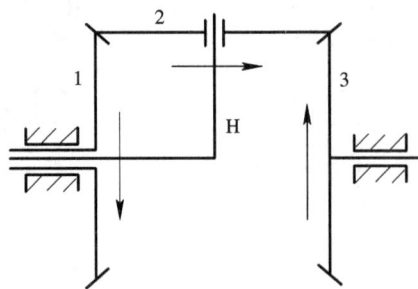

图 13-16 运动合成

同样，差动轮系也可以实现运动的分解，即将一个主动的基本构件的转动，按所需比例分解为另两个从动的基本构件的转动。比较典型的实例是汽车的差速器。当汽车转弯时，将主轴的一个转动利用差速器分解为两个后轮的两个不同的转动。

思考与练习题

13-1 定轴轮系与周转轮系的主要区别是什么？

13-2 何谓"惰轮"？它在轮系中起什么作用？

13-3 轮系的转向如何确定？$(-1)^m$方法适合于何种类型的轮系？

13-4 什么是周转轮系的转化轮系？它在计算周转轮系的传动比中起什么作用？

13-5 计算复合轮系的传动比时，能否也采用转化轮系法？

13-6 图13-13所示的车床变速箱中，若已知各轮的齿数为 $z_1=40$，$z_2=56$，$z_{a2}=36$，$z_4=40$，$z_{b2}=50$，$z_6=48$，电动机的转速为 1450 r/min。若移动三联滑移齿轮 a 使齿轮 a_2 和 4 啮合，又移动双联齿轮 b 使齿轮 b_2 和 6 啮合，试求此时带轮转速的大小和方向。

13-7 如题13-7图所示的轮系中，运动由齿轮1输入，齿条10输出。已知各齿轮的齿数 $z_1=15$，$z_2=25$，$z_3=20$，$z_4=40$，$z_5=12$，$z_6=30$，$z_9=20$，蜗轮齿数 $z_8=60$，蜗杆头数 $z_7=2$，右旋。齿条模数 $m=4$ mm。已知齿轮1转速 $n_1=500$ r/min，转向如图，试确定齿条10的移动速度和方向。

13-8 如图13-15所示的滚齿机工作台的传动机构，已知 $z_1=15$，$z_2=28$，$z_3=15$，$z_4=35$，蜗杆8单头右旋，$z_9=40$，采用单头左旋滚刀，切制齿数为64的齿坯，试计算传动比 i_{75}。

13-9 如题13-9图所示的行星轮系中，已知 $n_3=2400$ r/min，$z_1=105$，$z_3=135$，试求系杆 H 的转速 n_H。

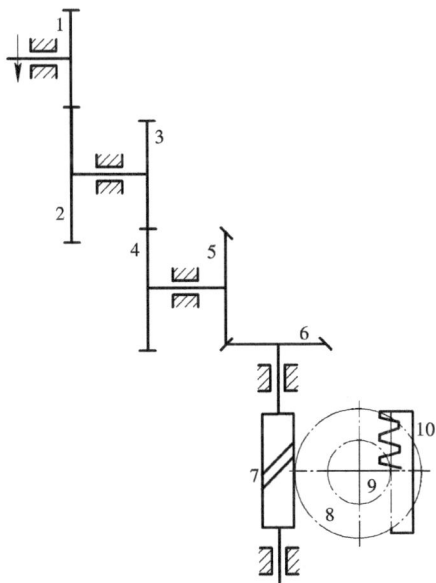

题 13-7 图

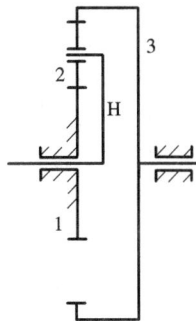

题 13-9 图

13-10 如题 13-10 图所示的轮系中，已知 $z_1=48$，$z_2=42$，$z_{2'}=18$，$z_3=21$，$n_1=100$ r/min，$n_3=80$ r/min，转向如图，试求系杆 H 的转速 n_H。

13-11 如题 13-11 图所示的轮系中，已知 $z_1=22$，$z_3=88$，$z_4=z_6$。试求传动比 i_{16}。

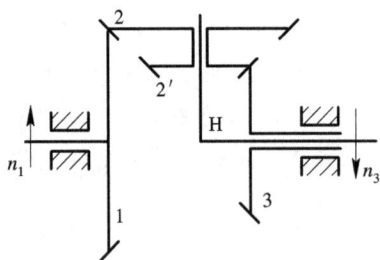

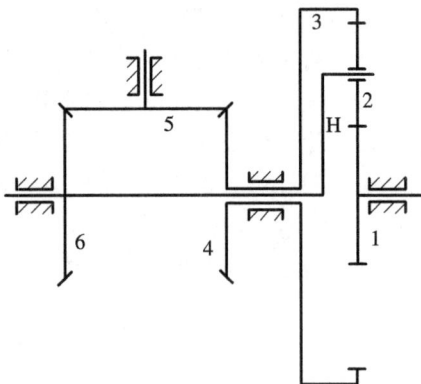

题 13-10 图　　　　　　　　　　题 13-11 图

第 14 章 带 传 动

带传动是工业中广泛使用的一种传动形式,其应用范围仅次于齿轮传动。例如:金属切削机床、汽车柴油机冷却风扇、拖拉机、液压机、破碎机、客车发电机中都应用了带传动等。本章以普通 V 带为主研究带传动的工作原理、特点、应用及标准,分析普通 V 带传动的失效形式与设计准则,设计的思路和方法,以及使用和维护方面应注意的问题。

14.1　带 传 动 概 述

14.1.1　带传动的组成

带传动由主动带轮 1、从动带轮 2 和传动带 3 组成(图 14-1),工作时依靠带与带轮之间的摩擦或啮合来传递运动和动力。

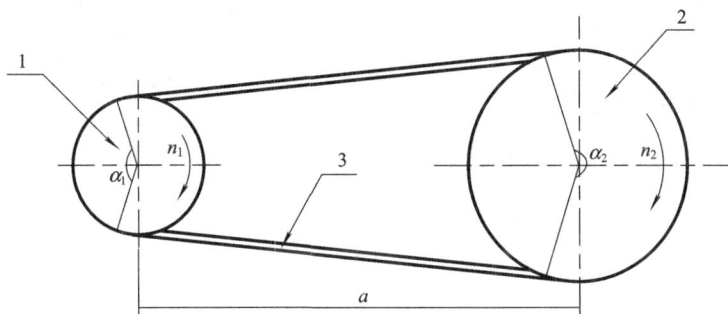

图 14-1　带传动的组成

14.1.2　带传动的主要类型

根据工作原理的不同,带传动分为摩擦式带传动(依靠带与带轮间的摩擦力传递运动和动力)和啮合式带传动(依靠带上的齿或孔与带轮上的齿或孔啮合传递运动和动力)。

1. 摩擦式带传动

根据带的截面形状不同,摩擦式带传动又可分为平带传动(矩形截面,图 14-2(a))、V 带传动(梯形截面,图 14-2(b))、多楔带传动(图 14-2(c))和圆带传动(圆形截面,图 14-2(d))等类型。

(1)平带传动。平带传动结构最简单,其工作表面为内表面。其特点是:平带挠曲性好,易于加工,多用在传动中心距较大的场合。

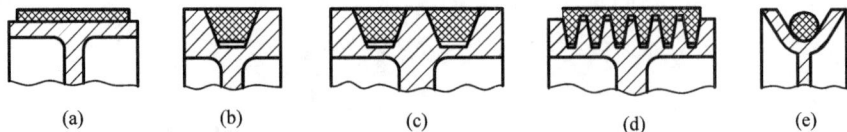

图 14-2 摩擦式带传动的类型

（2）V 带传动。V 带俗称三角带，其工作表面为两侧面，与平带相比，在相同的正压力作用下，V 带的当量摩擦因数大，故能传递较大的功率，且 V 带结构紧凑，因此应用非常广泛。

（3）多楔带传动。多楔带可以看做由平带和多根 V 带组合而成的传动带，兼有平带挠曲性好及 V 带传动能力强等优点，可以避免使用多根 V 带时长度不等、受力不均匀等缺点。

（4）圆带传动。圆带通常用棉绳或皮革制成。圆带传动能力小，适合于仪器和家用机械，如缝纫机等。

2. 啮合式带传动

啮合式带传动分为同步带传动（图 14-3）和齿孔带传动。其兼有带传动和齿轮传动的特点，主要应用于要求传动比准确、功率较大、线速度较高的场合。如数控机床和电影胶片运动的传动分别应用了同步带传动和齿孔带传动。啮合式带传动的缺点是没有过载保护。

14.1.3　带传动的特点和应用

带是弹性元件，因此带传动有以下特点。

1）优点

（1）能吸收振动，缓和冲击，传动平稳，噪音小；

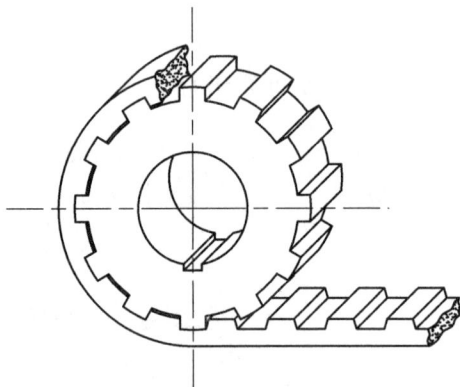

图 14-3 同步带传动

（2）过载时，带会在带轮上打滑，防止其他机件损坏，起到过载保护作用；

（3）结构简单，制造、安装和维护方便，成本低。

2）缺点

（1）带与带轮之间存在一定的弹性滑动，故不能保证恒定的传动比，传动精度和传动效率较低；

（2）由于带工作时需要张紧，带对带轮轴有很大的压轴力；

（3）带传动装置外廓尺寸大，结构不够紧凑；

（4）带的寿命较短，需要经常更换；

（5）不适用于高温、易燃及有腐蚀介质的场合。

摩擦式带传动适用于要求传动平稳、传动比要求不准确、中小功率的远距离传动。一般情况下，带传动的传递功率 $P \leqslant 100$ kW，带速 $v = 5$ m/s～25 m/s，传动比 $i \leqslant 7$，传动效率 $\eta = 0.90 \sim 0.95$。

14.1.4　带传动的弹性滑动、打滑及其传动比

带是弹性体，受力后会产生弹性变形，带受力不同时弹性变形量不同，由此引起带与带轮之间在微小范围内的相对滑动，称为带传动的弹性滑动。弹性滑动使得从动轮的圆周速度小于主动轮的圆周速度，是摩擦式带传动不能保证准确传动比的原因。弹性滑动在摩擦式带传动中是不可避免的。

由于弹性滑动而引起的从动轮圆周速度的降低率称为带传动的滑动系数，用 ε 表示，即

$$\varepsilon = \frac{v_1 - v_2}{v_1} = \frac{\pi d_{d1} n_1 - \pi d_{d2} n_2}{\pi d_{d1} n_1} = 1 - \frac{d_{d2} n_2}{d_{d1} n_1} \qquad (14-1)$$

考虑弹性滑动时的传动比为

$$i_{12} = \frac{n_1}{n_2} = \frac{d_{d2}}{d_{d1}(1-\varepsilon)} \qquad (14-2)$$

一般带传动的滑动系数 $\varepsilon=0.01\sim0.02$，因 ε 值很小，故非精确计算时可以忽略不计。这时带传动的传动比为

$$i_{12} = \frac{n_1}{n_2} = \frac{d_{d2}}{d_{d1}} \qquad (14-3)$$

打滑是过载时带与带轮之间发生的全面滑动，是摩擦式带传动的一种失效形式。打滑是可以避免的。

14.2　普通 V 带和 V 带轮

V 带分为普通 V 带、窄 V 带、宽 V 带、大楔角 V 带、汽车 V 带等多种类型，其中普通 V 带应用最为广泛。以下主要介绍普通 V 带。

14.2.1　普通 V 带的结构和标准

普通 V 带为无接头的环形带，由顶胶、底胶、抗拉体和包布层组成，如图 14-4 所示。包布层由胶帆布制成，抗拉体由几层胶帘布或一排胶线绳制成，前者称为帘布结构 V 带，后者称为绳芯结构 V 带。帘布结构 V 带抗拉强度大，承载能力较强；绳芯结构 V 带柔韧性好，抗弯强度高，但承载能力较差。

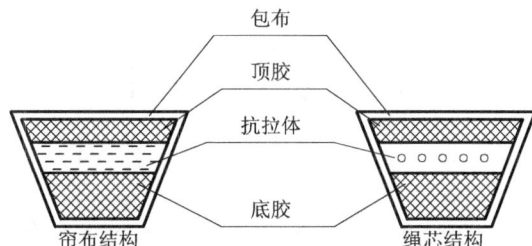

图 14-4　普通 V 带的结构

V 带绕在带轮上时产生弯曲，外层受拉伸长，内层受压缩短，内外层之间必有一长度

不变的中性层，称为节面，其宽度 b_p 称为节宽，见表 14-1。V 带轮上与 b_p 相应的带轮直径 d_d 称为基准直径。与带轮基准直径相应的带的周线长度称为基准长度，用 L_d 表示，见表 14-2。两带轮轴线间的距离 a 称为中心距，带与带轮接触弧所对应的中心角称为包角 α，见图 14-1。

14-1　普通 V 带横截面尺寸（摘自 GB/T 11544—97）　　　mm

型号	Y	Z	A	B	C	D	E
顶宽 b	6	10	13	17	22	32	38
节宽 b_p	5.3	8.5	11	14	19	27	32
高度 h	4.0	6.0	8.0	11	14	19	25
楔角 ψ				40°			
每米带长质量 $q/(\mathrm{kg \cdot m^{-1}})$	0.02	0.06	0.10	0.17	0.30	0.62	0.90

表 14-2　普通 V 带的长度系列和带长修正系数 K_L（摘自 GB/T 13575.1—92）

基准长度 L_d/mm	K_L					基准长度 L_d/mm	K_L			
	Y	Z	A	B	C		Z	A	B	C
200	0.81					2000		1.03	0.98	0.88
224	0.82					2240		1.06	1.00	0.91
250	0.84					2500		1.09	1.03	0.93
280	0.87					2800		1.11	1.05	0.95
315	0.89					3150		1.13	1.07	0.97
355	0.92					3550		1.17	1.09	0.99
400	0.96	0.87				4000		1.19	1.13	1.02
450	1.00	0.89				4500			1.15	1.04
500	1.02	0.91				5000			1.18	1.07
560		0.94				5600				1.09
630		0.96	0.81			6300				1.12
710		0.99	0.83			7100				1.15
800		1.00	0.85			8000				1.18
900		1.03	0.87	0.82		9000				1.21
1000		1.06	0.89	0.84		10000				1.23
1120		1.08	0.91	0.86		11200				
1250		1.11	0.93	0.88		12500				
1400		1.14	0.96	0.90		14000				
1600		1.16	0.99	0.92	0.83	16000				
1800		1.18	1.01	0.95	0.86					

普通 V 带已标准化，按截面尺寸从小到大可分为 Y、Z、A、B、C、D、E 七种型号，各种型号 V 带的截面尺寸见表 14-1。

14.2.2　V带轮

1. V带轮设计要求

设计 V 带轮时应满足的要求有：质量小且质量分布均匀；足够的承载能力；良好的结构工艺性；轮槽工作面要精细加工，以减少带的磨损；各槽的尺寸和角度应保持一定的精度，以使载荷分布较为均匀等。

2. 带轮的材料

带轮的材料主要采用铸铁，常用材料的牌号为 HT150 和 HT200，允许的最大圆周速度为 25 m/s。转速较高时宜采用铸钢(或用钢板冲压后焊接而成)。小功率时可用铸铝或塑料。

3. 结构尺寸

V 带轮由轮缘、轮毂、轮辐三部分组成。直径较小时可采用实心式(图 14-5(a))；中等直径带轮采用腹板式(图 14-5(b)、(c))；直径大于 350 mm 时可采用轮辐式(图 14-5(d))。轮毂与轮辐尺寸见图 14-5，按经验公式计算；轮槽尺寸见表 14-3。

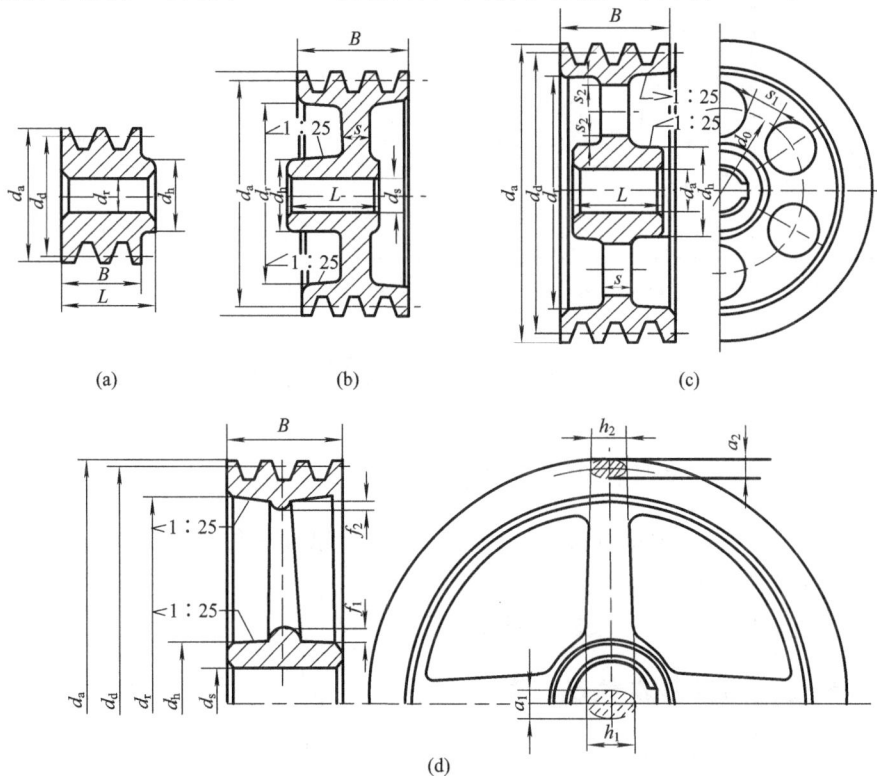

(a)　　　　　(b)　　　　　(c)

(d)

$$d_h = (1.8 \sim 2)d_s\,; \quad d_r = d_a - 2(h_a + h_f + \delta)\,; \quad h_1 = 290\sqrt{\dfrac{P}{nz_a}}\,; \quad h_2 = 0.8h_1\,;$$

$$d_0 = (d_h + d_f)/2\,; \quad h_a、h_f、\delta \text{ 见表 } 14\text{-}3\,; \quad P\text{——功率}\,; \quad a_1 = 0.4h_1\,;$$

$$s = (0.2 \sim 0.3)B\,; \quad L = (1.5 \sim 2)d_s\,; \quad n\text{——转速，单位为 r/min}\,; \quad a_2 = 0.8a_1\,;$$

$$s_1 \geqslant 1.5\ s\,; \quad s_2 \geqslant 1.5\ s\,; \quad z_a\text{——辐条数}\,; \quad f_1 = f_2 = 0.2h_1$$

图 14-5　V带轮的结构

表 14-3　普通 V 带轮的轮槽尺寸（摘自 GB/T 13575.1—92）　　　　mm

槽型		Y	Z	A	B	C
b_d		5.3	8.5	11	14	19
$h_{a\ min}$		1.6	2.0	2.75	3.5	4.8
e		8±0.3	12±0.3	15±0.3	19±0.4	25.5±0.5
f_{min}		6	7	9	11.5	16
$h_{f\ min}$		4.7	7.0	8.7	10.8	14.3
δ_{min}		5	5.5	6	7.5	10
φ	32°	对应的 d_d	≤60	—	—	—	—
	34°		—	≤80	≤118	≤190	≤315
	36°		>60	—	—	—	—
	38°		—	>80	>118	>190	>315

注：δ_{min} 是轮缘最小壁厚值，国标中无明确规定，表中数值为推荐值。

14.3　普通 V 带传动的设计

14.3.1　带传动的失效形式和设计准则

带传动的主要失效形式是打滑和带的疲劳损坏。因此，带传动的计算准则是：

（1）保证带与带轮间不发生打滑；

（2）在一定时限内不会发生疲劳损坏。

14.3.2　单根 V 带的基本额定功率

根据带传动的计算准则，通过实验可得单根普通 V 带的基本额定功率 P_0（见表 14-4）。

当实际使用条件与实验条件不相符时，应对 P_0 值进行修正。因此，在实际使用条件下单根普通 V 带许用的额定功率 $[P_0]$ 为

$$[P_0] = (P_0 + \Delta P_0)K_a K_L \tag{14-4}$$

式中，P_0 为实验条件下单根普通 V 带的基本额定功率，单位为 kW，可查表 14-4；ΔP_0 为 $i_{12} \neq 1$ 时单根普通 V 带的额定功率增量，单位为 kW，可查表 14-5；K_a 为包角修正系

数，可查表 14-6；K_L 为带长系数，可查表 14-2。

表 14-4 单根普通 V 带的基本额定功率 P_0（包角 $\alpha_1 = \alpha_2 = 180°$、特定基准长度、载荷平稳）

（摘自 GB/T 13575.1—92）   kW

带型	小带轮基准直径 d_{d1}/mm	小带轮转速 n_1/(r·min⁻¹)											
		200	400	800	950	1200	1450	1600	1800	2000	2400	2800	3200
Z	50	0.04	0.06	0.10	0.12	0.14	0.16	0.17	0.19	0.20	0.22	0.26	0.28
	56	0.04	0.06	0.12	0.14	0.17	0.19	0.20	0.23	0.25	0.30	0.33	0.35
	63	0.05	0.08	0.15	0.18	0.22	0.25	0.27	0.30	0.32	0.37	0.41	0.45
	71	0.06	0.09	0.20	0.23	0.27	0.30	0.33	0.36	0.39	0.46	0.50	0.54
	80	0.10	0.14	0.22	0.26	0.30	0.35	0.39	0.42	0.44	0.50	0.56	0.61
	90	0.10	0.14	0.24	0.28	0.33	0.36	0.40	0.44	0.48	0.54	0.60	0.64
A	75	0.15	0.26	0.45	0.51	0.60	0.68	0.73	0.79	0.84	0.92	1.00	1.04
	90	0.22	0.39	0.68	0.77	0.93	1.07	1.15	1.25	1.34	1.50	1.64	1.75
	100	0.26	0.47	0.83	0.95	1.14	1.32	1.42	1.58	1.66	1.87	2.05	2.19
	112	0.31	0.56	1.00	1.15	1.39	1.61	1.74	1.89	2.04	2.30	2.51	2.68
	125	0.37	0.67	1.19	1.37	1.66	1.92	2.07	2.26	2.44	2.74	2.98	3.15
	140	0.43	0.78	1.41	1.62	1.96	2.28	2.45	2.66	2.87	3.22	3.48	3.65
	160	0.51	0.94	1.69	1.95	2.36	2.73	2.54	2.98	3.42	3.80	4.06	4.19
	180	0.59	1.09	1.97	2.27	2.74	3.16	3.40	3.67	3.93	4.32	4.54	4.58
B	125	0.48	0.84	1.44	1.64	1.93	2.19	2.33	2.50	2.64	2.85	2.96	2.94
	140	0.59	1.05	1.82	2.08	2.47	2.82	3.00	3.23	3.42	3.70	3.85	3.83
	160	0.74	1.32	2.32	2.66	3.17	3.62	3.86	4.15	4.40	4.75	4.89	4.80
	180	0.88	1.59	2.81	3.22	3.85	4.39	4.68	5.02	5.30	5.67	5.76	5.52
	200	1.02	1.85	3.30	3.77	4.50	5.13	5.46	5.83	6.13	6.47	6.43	5.95
	224	1.19	2.17	3.86	4.42	5.26	5.97	6.33	6.73	7.02	7.25	6.95	6.05
	250	1.37	2.50	4.46	5.10	6.04	6.82	7.20	7.63	7.87	7.89	7.14	5.60
	280	1.58	2.89	5.13	5.85	6.90	7.76	8.13	8.46	8.60	8.22	6.80	4.26
C	200	1.39	2.41	4.07	4.58	5.29	5.84	6.07	6.28	6.34	6.02	5.01	3.23
	224	1.70	2.99	5.12	5.78	6.71	7.45	7.75	8.00	8.06	7.57	6.08	3.57
	250	2.03	3.62	6.23	7.04	8.21	9.08	9.38	9.63	9.62	8.75	6.56	2.93
	280	2.42	4.32	7.52	8.49	9.81	10.72	11.06	11.22	11.04	9.50	6.13	—
	315	2.84	5.14	8.92	10.05	11.53	12.46	12.72	12.67	12.14	9.43	4.16	—
	355	3.36	6.05	10.46	11.73	13.31	14.12	14.19	13.73	12.59	7.98	—	—
	400	3.91	7.06	12.10	13.48	15.04	15.53	15.24	14.08	11.95	4.34	—	—
	450	4.51	8.20	13.80	15.23	16.59	16.47	15.57	13.29	9.64	—	—	—

表 14 - 5 $i_{12} \neq 1$ 时单根普通 V 带的额定功率增量 ΔP_0

(摘自 GB/T 13575.1—92) kW

带型	小带轮转速 n_1 /(r·min^{-1})	传动比 i_{12}									
		1.00~1.01	1.02~1.04	1.05~1.08	1.09~1.12	1.13~1.18	1.19~1.24	1.25~1.34	1.35~1.51	1.52~1.99	≥2
Z	400	0.00	0.00	0.00	0.00	0.00	0.00	0.00	0.00	0.01	0.1
	730	0.00	0.00	0.00	0.00	0.00	0.00	0.01	0.01	0.01	0.02
	800	0.00	0.00	0.00	0.00	0.01	0.01	0.01	0.01	0.02	0.02
	980	0.00	0.00	0.00	0.01	0.01	0.01	0.01	0.02	0.02	0.02
	1200	0.00	0.00	0.01	0.01	0.01	0.01	0.02	0.02	0.02	0.03
	1460	0.00	0.00	0.01	0.01	0.01	0.02	0.02	0.02	0.02	0.03
	2800	0.00	0.01	0.02	0.02	0.03	0.03	0.03	0.04	0.04	0.04
A	400	0.00	0.01	0.01	0.02	0.02	0.03	0.03	0.04	0.04	0.05
	730	0.00	0.01	0.02	0.03	0.04	0.05	0.06	0.07	0.08	0.09
	800	0.00	0.01	0.02	0.03	0.04	0.05	0.06	0.08	0.09	0.10
	980	0.00	0.01	0.03	0.04	0.05	0.06	0.07	0.08	0.10	0.11
	1200	0.00	0.02	0.03	0.05	0.07	0.08	0.10	0.11	0.13	0.15
	1460	0.00	0.02	0.04	0.06	0.08	0.09	0.11	0.13	0.15	0.17
	2800	0.00	0.04	0.08	0.11	0.15	0.19	0.23	0.26	0.30	0.34
B	400	0.00	0.01	0.03	0.04	0.06	0.07	0.08	0.10	0.11	0.13
	730	0.00	0.02	0.05	0.07	0.10	0.12	0.15	0.17	0.20	0.22
	800	0.00	0.03	0.06	0.08	0.11	0.14	0.17	0.20	0.23	0.25
	980	0.00	0.03	0.07	0.10	0.13	0.17	0.20	0.23	0.26	0.30
	1200	0.00	0.04	0.08	0.13	0.17	0.21	0.25	0.30	0.34	0.38
	1460	0.00	0.05	0.10	0.15	0.20	0.25	0.31	0.36	0.40	0.46
	2800	0.00	0.10	0.20	0.29	0.39	0.49	0.59	0.69	0.79	0.89
C	400	0.00	0.04	0.08	0.12	0.16	0.20	0.23	0.27	0.31	0.35
	730	0.00	0.07	0.14	0.21	0.27	0.34	0.41	0.48	0.55	0.62
	800	0.00	0.08	0.16	0.23	0.31	0.39	0.47	0.55	0.63	0.71
	980	0.00	0.09	0.19	0.27	0.37	0.47	0.56	0.65	0.74	0.83
	1200	0.00	0.12	0.24	0.35	0.47	0.59	0.70	0.82	0.94	1.06
	1460	0.00	0.14	0.28	0.42	0.58	0.71	0.85	0.99	0.14	1.27
	2800	0.00	0.27	0.55	0.82	1.10	1.37	1.64	1.92	2.19	2.47

表 14 - 6 包角修正系数 K_a

包角 α_1/(°)	180°	170°	160°	150°	140°	130°	120°	110°	100°	90°
K_a	1.00	0.98	0.95	0.92	0.89	0.86	0.82	0.78	0.74	0.69

14.3.3 普通 V 带传动的设计计算

1. 已知条件及设计内容

设计 V 带传动的已知条件一般为：原动机的性能，传动用途，传递的功率 P，两轮的转速 n_1、n_2（或传动比 i_{12}），工作条件及外廓尺寸要求等。

设计内容包括：

(1) 确定普通 V 带的型号、基准长度 L_d 和根数 z；

(2) 确定带轮的材料、基准直径 d_{d1}、d_{d2} 及结构尺寸；

(3) 确定传动的中心距 a、计算初拉力 F_0 及作用在轴上的压力 F_Q；

(4) 选择张紧装置。

2. 设计步骤和方法

(1) 确定计算功率：

$$P_c = K_A P \tag{14-5}$$

式中，P_c 为计算功率，单位为 kW；K_A 为工作情况系数，查表 14-7；P 为传递的额定功率，单位为 kW。

表 14-7 工作情况系数 K_A

载荷性质	工 作 机	原 动 机					
		电动机（交流启动、三角启动、直流并励）、四缸以上内燃机			电动机（联机交流启动、直流复励或串励）、四缸以下的内燃机		
		每天工作小时数/h					
		<10	10~16	>16	<10	10~16	>16
载荷变动很小	液压搅拌机、离心式水泵和压缩机、通风机和鼓风机（$P \leqslant 7.5$ kW）、轻负荷输送机	1.0	1.1	1.2	1.1	1.2	1.3
载荷变动较小	带式输送机(不均匀负荷)、通风机（$P > 7.5$ kW）、旋转式水泵和压缩机（非离心式）、发电机、旋转筛和木工机械	1.1	1.2	1.3	1.2	1.3	1.4
载荷变动较大	制砖机、斗式提升机、往复式水泵和压缩机、起重机、磨粉机、冲剪机床、橡胶机械、振动筛、纺织机械、重载输送机	1.2	1.3	1.4	1.4	1.5	1.6
载荷变动很大	破碎机（旋转式、颚式等）、磨碎机（球磨、棒磨、管磨）	1.3	1.4	1.5	1.5	1.6	1.8

(2) 选择 V 带的型号。根据计算功率 P_c 和小带轮转速 n_1，按图 14-6 选择普通 V 带的型号。当选择的坐标点在两种型号分界线附近时，应按两种型号分别进行计算，然后择优选用。

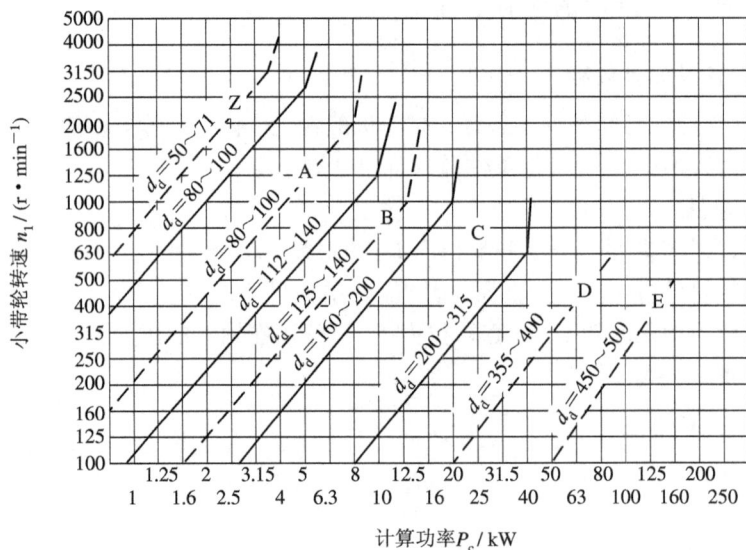

图 14-6 普通 V 带选型图

（3）确定带轮的基准直径 d_{d1}、d_{d2}。

一般取 $d_{d1} \geqslant d_{d\,min}$，若 d_{d1} 过小，则带的弯曲应力太大而导致带的寿命降低；反之，则带传动的外廓尺寸增大。表 14-8 规定了带轮的最小基准直径 $d_{d\,min}$。

表 14-8 普通 V 带轮的最小基准直径 mm

带 型	Y	Z	A	B	C	D	E
最小基准直径 $d_{d\,min}$	20	50	75	125	200	355	500

注：普通 V 带轮的基准直径系列为 20 22.4 25 28 31.5 35.5 40 45 50 56 63 67 71 75 80 85 90 95 100 106 112 118 125 132 140 150 160 170 180 200 212 224 236 250 265 280 300 315 355 375 400 425 450 475 500 530 560 600 630 670 710 750 800 900 1000…

大带轮的基准直径 d_{d2} 由下式计算

$$d_{d2} = i_{12} d_{d1} (1 - \varepsilon) \tag{14-6}$$

带轮的基准直径 d_{d1}、d_{d2} 应符合带轮基准直径尺寸系列。

（4）验算带速 v：

$$v = \frac{\pi d_{d1} n_1}{60 \times 1000} \text{ m/s} \tag{14-7}$$

式中，d_{d1} 为小带轮的基准直径，单位为 mm；n_1 为小带轮的转速（r/min）。带速应控制在 5 m/s～25 m/s 范围内。

（5）确定中心距 a 和带的基准长度 L_d。

① 初定中心距 a_0。对于没有限定中心距的情况，可按下式初选中心距：

$$0.7(d_{d1} + d_{d2}) \leqslant a_0 \leqslant 2(d_{d1} + d_{d2}) \tag{14-8}$$

若已限定中心距的范围，则 a_0 应在所限定的范围内取值。

② 确定带的基准长度 L_d。按下式初步计算带的基准长度 L_{d0}：

$$L_{d0} = 2a_0 + \frac{\pi(d_{d1} + d_{d2})}{2} + \frac{(d_{d2} - d_{d1})^2}{4a_0} \qquad (14-9)$$

由 L_{d0} 和 V 带的型号查表 14-2，选取接近的基准长度 L_d。

③ 确定实际中心距 a：

$$a \approx a_0 + \frac{L_d - L_{d0}}{2} \qquad (14-10)$$

考虑安装、张紧和调整等，中心距需要有一定的调整范围，一般为

$$a_{\max} = a + 0.03L_d, \ a_{\min} = a - 0.015L_d$$

（6）验算小带轮包角 α_1：

$$\alpha_1 = 180° - 57.3° \times \frac{d_{d2} - d_{d1}}{a} \qquad (14-11)$$

一般要求 $\alpha_1 \geqslant 120°$，若不能满足，可增大中心距或设置张紧轮。

（7）确定带的根数 z：

$$z = \frac{P_c}{[P_0]} = \frac{P_c}{(P_0 + \Delta P_0)K_a K_L} \qquad (14-12)$$

式中，P_c 为计算功率，单位为 kW；$[P_0]$ 为单根普通 V 带在实际使用条件下的许用额定功率，单位为 kW。

带的根数 z 应圆整为整数。为使各根带受力均匀，带的根数 z 不能太多，一般 $z=2\sim5$ 为宜，最多不多于 $8\sim10$ 根。否则应加大带轮基准直径或选择较大型号的 V 带，重新设计。

（8）确定单根 V 带的初拉力 F_0。保持适当的初拉力是带传动正常工作的必要条件。初拉力过小，则传动时摩擦力过小，易打滑；过大则降低带的寿命，并增大了轴和轴承的压力。单根 V 带的初拉力可按下式计算：

$$F_0 = 500 \times \frac{(2.5 - K_a)P_c}{K_a z v} + qv^2 \quad \text{N} \qquad (14-13)$$

式中，q 为每米带长的质量，单位为 kg/m，可查表 14-1。其他符号的意义同前。

（9）计算作用在带轮轴上的压力 F_Q。为了设计轴和轴承，必须求出 V 带作用在轴上的压力 F_Q。F_Q 可按下式计算：

$$F_Q \approx 2zF_0 \sin(\alpha_1/2) \quad \text{N} \qquad (14-14)$$

14.3.4　V 带传动的设计计算实例

例 14-1　已知电动机型号为 Y100L2-4，额定功率 $P_m = 3$ kW，满载转速 $n_m = 1420$ r/min，电动机的效率 $\eta = 0.93$；其 V 带传动的传动比 $i_{12} = 2.5$；每日工作 16 小时，工作载荷平稳，单向运转。试设计该传动系统中的普通 V 带传动。

解　（1）确定计算功率 P_c。电动机轴的输出功率即主动带轮的输入功率为

$$P_0 = \eta P_m = 0.93 \times 3 \text{ kW} = 2.79 \text{ kW}$$

查表 14-7 得 $K_A = 1.1$，由式（14-5）得

$$P_c = K_A P_0 = 1.1 \times 2.79 \text{ kW} = 3.069 \text{ kW}$$

（2）选择普通 V 带的型号。根据 $P_c = 3.069$ kW，$n_m = 1420$ r/min，由图 14-5 查得该坐标点位于 A 型带区域，按 A 型带进行计算。

（3）确定大、小带轮基准直径 d_{d1}、d_{d2}。由表 14-8 取 $d_{d1} = 80$ mm，由式（14-6）得

$$d_{d2} = i_{12}d_{d1}(1-\varepsilon) = 2.5 \times 80 \times (1-0.02)\text{mm} = 196 \text{ mm}$$

由表 14-8 取 $d_{d2} = 200$ mm。

（4）验算带速。由式（14-7）得

$$v = \frac{\pi d_{d1}n_1}{60 \times 1000} = \frac{\pi \times 80 \times 1420}{60 \times 1000} \text{ m/s} = 5.95 \text{ m/s}$$

带速在 5 m/s～25 m/s 之间，合适。

（5）确定 V 带基准长度 L_d 和中心距 a。考虑电动机与减速器的安装位置，V 带传动的中心距应保证电动机不与减速器外壁接触，且拆卸方便。据此，V 带传动的中心距应不小于齿轮传动的中心距、从动齿轮轴线到减速箱左凸缘外壁距离、减速箱左凸缘外壁与电动机之间的间隙、电动机的外半径等尺寸之和。

① 初步确定中心距 $a_0 = 540$ mm，符合 $0.7(d_{d1}+d_{d2}) \leqslant a_0 \leqslant 2(d_{d1}+d_{d2})$。

② 确定 V 带的基准长度 L_d。由式（14-9）得

$$L_{d0} = 2a_0 + \frac{\pi(d_{d1}+d_{d2})}{2} + \frac{(d_{d2}-d_{d1})^2}{4a_0}$$

$$= 2 \times 540 + \frac{\pi \times (80+200)}{2} + \frac{(200-80)^2}{4} \times 540 \text{ mm} = 1526.3 \text{ mm}$$

查表 14-2，对 A 型带取 $L_d = 1600$ mm。

③ 计算实际中心距。由式（14-10）得

$$a \approx a_0 + \frac{L_d - L_{d0}}{2} = 540 + \frac{1600 - 1526.3}{2} \text{ mm} = 577 \text{ mm}$$

（6）验算小带轮的包角 α_1。由式（14-11）得

$$\alpha_1 = 180° - 57.3° \times \frac{d_{d2}-d_{d1}}{a} = 180° - 57.3° \times \frac{200-80}{577} = 168° > 120° \text{合适}$$

（7）计算 V 带的根数。由式（14-12）得

$$z = \frac{P_c}{[P_0]} = \frac{P_c}{(P_0 + \Delta P_0)K_a K_L}$$

查表 14-4 得 $P_0 = 0.86$ kW；查表 14-5 得 $\Delta P_0 = 0.167$ kW；查表 14-6 得 $K_a = 0.974$；查表 14-2 得 $K_L = 0.99$。则

$$z = \frac{3.069}{(0.86 + 0.167) \times 0.974 \times 0.99} = 3.1$$

取 $z = 4$。

（8）计算初拉力 F_0。查表 14-1 得 $q = 0.1$ kg/m，由式（14-13）得初拉力为

$$F_0 = 500 \times \frac{(2.5-K_a)P_c}{K_a zv} + qv^2 = 500 \times \frac{(2.5-0.974) \times 3.069}{0.974 \times 3 \times 5.95} + 0.1 \times 5.95^2 \text{ N}$$

$$= 138.2 \text{ N}$$

（9）计算作用在轴上的压力 F_Q。由式（14-14）得

$$F_Q = 2zF_0 \sin(\alpha_1/2) = 2 \times 3 \times 138.2 \times \sin(168°/2)\text{N} = 824.7 \text{ N}$$

（10）带轮结构设计。根据带轮的基准直径 $d_{d1} = 80$ mm、$d_{d2} = 200$ mm，小带轮拟采用实心式结构，大带轮拟采用腹板式结构。其结构和尺寸计算方法见图 14-4 及表 14-3，这里不再赘述，两带轮材料均用 HT200。

14.3.5 提高带传动工作能力的措施

1. 增大摩擦系数 f

摩擦式带传动其摩擦系数越大,则传动能力越强。所以,可通过选择合适的材料等措施增大摩擦系数,以提高带传动的工作能力。

2. 增大包角 α_1

柔韧体摩擦其摩擦力的大小,不仅与摩擦系数和正压力有关,而且还与接触面积的大小有关。包角越大则接触面积越大,摩擦力也越大,传动能力越强。采用增大中心距、减小传动比以及在带传动外侧安装张紧轮等方法可以增大包角。

3. 保持适当的张紧力

张紧力越大,摩擦力也越大,传动能力越强。但张紧力太大会导致带的寿命缩短。

4. 其他措施

采用新型 V 带、采用高强度材料作为带的强力层等,都可以提高带传动的传动能力。

14.4 V 带传动的张紧、安装和维护

14.4.1 V 带传动的张紧

由于带使用一段时间后,会产生塑性变形而松弛,使带的张紧力减小,其传动能力降低,因而要重新张紧,以保持传动能力。常用的张紧方法有以下两种。

1. 调整中心距

当中心距可调时,加大中心距,使带张紧。调节中心距的张紧装置有以下两类:

(1)定期张紧装置:采用定期改变中心距的方法来调节带的张紧力,使带重新张紧。常见的有滑道式和摆架式两种结构。

① 在水平或倾斜度不大的传动中,可用滑道式的方法,如图 14-7(a)所示。将装有带轮的电动机安装在制有滑道的基板上,要调节带的张紧力时,松开基板上各螺栓的螺母,旋动调节螺钉,将电动机向右推移到所需的位置,然后拧紧螺母。

② 在垂直或接近垂直的传动中,可用摆架式的方法,如图 14-7(b)所示。将装有带轮的电动机安装在可调整的摆架上,通过调整螺栓使电动机摆动将带张紧。

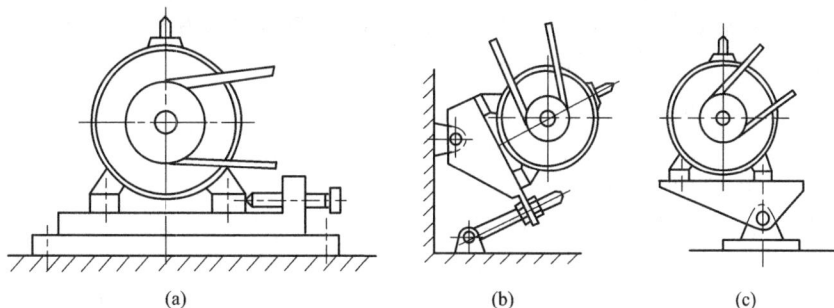

(a)　　　　　　　(b)　　　　　　　(c)

图 14-7　调整中心距张紧装置

（2）自动张紧装置：将装有带轮的电动机安装在浮动的摆架上，利用电动机的自重，使带轮绕固定轴摆动，以自动保持张紧力，如图 14-7(c) 所示。

2. 采用张紧轮

当中心距不能调节时，可采用张紧轮将带张紧，如图 14-8 所示。张紧轮一般放在松边的内侧，使带只受单向弯曲，同时张紧轮还应尽量靠近大轮，以免过分影响带在小轮上的包角。张紧轮的轮槽尺寸与带轮的相同，且直径小于小带轮的直径。

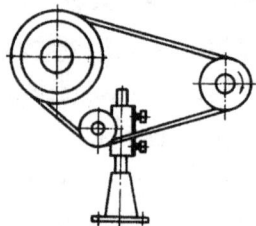

图 14-8　张紧轮装置

14.4.2　V 带传动的安装和维护

1. V 带传动的安装

（1）安装 V 带时，首先将中心距缩小，将带套在带轮上后，慢慢地增大中心距，满足规定的初拉力要求。严禁用其他工具强行撬入或撬出，以免对带造成不必要的损坏。

（2）安装 V 带时，两带轮轴线应相互平行，其 V 形槽对称平面应重合。

（3）同组使用的 V 带应型号相同，长度相等，以免各带受力不均。

2. V 带传动的维护

（1）要采用安全防护罩，以保障操作人员的安全，同时防止油、酸、碱对 V 带的腐蚀。

（2）定期检查 V 带有无松弛和断裂现象，如有一根松弛或断裂则应全部更换。

（3）禁止给带轮上加润滑剂，且应及时清除带轮槽及带上的油污。

（4）带传动工作温度不应过高，一般不超过 60℃。

（5）若带传动久置后再用，应将传动带放松。

思考与练习题

14-1　什么情况下最适合选用带传动？

14-2　打滑是带传动的一种失效形式，打滑一定有害吗？

14-3　在 C6140 车床的传动系统中，为何将带传动放置在高速级？

14-4　带速为什么不宜太高也不宜太低？

14-5　采用张紧轮时，若将张紧轮放置在带的内侧，应靠近哪一个带轮，为什么？

14-6　带传动中带为何要张紧，如何张紧？

14-7　一普通 V 带传动，已知带的型号为 A，两轮基准直径分别为 $d_{d1}=150$ mm 和 $d_{d2}=400$ mm，初定中心距 $a_0=1000$ mm，小带轮转速为 $n_1=1460$ r/min。试求：

（1）小带轮包角 α_1；

（2）选定带的基准长度 L_d；

（3）不考虑带传动的弹性滑动时大带轮的转速 n_2；

（4）滑动率 $\varepsilon=0.015$ 时大带轮的实际转速 n_2；

（5）实际中心距 a。

14-8　设计一磨面机，用普通 V 带传动。已知电动机的额定功率为 $P_m=5.5$ kW，转速 $n_1=1420$ r/min，$n_2=560$ r/min，允许 n_2 误差 $\pm5\%$，两班制工作，希望中心距不超过 700 mm。

第五篇　通用机械零部件

　　机械零件是组成机器的最小单元，可分为通用零件和专用零件两类。部件是为完成某一职能，将若干个零件组合在一起的一套协同工作的零件组合体，如机器中的联轴器、轴承等。本篇将以通用机械零部件为研究对象，包括键联接、螺纹联接、轴、轴承、联轴器和离合器，主要研究一般工作条件下这些通用机械零部件的设计问题，包括其工作原理、类型选择、外形和尺寸确定、材料选择以及基本设计方法等。

第 15 章 联 接

联接是将两个或两个以上的零件组合成一体的结构。为了便于机器的制造、安装、运输等常采用不同的联接。联接按是否可拆分为两大类。

(1) 可拆联接：允许多次装拆，不会破坏或损坏联接中的任何一个零件，如键联接、螺纹联接和销联接等。

(2) 不可拆联接：如果会破坏或损坏联接中的零件就不能将联接拆开，如焊接、铆接、粘接和过盈联接等。

联接还可以分为动联接和静联接。在机器工作时，被联接件之间可以有相对运动的联接称为动联接，如各种运动副。反之，称为静联接，如普通平键联接。

本章以普通平键联接和螺纹联接为主，介绍联接的工作原理、类型、特点、应用，从分析联接的失效形式与设计准则入手，介绍联接用零件及联接设计的思路和方法，指出使用、维护时应注意的事项。

15.1 键 联 接

15.1.1 键联接的类型和应用

键是标准件，通常用来实现轴与轮毂之间的周向固定以传递转矩，有的还能实现轴上零件的轴向固定或轴向移动的导向。键联接的主要类型有平键联接、半圆键联接、楔键联接和切向键联接。平键联接和半圆键联接属于松键联接，楔键联接和切向键联接属于紧键联接。

1. 松键联接

松键联接中，键的两侧面是工作面，工作时，靠键与键槽侧面的挤压来传递转矩。键的上表面和轮毂的键槽底面间留有间隙(图 15-1(a))。

1) 平键联接

图 15-1(a)所示为平键联接的结构形式。平键联接具有结构简单、对中性好、装拆方便等优点，因而得到了广泛应用。但平键联接的缺点是不能承受轴向力，因而对轴上的零件不能起到轴向定位的作用。按用途不同，平键可分为普通平键、导向平键和滑键三种。普通平键用于静联接，导向平键用于移动距离较小的动联接，滑键用于移动距离较大的动联接。

(1) 普通平键。普通平键按构造分为圆头(A 型)、平头(B 型)及单圆头(C 型)三种，如图 15-1(b)、(c)、(d)所示。普通平键和键槽尺寸见表 15-1。

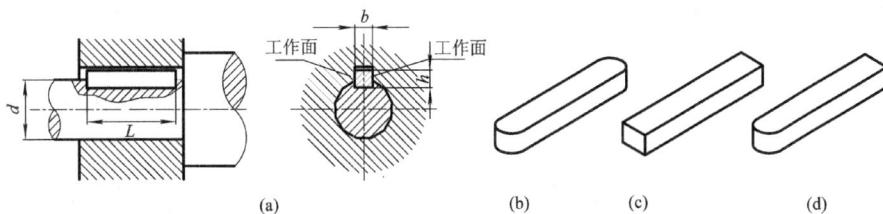

图 15-1　普通平键联接

表 15-1　普通平键和键槽的尺寸(摘自 GB 1095—79、GB 1096—79)　　　mm

标记示例

圆头普通平键(A 型)	$b=16$, $h=10$, $L=100$	标记为:键 16×100 GB 1096—79
平头普通平键(B 型)	$b=16$, $h=10$, $L=100$	标记为:键 B16×100 GB 1096—79
单圆头普通平键(C 型)	$b=16$, $h=10$, $L=100$	标记为:键 C16×100 GB 1096—79

轴	键	键槽											
			宽 度 b					深　度				半 径 r	
		公称尺寸 b	极 限 偏 差					轴 t		毂 t_1			
公称直径 d	公称尺寸 $b×h$		轻松键联接		一般键联接		较紧键联接						
			轴 H9	毂 D10	轴 N9	毂 JS9	轴和毂 P9	公称尺寸	极限偏差	公称尺寸	极限偏差	最小	最大
>10~12	4×4	4	+0.030 0	+0.078 +0.030	0 −0.030	±0.015	−0.012 −0.042	2.5	+0.1 0	1.8	+0.1 0	0.08	0.16
>12~17	5×5	5						3.0		2.3		0.16	0.25
>17~22	6×6	6						3.5		2.8			
>22~30	8×7	8	+0.036 0	+0.098 +0.040	0 −0.036	±0.018	−0.015 −0.051	4.0		3.3			
>30~38	10×8	10						5.0		3.3			
>38~44	12×8	12	+0.043 0	+0.120 +0.050	0 −0.043	±0.0215	−0.018 −0.061	5.0	+0.2 0	3.3	+0.2 0	0.25	0.40
>44~50	14×9	14						5.5		3.8			
>50~58	16×10	16						6.0		4.3			
>58~65	18×11	18						7.0		4.4			
>65~75	20×12	20	+0.052 0	+0.149 +0.065	0 −0.052	±0.026	−0.022 −0.074	7.5		4.9		0.40	0.60
>75~85	22×14	22						9.0		5.4			
键的长度系列	6, 8, 12, 14, 16, 18, 20, 22, 25, 28, 32, 36, 40, 45, 50, 56, 63, 70, 80, 90, 100, 110, 125, 140, 160, 180, 200, 250, 280, 320, 360												

注:① 在工作图中,轴槽深用 t 或($d-t$)标注,轮毂槽深用($d+t_1$)标注;② ($d-t$)和($d+t_1$)两组组合尺寸的极限偏差按相应的 t 和 t_1 极限偏差选取,但($d-t$)极限偏差值应取负号。

圆头平键轴上的键槽用端铣刀加工(图 15 - 2(a)),键在槽中固定良好,但轴上键槽端部的应力集中较大。平头平键轴上的键槽用盘铣刀加工(图 15 - 2(b)),应力集中较小,但键在轴上的轴向固定不好。单圆头平键常用于轴的端部联接,轴上键槽常用端铣刀铣通。

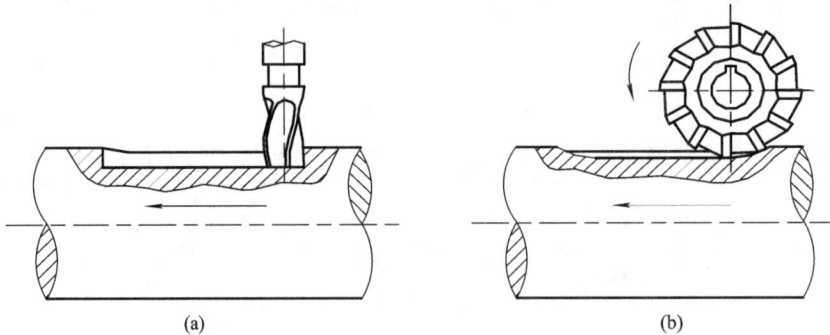

(a)　　　　　　　　　　　　　　(b)

图 15 - 2　键槽加工方法

(2) 导向平键。当被联接的轮毂类零件在工作过程中须在轴上作较小距离的轴向移动时,则采用导向平键,见图 15 - 3(a)。导向平键较长,用螺钉固定在轴上的键槽中,为了便于拆卸,键上制有起键螺孔,以便拧入螺钉使键退出键槽。轴上的传动零件可沿键作轴向滑移,如变速箱中的滑移齿轮等。

(3) 滑键。当轴上零件滑移距离较大时,因所需导向键的尺寸过大,制造困难,固采用滑键,见图 15 - 3(b)、(c)。滑键固定在轮毂上,轮毂带动滑键在轴上的键槽中作轴向滑移。这样只需在轴上铣出较长的键槽,而键可以做得较短。

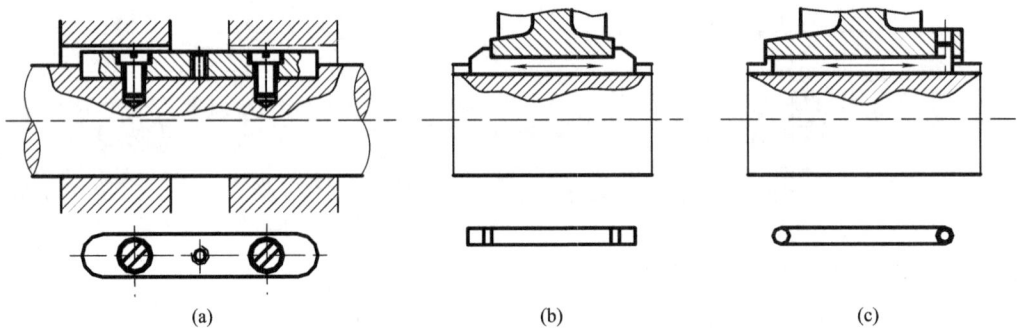

(a)　　　　　　　　　　(b)　　　　　　　　　　(c)

图 15 - 3　导向平键联接和滑键联接

2) 半圆键联接

半圆键联接如图 15 - 4 所示。半圆键能在轴的键槽内摆动,以适应轮毂键槽底面的斜度,特别适合锥形轴端的联接。它的缺点是键槽对轴的削弱较大,只适合于轻载联接。

2. 紧键联接

1) 楔键联接

楔键联接用于静联接,如图 15 - 5 所示。楔键上、下面是工作表面,上表面有 1∶100 的斜度,轮毂键槽底面也有 1∶100 的斜度。装配后,键的上下表面与轮毂和轴上键槽的底面压紧;工作时靠工作表面的摩擦力传递转矩,并能承受单向轴向力和起轴向定位作用。

楔键分为普通楔键(图 15-5(a))和钩头楔键(图 15-5(b))两种。楔键联接时,由于工作表面产生很大预紧力,轴和轮毂的配合产生偏心和偏斜,因此主要用于轮毂类零件的定心精度要求不高和低转速的场合。

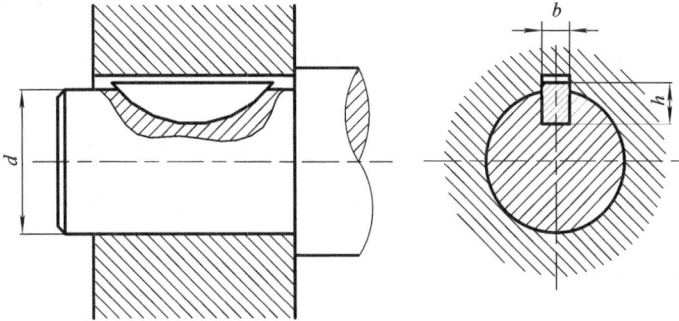

图 15-4 半圆键联接

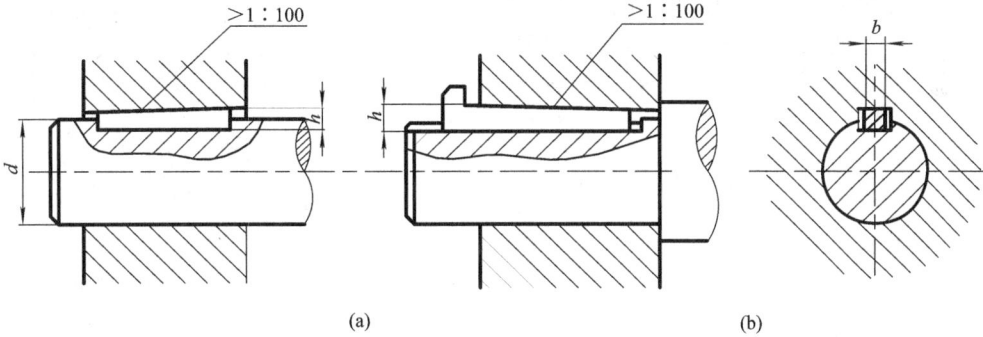

(a)

(b)

图 15-5 楔键联接

2) 切向键联接

切向键是由一对斜度为 1∶100 的楔键组成的,如图 15-6(a)所示。装配时,两个键分别自轮毂两端楔入,装配后两个相互平行的窄面是工作面;工作时依靠工作面的挤压传递转矩。一对切向键只能传递单向转矩,当传递双向转矩时,应装两对相互成 120°~ 135° 的切向键,见图 15-6(b)。切向键能传递很大的转矩,常用于重型机械。

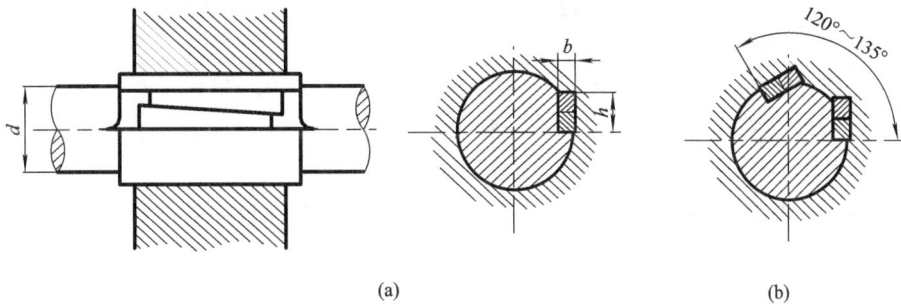

(a)

(b)

图 15-6 切向键联接

15.1.2 平键联接的选择和强度计算

1. 键的类型选择

选择键的类型主要应考虑以下几个因素：传递转矩大小，对中性要求，轮毂是否需要作轴向移动及滑移距离大小，键在轴的中部或端部等。

2. 键的尺寸选择

平键的主要尺寸为键宽 b、键高 h 和键长 L。设计时，根据轴的直径 d 从表 15-1 所列标准中选择平键的宽度 b 和高度 h；键的长度 L 略小于轮毂的长度（一般比轮毂长度短 5 mm～10 mm），并符合标准中规定的长度系列。

3. 平键的强度校核

平键工作时的受力情况如图 15-7 所示，键受到剪切和挤压作用。实践证明，其主要失效形式是键、轴和轮毂中强度较弱的工作表面被压溃（对静联接）或磨损（对动联接）。因此，一般只需校核挤压强度（对静联接）或压强（对动联接）。设载荷沿键长均匀分布，则静联接的挤压强度条件为

$$\sigma_{jy} = \frac{4T}{dhl} \leqslant [\sigma_{jy}] \quad \text{MPa} \qquad (15-1)$$

动联接的压强条件为

$$p = \frac{4T}{dhl} \leqslant [p] \quad \text{MPa} \qquad (15-2)$$

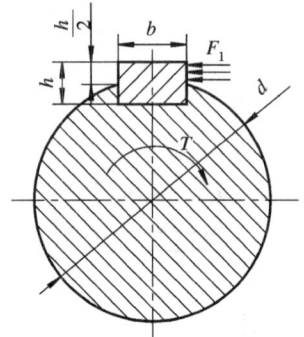

图 15-7 平键的强度校核

式中，T 为传递的转矩（N·mm）；d 为轴的直径（mm）；b 为键的宽度（mm）；h 为键的高度（mm）；l 为键的有效工作长度（mm），A 型键 $l=L-b$，B 型键 $l=L$，C 型键 $l=L-b/2$；$[\sigma_{jy}]$、$[p]$ 分别为联接中最薄弱材料的许用挤压应力和许用压强（MPa），见表 15-2。

表 15-2 键联接的许用挤压应力和许用压强 MPa

许用应力	联接方式	键或轮毂、轴的材料	载荷性质		
			静 载 荷	轻微冲击	冲 击
$[\sigma_{jy}]$	静联接	钢	120～150	100～120	60～90
		铸铁	70～80	50～60	30～45
$[p]$	动联接	钢	50	40	30

注：若与键有相对滑动的被联接件表面经过淬火，则动联接的许用压强 $[p]$ 可提高 2～3 倍。

经校核若联接强度不够，可采取以下措施：

(1) 适当增加轮毂和键的长度，但键长不宜大于 $2.5d$。

(2) 用两个键相隔 180°布置，考虑到载荷分布的不均匀性，只能按 1.5 个键作强度计算。

15.2 花 键 联 接

花键联接由具有周向均匀分布的多个键齿的花键轴和具有同样数目键槽的轮毂组成，

如图 15 - 8(a)所示。花键依靠键齿侧面的挤压传递转矩，由于是多齿传递载荷，所以承载能力强。由于齿槽浅，故对轴的削弱小，应力集中小，故其具有定心好和导向性能好等优点，但需要专用设备进行加工，生产成本高。

花键联接适用于定心精度要求高、载荷大或经常滑移的联接中。花键按齿形分为矩形花键(图 15 - 8(b))和渐开线花键(图 15 - 8(c))。矩形花键齿形简单，易于制造，应用广泛。渐开线花键齿根厚，强度高，加工工艺性好，适用于载荷较大及尺寸较大的联接。

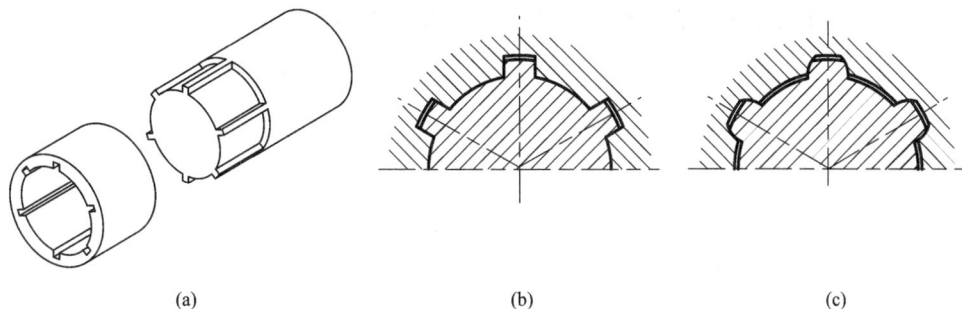

(a)　　　　　　　　　(b)　　　　　　　　　(c)

图 15 - 8　花键联接

15.3　销　联　接

销联接的主要用途是固定零件间的相对位置，并可传递较小的转矩，也可作为安全装置中的过载剪断元件。

按销的形状不同，可分为圆柱销(图 15 - 9(a))和圆锥销(图 15 - 9(b)、(c))。圆柱销利用过盈配合固定，多次拆卸会降低定位精度和可靠性。圆锥销常用的锥度为 1：50，装配方便，定位精度高，多次拆卸不会影响定位精度。

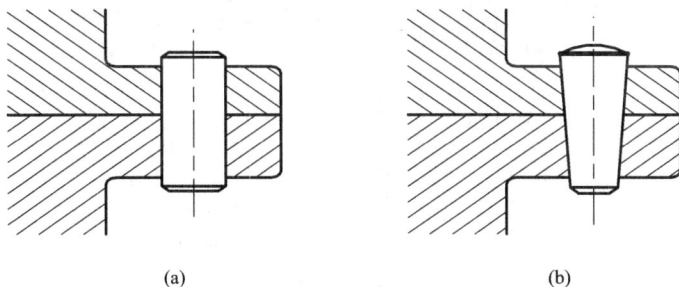

(a)　　　　　　　　　　　(b)

图 15 - 9　销联接

15.4　螺　纹　联　接

螺纹联接是利用螺纹零件实现的联接装置，属于可拆联接，其结构简单，装拆方便，广泛应用于各种机械设备中。在文具、灯具及各种管道中也可见到。

15.4.1 螺纹的类型及主要参数

1. 螺纹的类型

螺纹按螺旋线的旋向可分为左旋螺纹和右旋螺纹，一般多用右旋螺纹。螺纹按螺旋线的数目，可分为单线螺纹、双线螺纹和多线螺纹，联接一般多用单线螺纹。按牙型螺纹可分为三角形螺纹、矩形螺纹、梯形螺纹和锯齿形螺纹(图 15-10(b))，联接一般用三角形螺纹。按螺纹是在外表面或内表面可分为外螺纹和内螺纹，内、外螺纹组成螺旋副。

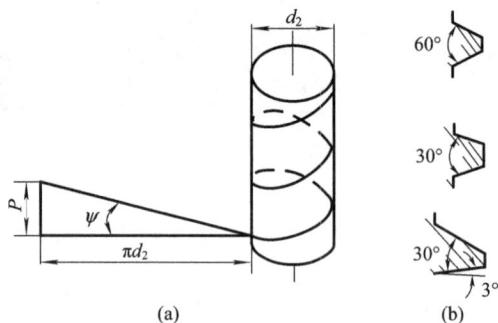

图 15-10 常用螺纹的牙型

2. 螺纹的主要参数

现以普通螺纹即米制三角形螺纹为例，说明螺纹的主要参数，如图 15-11 所示。

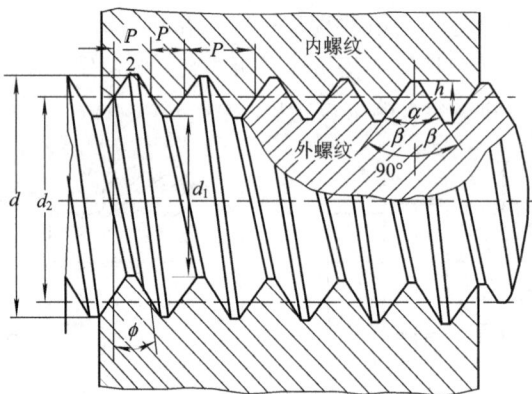

图 15-11 螺纹的主要参数

(1) 大径 $d(D)$：外(内)螺纹的公称直径。

(2) 小径 $d_1(D_1)$：外(内)螺纹的最小直径。

(3) 中径 $d_2(D_2)$：外(内)螺纹的平均直径。

(4) 螺距 P：相邻两螺牙上对应点之间的轴向距离。

(5) 线数 n：螺纹螺旋线的数目，一般 $n \leqslant 4$。

(6) 导程 L：在同一条螺纹上相邻两螺牙上对应点之间的轴向距离。若螺纹线数为 n，则 $L = nP$。

（7）螺纹升角 λ：在中径圆柱上，螺旋线的切线与端面之间的夹角，即

$$\tan\lambda=\frac{L}{\pi d_2}=\frac{nP}{\pi d_2}$$

（8）牙型角 α：在轴向剖面内，相邻螺纹牙型两侧边之间的夹角。

（9）牙侧角 β：在轴向剖面内，螺纹牙型侧边与螺纹轴线的垂线之间的夹角。对于对称牙型，$\beta=\alpha/2$。

15.4.2 螺纹联接的基本类型、结构尺寸及应用

1. 联接用螺纹

螺纹联接一般采用三角形螺纹，主要有普通螺纹和管螺纹。普通螺纹有粗牙和细牙之分。同一大径 d 有多种螺距 P，螺距最大的为粗牙螺纹，其余为细牙螺纹。粗牙螺纹广泛用于各种联接中；细牙螺纹适用于薄壁零件的紧密联接，用于不常拆卸的地方。管螺纹分非螺纹密封用的管螺纹和用螺纹密封的管螺纹。用螺纹密封的管螺纹又分为圆柱管螺纹和圆锥管螺纹。圆柱管螺纹广泛应用于水、煤气等管道联接；圆锥管螺纹联接密封性好、不用填料，适用于密封要求高的管道联接。普通螺纹基本尺寸见表 15-3。

表 15-3 普通螺纹基本尺寸 mm

公称直径等于 24 mm，螺距等于 3 mm 的普通粗牙螺纹
标记为：$M24$
公称直径等于 24 mm，螺距等于 1.5 mm 的普通细牙螺纹
标记为：$M24\times1.5$

公称直径（大径）D、d	粗 牙			细 牙
	螺距 P	中径 D_2、d_2	小径 D_1、d_1	螺距 P
16	2	14.701	13.835	1.5，1
(18)	2.5	16.376	15.294	
20	2.5	18.376	17.294	
(22)	2.5	20.376	19.294	2，1.5，1
24	3	22.052	20.752	
(27)	3	25.052	23.752	
30	3.5	27.727	26.211	

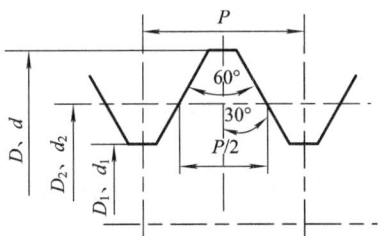

2. 螺纹联接的类型

螺纹联接有四种基本类型,如图 15-12 所示。

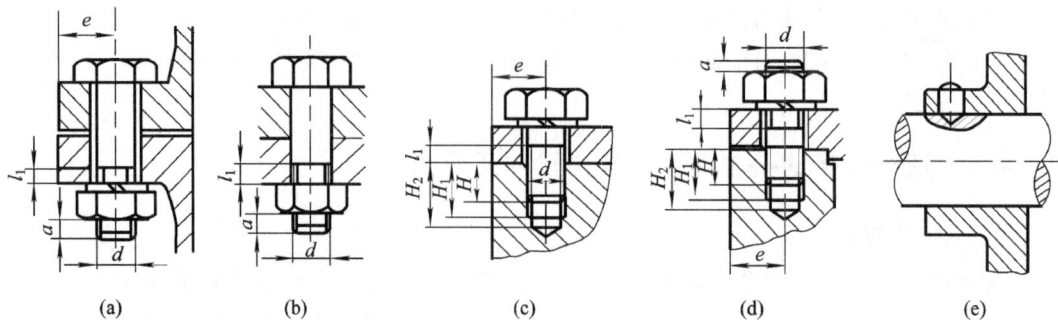

螺纹余留长度l_1:

$l_1 \geqslant (0.3 \sim 0.5)d$(静载荷)

$l_1 \geqslant 0.75\,d$(变载荷)

$l_1 \geqslant d$(冲击载荷或弯曲载荷)

铰制孔用螺栓l_1尽可能小

螺纹伸出长度$a=(0.2 \sim 0.3)\,d$

螺栓轴线到边缘的距离$e=d+(3 \sim 6)$ mm

座端拧入深度H:

$H \approx d$(钢或青铜)

$H \approx (1.25 \sim 1.5)\,d$(铸铁)

$H \approx (1.5 \sim 2.5)\,d$(铝合金)

螺纹孔深度$H_1=H+(2 \sim 2.5)\,P$

钻孔深度$H_2=H_1+(0.5 \sim 1)\,d$

图 15-12 螺纹联接的类型

(1) 螺栓联接。螺栓联接是螺纹联接的一般形式,这种联接用于被联接件不太厚和便于加工通孔的场合。螺栓联接分为两种:

① 普通螺栓联接(图 15-12(a)):螺栓杆与孔之间有间隙,杆与孔的加工精度要求低,联接时需拧紧螺母。普通螺栓联接拆装方便,应用最为广泛。

② 铰制孔用螺栓联接(图 15-12(b)):螺栓杆与孔之间没有间隙,杆与孔的加工精度要求高,能承受横向载荷,也能起定位作用。

(2) 螺钉联接(图 15-12(c))。螺钉直接旋入被联接件的螺纹孔中,省去了螺母,结构简单,适用于盲孔,但不宜经常拆卸,以免损坏内螺纹而难以修复。

(3) 双头螺柱联接(图 15-12(d))。螺柱两端都有螺纹,一端旋入被联接件,另一端由螺母旋入,多用于被联接件之一较厚或采用盲孔,且需要经常拆卸的场合。

(4) 紧定螺钉联接(图 15-12(e))。常用来固定两零件的相对位置,并可传递较小的转矩。

15.4.3 螺纹联接件

螺纹联接件大多已有国家标准,设计时一般根据大径 $d(D)$ 按标准选用。

1. 螺栓

螺栓的头部形状很多,常用的有标准六角头和小六角头两种(图 15-13)。由冷镦法生产的小六角头螺栓具有用材省、生产率高、力学性能好等优点。但其头部尺寸较小,不宜用于频繁拆卸、被联接件强度低和容易锈蚀的地方。

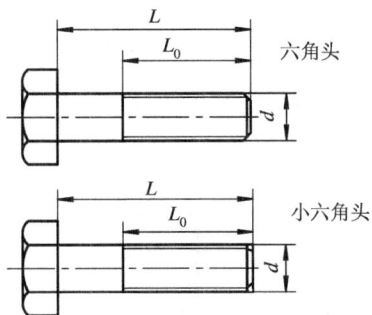

图 15 - 13 螺栓

2. 双头螺柱

双头螺柱(图 15 - 14)旋入被联接件螺纹孔的一端称为座端,与螺母相配合的一端称为螺母端。

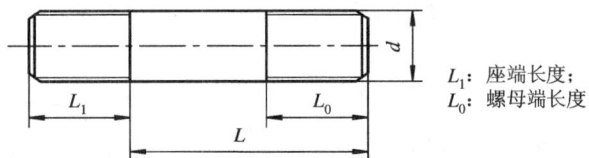

L_1:座端长度;
L_0:螺母端长度

图 15 - 14 双头螺柱

3. 螺钉和紧定螺钉

螺钉和紧定螺钉的头部有内六角头、十字槽头、开槽头、滚花头等多种形式(图 15 - 15 (a)),以适应不同拧紧方法的要求。紧定螺钉用末端顶住被联接件,其末端形式有锥端、平端、凹端、圆柱端等(图 15 - 15(b))。

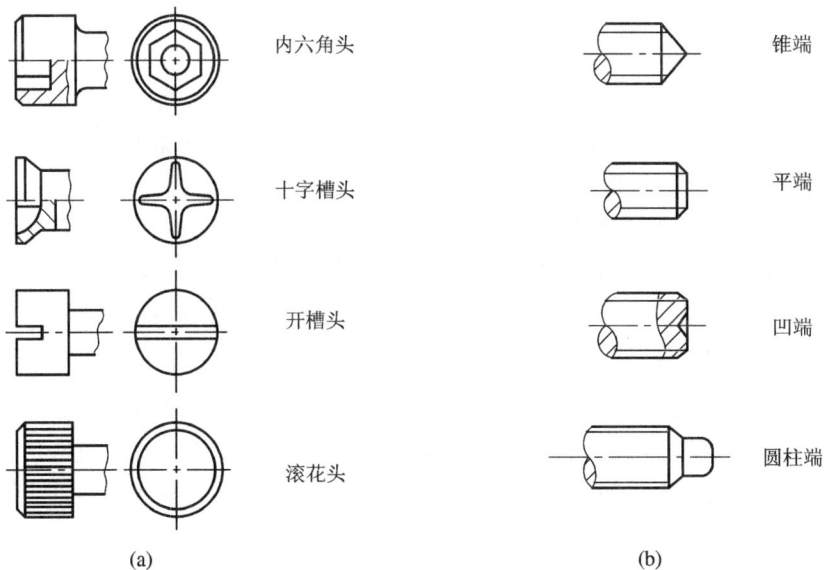

内六角头

十字槽头

开槽头

滚花头

锥端

平端

凹端

圆柱端

(a)

(b)

图 15 - 15 螺钉和紧定螺钉

4. 螺母

螺母的形状也很多，常用的有六角螺母(图 15 - 16)和圆螺母(图 15 - 17)。六角螺母有普通螺母、薄螺母、厚螺母。薄螺母用于高度尺寸受到限制的地方，厚螺母用于经常拆卸、容易磨损的地方。圆螺母常与止动垫圈配合使用，用于轴上零件的轴向固定。

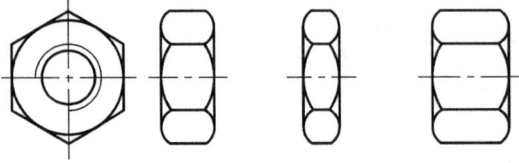

图 15 - 16　六角螺母

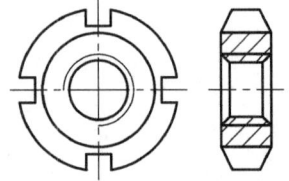

图 15 - 17　圆螺母

5. 垫圈

垫圈的作用是增大被联接件的支承面，降低支承面的压强，防止拧紧螺母时擦伤被联接件的表面。常用的垫圈有普通垫圈(图 15 - 18(a))和弹簧垫圈(图 15 - 18(b))。

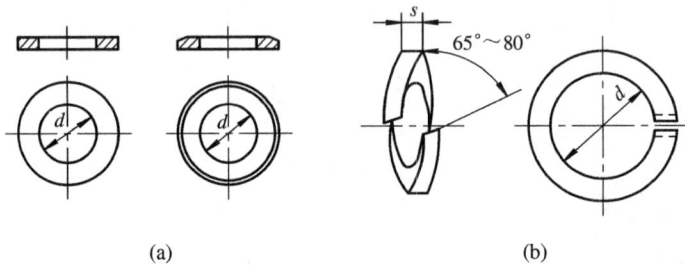

(a)

(b)

图 15 - 18　垫圈

15.4.4　螺纹联接的预紧与防松

1. 螺纹联接的预紧

一般螺纹联接在装配时都必须拧紧，称为预紧。这时螺纹受到预紧力的作用。预紧的目的是防止工作时螺纹联接出现缝隙和滑移，保证联接的紧密性和可靠性。如果预紧力过小，会使联接不可靠；如果预紧力过大，容易将螺栓拉断。

对于一般联接，可凭借经验来控制预紧力的大小，但对于重要的联接必须严格控制预紧力的大小。小批量生产时可使用测力矩扳手来控制预紧力的大小，大批量生产时常用风扳机来控制预紧力的大小，当力矩达到额定数值时，风扳机中的离合器会自动脱开。

2. 螺纹联接的防松

螺纹联接是利用螺纹的自锁性来达到联接要求的，一般情况下不会松动。但是，在冲击、振动、变载、温度变化较大时螺纹会产生自动松脱。因此，在设计螺纹联接时必须考虑防松。螺纹联接防松的根本问题是阻止螺旋副相对转动。防松的方法很多，常用的防松方法见表 15 - 4。

表 15 - 4　常用的防松方法

利用摩擦力防松	弹簧垫圈	对顶螺母	尼龙圈锁紧螺母
	弹簧垫圈材料为弹簧钢，装配后垫圈被压平，其反弹力能使螺纹间保持压紧力和摩擦力	利用两螺母的对顶作用使螺栓始终受到附加的拉力和附加的摩擦力。其结构简单，可用于低速重载场合	螺母中嵌有尼龙圈，拧上后尼龙圈内孔被胀大，箍紧螺栓
采用防松元件防松	槽形螺母和开口销	圆螺母用带翅垫片	止动垫片
	槽形螺母拧紧后，用开口销穿过螺栓尾部小孔和螺母的槽，也可以用普通螺母拧紧后再配钻开口销孔	使垫片内翅嵌入螺栓（轴）的槽内，拧紧螺母后将垫片外翅之一折嵌于螺母的一个槽内	将垫片折边以固定螺母和被联接件的相对位置

其他方法防松	冲点法	粘合法
	用冲头冲 2～3 点	用粘合剂涂于螺纹旋合表面，拧紧螺母后粘合剂能自行固化，防松效果良好

15.4.5　螺栓联接的失效形式

　　普通螺栓的主要失效形式是螺栓杆或螺纹部分的塑性变形和断裂；铰制孔用螺栓的失效形式是螺栓杆被剪断、螺栓杆或孔壁被压溃；经常拆卸时会因磨损产生滑扣。

15.4.6　提高螺栓联接强度的措施

1. 改善螺纹牙间的载荷分布

由于螺栓和螺母的刚度不同、变形不同，因此各牙受力不均匀。从螺母支承面算起，第一圈承载最大，以后各圈递减，到第 8～10 圈以后，螺纹几乎不受载荷。为改善各牙受力分布不均匀，可采用悬置螺母(图 15 - 19(a))、内斜螺母(图 15 - 19(b))、环槽螺母(图 15 - 19(c))等，使螺纹牙间的载荷分配趋于均匀，以提高螺栓的强度。

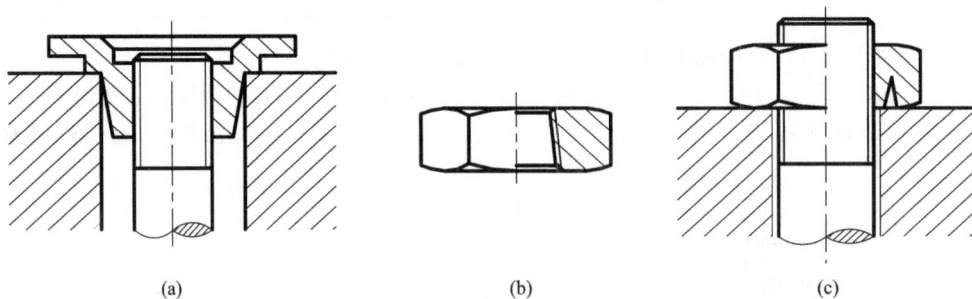

(a)　　　　　　　　　　(b)　　　　　　　　　　(c)

图 15 - 19　均载螺母结构

2. 减小应力集中

适当增大螺纹牙根过渡处圆角半径、在螺纹结束部位采用退刀槽等，都能使截面变化均匀，减小应力集中，提高螺栓的疲劳强度。

3. 避免附加应力

由于各种原因，可能使螺栓承受附加弯曲应力。这对螺栓疲劳强度影响很大，这种情况应设法避免。如在铸件等未加工表面安装螺栓时，常加工凸台或沉孔座等结构(图 15 - 20)，使支承表面平整且与螺栓轴线垂直。

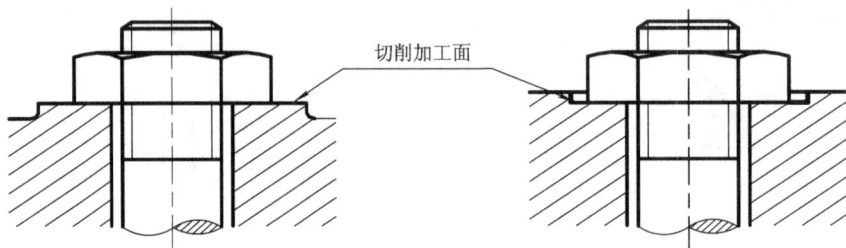

切削加工面

图 15 - 20　凸台和沉孔座

15.4.7　螺纹零件的其他用途

螺纹零件不仅可用于联接，而且可用于传动。螺旋传动由螺杆和螺母组成，主要用于将旋转运动变为直线移动，同时传递运动和动力。根据用途不同，螺旋传动可分为：

(1) 传力螺旋。传力螺旋以传递动力为主，要求用较小的转矩产生较大的轴向力。如螺旋千斤顶、压力机等中的螺旋传动。

（2）传导螺旋。传导螺旋以传递运动为主，要求具有较高的传动精度。如车床进给机构中的螺旋传动。

（3）调整螺旋。调整螺旋用于调整并固定零件或部件之间的相对位置。如虎钳钳口调整螺旋，可调整虎钳钳口距离，用来夹紧工件和松开工件。

思考与练习题

15－1　可拆联接有哪些，不可拆联接有哪些，各有何特点？

15－2　比较平键联接与楔键联接的区别。

15－3　螺纹的主要参数有哪些？螺距与导程有何不同？螺纹升角与哪些参数有关？

15－4　试说明螺纹联接的主要类型和特点。

15－5　螺纹联接为什么要预紧？预紧力如何控制？

15－6　螺纹联接为什么要防松？常见的防松方法有哪些？

15－7　在轴的直径 $d=80$ mm 处，安装一钢制直齿轮，轮毂宽度 $B=1.5d$，工作时有中等冲击，试选择普通平键联接，并计算所能传递的最大转矩。

15－8　某减速器的输出轴与齿轮采用 A 型普通平键联接，轴与齿轮均采用钢材制造，轴径 $d=70$ mm，键的尺寸为 $b\times h\times L=20\times12\times100$，若输出转矩为 $T=700$ N·m，载荷平稳，试问：键是否完好？

第16章 轴系零部件

16.1 轴

16.1.1 轴的功用及分类

1. 轴的功用

轴是组成机器的重要零件之一。轴的主要功用是支承旋转零件(例如齿轮、蜗轮等)、传递运动和动力。

2. 轴的分类

按轴承受的载荷不同,可将轴分为心轴、转轴和传动轴三种。心轴工作时仅承受弯矩而不传递转矩,如自行车轴(图16-1)。转轴工作时既承受弯矩又承受转矩,如减速器中的轴(图16-2)。传动轴则只传递转矩而不承受弯矩,如汽车中联接变速箱与后桥之间的轴(图16-3)。

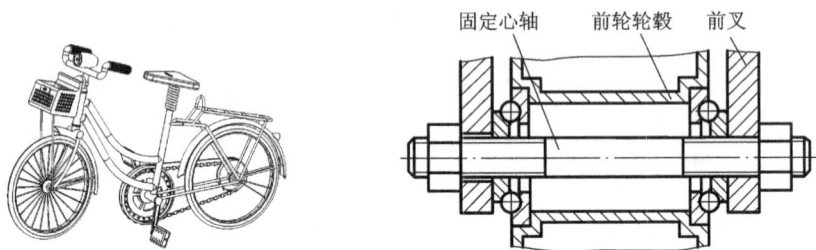

图 16-1 心轴

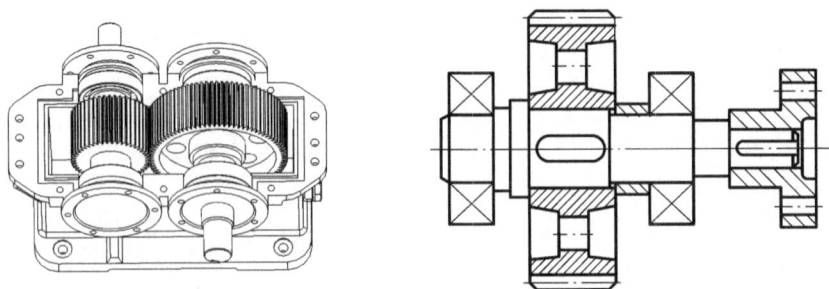

图 16-2 转轴

　　按轴线形状的不同，轴可分为直轴(图 16-1、图 16-2)和曲轴(图 16-4)。曲轴属于专用零件，本章仅介绍直轴。

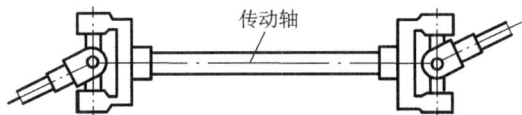

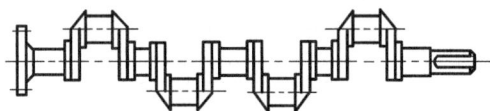

图 16-3　传动轴　　　　　　　　　　图 16-4　曲轴

　　直轴按其外形的不同可分为光轴(图 16-3)和阶梯轴(图 16-2)。光轴形状简单，应力集中少，易加工，但轴上零件不易装配和定位。而阶梯轴各轴段截面的直径不同，这种设计使各轴段的强度相近，且便于轴上零件的装拆和定位，因此阶梯轴在机器中的应用最为广泛。直轴一般都制成实心轴，但若为了减少重量或满足有些机器结构上的需要，也可以制成空心轴。

16.1.2　轴的常用材料及热处理

　　轴的材料主要是碳钢和合金钢。钢轴的毛坯多数用轧制圆钢和锻件。锻件的内部组织均匀，强度较好，重要的轴、大尺寸或阶梯尺寸变化较大的轴，应采用锻制毛坯。对直径较小的轴，可直接用圆钢加工。

　　由于碳钢比合金钢价廉，对应力集中的敏感性较低，同时也可以用热处理的办法提高其耐磨性和抗疲劳强度，故轴广泛采用碳钢制造，其中最常用的是 45 钢。不重要或低速轻载的轴以及一般传动的轴也可以使用 Q235、Q275 等普通碳钢制造。

　　合金钢比碳钢具有更高的力学性能和更好的淬火性能，因此，对于传递大动力并要求减小尺寸与质量、提高轴的耐磨性以及处于高温条件下工作的轴，常采用合金钢。

　　高强度铸铁和球墨铸铁由于容易作成复杂的形状，而且价廉，吸振性和耐磨性好，对应力集中的敏感性较低，故常用于制造外形复杂的轴。

　　轴的常用材料及其主要力学性能见表 16-1。

表 16-1　轴的常用材料及其主要力学性能

材料牌号	热处理	毛坯直径 /mm	硬度	抗拉强度极限 σ_b/MPa	屈服强度极限 σ_s/MPa	弯曲疲劳极限 σ_{-1}/MPa	剪切疲劳极限 τ_{-1}/MPa	应用
Q235	—	>16~40	—	418	225	174	100	用于不重要或受力较小的轴
Q275	—	>16~40	—	550	265	220	127	
45	正火	25	≤241HBS	600	360	260	150	应用最为广泛
	正火回火	≤100	170~217HBS	600	300	240	140	
		>100~300	162~217HBS	580	290	235	135	
	调质	≤200	217~255HBS	650	360	270	155	

材料牌号	热处理	毛坯直径 /mm	硬度	抗拉强度极限 σ_b/MPa	屈服强度极限 σ_s/MPa	弯曲疲劳极限 σ_{-1}/MPa	剪切疲劳极限 τ_{-1}/MPa	应用
40Cr	—	25	—	1000	800	485	280	用于载荷较大，而且无很大冲击的重要轴
	调质	≤100	241～266HBS	750	550	350	200	
		>100～300	241～266HBS	700	550	340	185	
20Cr	渗碳淬火回火	≤15	50～60HRC	850	550	375	215	用于要求强度、韧性及耐磨性较好的轴
		>15～30		650	400	280	160	
		>30～60		650	400	280	160	
35SiMn 42SiMn	—	25	—	900	750	445	255	用于较重要的轴，性能接近40Cr
	调质	≤100	229～286HBS	800	520	355	205	
		>100～300	217～269HBS	750	450	320	185	
38CrMoAlA	调质	≤60	293～321HBS	930	785	440	280	用于高耐磨性、高强度且热处理变形小的轴
		>60～10	277～302HBS	835	685	410	270	
		>100～160	241～277HBS	785	590	375	220	
QT600-3	—	—	190～270HBS	600	370	215	185	用于制造复杂外形的轴
QT800-2	—	—	245～335HBS	800	480	290	250	

16.1.3　轴的结构设计

轴的结构设计包括确定轴的合理外形和全部结构尺寸。

轴的结构主要取决于以下因素：轴在机器中的安装位置及形式；轴上零件的类型、尺寸、数量以及和轴联接的方法；载荷的性质、大小、方向及分布情况；轴的加工工艺等。由于影响轴结构的因素较多，且其结构形式又要随着具体情况的不同而异，所以轴没有标准的结构形式。设计时，必须针对不同情况进行具体的分析。但是，不论何种具体条件，轴的结构都应满足：轴和装在轴上的零件要有准确的位置；轴上零件应便于装拆和调整；轴应具有良好的制造工艺性等。

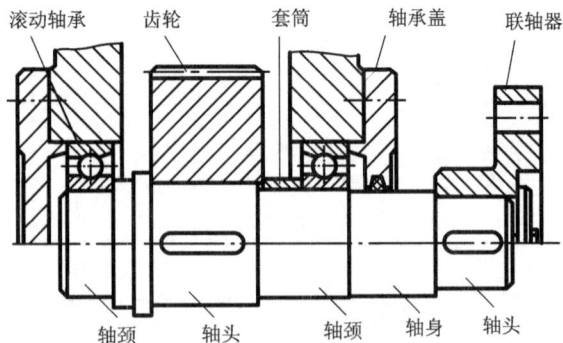

图 16-5　轴的结构

1. 轴的组成

图 16-5 所示为一圆柱齿轮减速器的低速轴，是一个典型的阶梯形转

轴，主要由轴颈、轴头和轴身三部分组成。

轴上与轴承配合的部分称为轴颈，安装轮毂的部分称为轴头，联接轴颈和轴头的部分称为轴身。轴颈和轴头的直径应取标准值，它们的直径大小由与之相配合部件的内孔决定。轴上的螺纹、花键部分必须符合相应的标准。

轴上的零件通常是以毂部和轴头固联在一起的，其固定方式有轴向固定和周向固定。

2. 轴上零件的轴向定位及固定

轴向定位及固定是使轴上零件在轴上有确定、可靠的轴向位置。常用的轴向定位及固定方法有：

1）轴肩与轴环（图 16-6）

为了保证零件紧靠定位面，轴肩与轴环的圆角半径 r 应小于零件的圆角半径 R 或倒角高度 C_1；还应保证零件与定位面接触处的肩高 h 大于圆角半径 R 或倒角高度 C_1。一般定位轴肩的高度 $h = R(C_1) + (0.5 \sim 2)$，轴环宽度 $b \approx 1.4h$。轴上的倒角和圆角半径可参考表 16-2 选取。采用轴肩与轴环可承受较大的轴向力，而且结构简单。

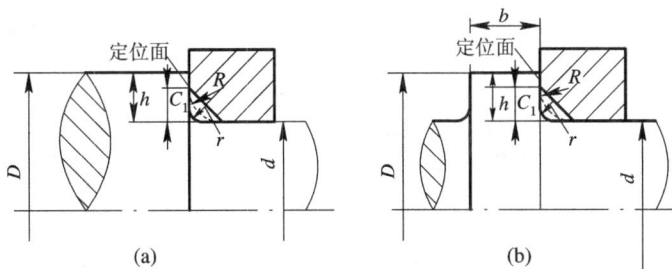

图 16-6 轴肩与轴环

表 16-2 轴上的倒角和圆角（GB 6403.4—86）

	直径 d	>10 ~18	>18 ~30	>30 ~50	>50 ~80	>80 ~120
	r 最大	0.8	1.0	1.6	2.0	2.5
	R 及 C_1	1.6	2	3	4	5
	直径 d	>10 ~18	>18 ~30	>30 ~50	>50 ~80	>80 ~120
	C 最大	0.8	1.0	1.6	2.0	2.5
	$D-d$	3	4	8	12	20
	R	0.4	0.6	1	1.5	2

2）套筒定位（图 16-6(b)）

采用套筒定位，既能避免因用轴肩而使轴径增大，又可减少应力集中源。但若套筒过长，则会增大材料用量及重量。

3）轴端挡圈（图 16-7）

轴端挡圈适用于轴端零件的轴向固定。与轮毂相配装的轴段长度，一般应略小于轮毂宽的 2 mm～3 mm。

4）圆螺母（图 16-8）

采用圆螺母定位可承受较大的轴向力。这种方法常用于轴的端部，一般用细牙螺纹，避免过多地削弱轴的强度。通常可以采用双圆螺母或圆螺母加止动垫圈的固定方式。

除以上轴向定位的方法外，常用的轴向定位方法还有弹性挡圈（图 16-9）、紧定螺钉（图 16-10）及轴承端盖。

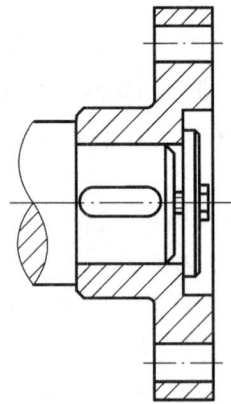

图 16-7　轴端挡圈

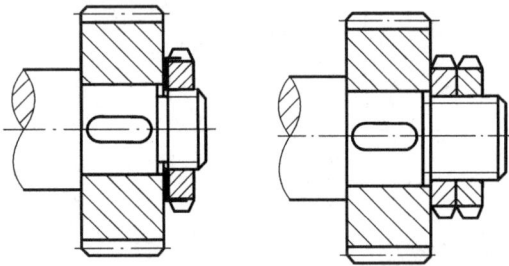

图 16-8　圆螺母

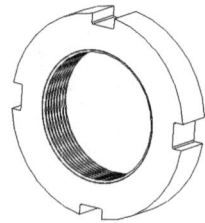

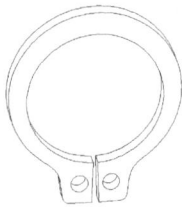

图 16-9　弹性挡圈

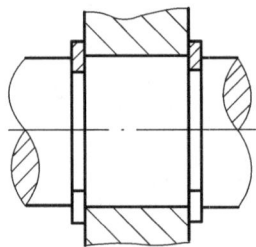

图 16-10　紧定螺钉

3. 轴上零件的周向定位及固定

为了满足机器传递运动和转矩的要求，轴上零件除了需要轴向定位外，还必须有可靠的周向定位。常用的周向定位及固定方法有键、花键、销、过盈配合及紧定螺钉（图 16-10）等。在图 16-5 中，齿轮与轴之间的周向固定采用了平键联接。

4. 轴的结构工艺性

　　轴的结构应便于加工与装配。形状力求简单，阶梯轴的级数尽可能少，而且各段直径不宜相差太大。轴上需磨削的轴段应设计出砂轮越程槽，需车制螺纹的轴段应有退刀槽，如图 16-11 所示，它们的结构尺寸可参考机械设计手册。轴上各圆角、倒角、砂轮越程槽及退刀槽等尺寸尽可能统一，同一轴上的各个键槽应开在同

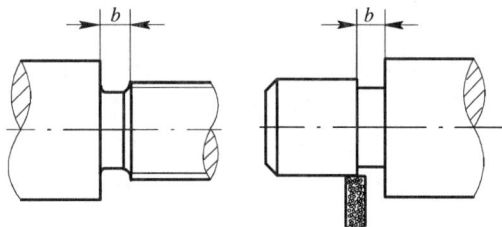

图 16-11　螺纹退刀槽和砂轮越程槽

一每线位置上(参见图 16-5)。为便于装配，轴端应有倒角。轴肩高度不能妨碍零件的拆卸。对于阶梯轴一般设计成两端小中间大的形状，以便于零件从两端装拆。

16.1.4　轴的强度计算

1. 传动轴的强度计算

　　传动轴是只传递转矩而不承受弯矩的轴。只需要知道轴传递的转矩大小，就可以对传动轴进行强度校核或设计计算。

　　强度条件为

$$\tau = \frac{T}{W_T} \leqslant [\tau] \tag{16-1}$$

式中：τ 为剪应力(MPa)；T 为轴传递的转矩(N·mm)；W_T 为轴的抗扭截面系数(mm³)；$[\tau]$ 为许用剪应力(MPa)。

　　对于圆截面的实心轴，若已知轴的转速 n(r/min)和传递的功率 P(kW)，上式可写为

$$\tau = \frac{9.55 \times 10^6 P}{0.2 d^3 n} \leqslant [\tau] \tag{16-2}$$

式中：d 为轴的直径(mm)。

　　由式(16-2)可得实心圆轴的设计公式为

$$d \geqslant \sqrt[3]{\frac{9.55 \times 10^6 P}{0.2[\tau]n}} = C\sqrt[3]{\frac{P}{n}} \tag{16-3}$$

　　常用材料的$[\tau]$值与 C 值可查表 16-3。若轴上有一个键槽，可将算得的直径增大 3%～5%；如有两个键槽，可增大 7%～10%。

表 16-3　轴常用材料的$[\tau]$值及 C 值

轴的材料	20、Q235	35、Q275	45	40Cr、35SiMn、42SiMn
$[\tau]$/MPa	12～20	20～30	30～40	40～52
C	160～135	135～118	118～106	106～98

注：当弯矩相对于扭矩较小或只受转矩时，$[\tau]$取较大值，C 取较小值。

2. 转轴的强度计算

　　转轴同时承受转矩和弯矩，必须按弯曲和扭转组合强度进行计算。但是，在开始设计

轴时，通常还不知道轴上零件的位置及支点位置，弯矩值不能确定。因此，一般在进行转轴的结构设计前，先按轴所受的转矩对轴的直径进行估算。由式(16-3)求出的直径作为轴的最小直径。

完成轴的结构设计后，作用在轴上的外载荷(转矩和弯矩)的大小、方向、作用点、载荷种类及支点反力等已确定，可按弯扭合成强度条件对轴的危险截面进行强度校核。

进行强度计算时，通常把轴当作置于铰链支座上的梁，作用于轴上零件的力作为集中力，其作用点取为零件轮毂宽度的中点。支点反力的作用点一般可近似地取在轴承宽度的中点上。具体的计算步骤如下：

(1) 作出轴的空间受力简图。将轴上作用力分解为水平平面受力和垂直平面受力。

(2) 分别作出水平平面和垂直平面的受力图，并求出水平平面和垂直平面上的支点反力。

(3) 分别作出水平平面上的弯矩(M_H)图和垂直平面上的弯矩(M_V)图。

(4) 计算出合成弯矩 $M = \sqrt{M_H^2 + M_V^2}$，并绘出合成弯矩图。

(5) 作出转矩(M_T)图。

(6) 计算当量弯矩 $M_e = \sqrt{M^2 + (\alpha M_T)^2}$，绘出当量弯矩图。式中，$\alpha$ 是考虑转矩和弯矩的作用性质差异的系数(α 可根据转矩性质确定)。当转矩为脉动循环时，$\alpha = [\sigma_{-1b}]/[\sigma_{0b}] \approx 0.6$；当转矩平稳不变时，$\alpha = [\sigma_{-1b}]/[\sigma_{+1b}] \approx 0.3$；当转矩为对称循环时，$\alpha = 1$。其中 $[\sigma_{-1b}]$、$[\sigma_{0b}]$、$[\sigma_{+1b}]$ 分别为对称循环、脉动循环及静应力状态下的许用弯曲应力，其值列于表16-4中。

表 16-4　轴的许用弯曲应力

材　料	σ_b	$[\sigma_{+1b}]$	$[\sigma_{0b}]$	$[\sigma_{-1b}]$
碳素钢	400	130	70	40
	500	170	75	45
	600	200	95	55
	700	230	110	65
合金钢	800	270	130	75
	900	300	140	80
	1000	330	150	90
铸钢	400	100	50	30
	500	120	70	40

对正反转频繁的轴，可将转矩 M_T 看成是对称循环变化。当不能确切知道载荷的性质时，一般轴的转矩可按脉动循环处理。

(7) 根据当量弯矩图，确定危险截面及其当量弯矩值，校核危险截面的强度。

$$\sigma_e = \frac{M_e}{W} = \frac{\sqrt{M^2 + (\alpha M_T)^2}}{0.1d^3} \leqslant [\sigma_{-1b}] \tag{16-4}$$

式中，W 为轴的抗弯截面系数(mm³)；M、M_T、M_e 的单位均为 N·mm；d 的单位为 mm；σ_e 为当量弯曲应力(MPa)。

例 16-1　图 16-12 为一带式输送机传动系统，试设计减速器的从动轴。已知减速器主动轴输入功率为 $P_1=2.68$ kW，主动轴转速 $n_1=568$ r/min，圆柱齿轮传动效率为 0.97，一对滚动轴承效率为 0.99，传动比 $i=4.2$，从动齿轮分度圆直径 $d_2=282.5$ mm，轮毂宽度为 55 mm，单向运转，工作载荷平稳，采用深沟球轴承支承。

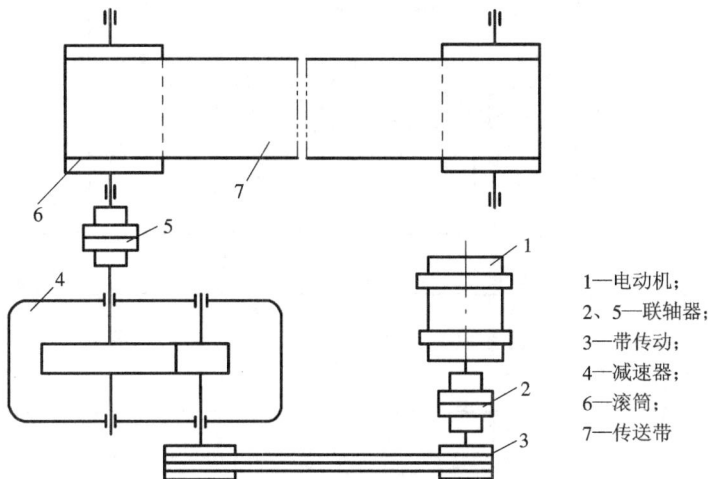

图 16-12　带式输送机传动系统

1—电动机；
2、5—联轴器；
3—带传动；
4—减速器；
6—滚筒；
7—传送带

解　（1）求减速器从动轴的转速与功率。

转速为

$$n_2 = \frac{n_1}{i} = \frac{568}{4.2} \text{ r/min} = 135.24 \text{ r/min}$$

功率为

$$P_2 = \eta P_1 = 0.97 \times 0.99 \times 2.68 \text{ kW} = 2.57 \text{ kW}$$

（2）选择轴的材料和热处理方法。轴的材料采用 45 钢正火处理。由表 16-1 查得 $\sigma_b=600$ MPa。

（3）估算轴的最小直径。因轴的外伸端和联轴器联接，基本不承受弯矩，因此 C 可取较小值。由表 16-3 取 $C=110$，代入式（16-3）得

$$d_{\min} = C\sqrt[3]{\frac{P_2}{n_2}} = 110\sqrt[3]{\frac{2.57}{135.24}} \text{ mm} = 29.35 \text{ mm}$$

考虑键槽对轴的削弱，将轴径增大 5%，即取 $d_{\min}=29.35\times1.05=30.8$ mm。所选轴的直径应与联轴器的孔径相适应，故需同时选取联轴器。采用弹性套柱销联轴器，由GB/T 4323—1984 查得孔径为 35 mm，即 $d_{\min}=35$ mm。

（4）轴的结构设计及绘制结构草图。

① 轴系各零件的位置和固定方式。齿轮安装在轴的中部，两侧分别用轴环和套筒作轴向固定，用平键（键 14×45 GB 1096—90）联接作周向固定。轴承安装在齿轮两边，左边轴承用轴肩作轴向固定，轴承孔与轴颈采用过渡配合；右边轴承用套筒作轴向固定，轴承孔与轴之间也采用过渡配合；两边轴承的外圈用轴承盖作轴向固定。弹性套柱销联轴器安装在轴的外伸端，用平键（键 10×70 GB 1096—90）联接作周向固定，用轴肩作轴向固定。

以上各零件布置见图 16 - 13。

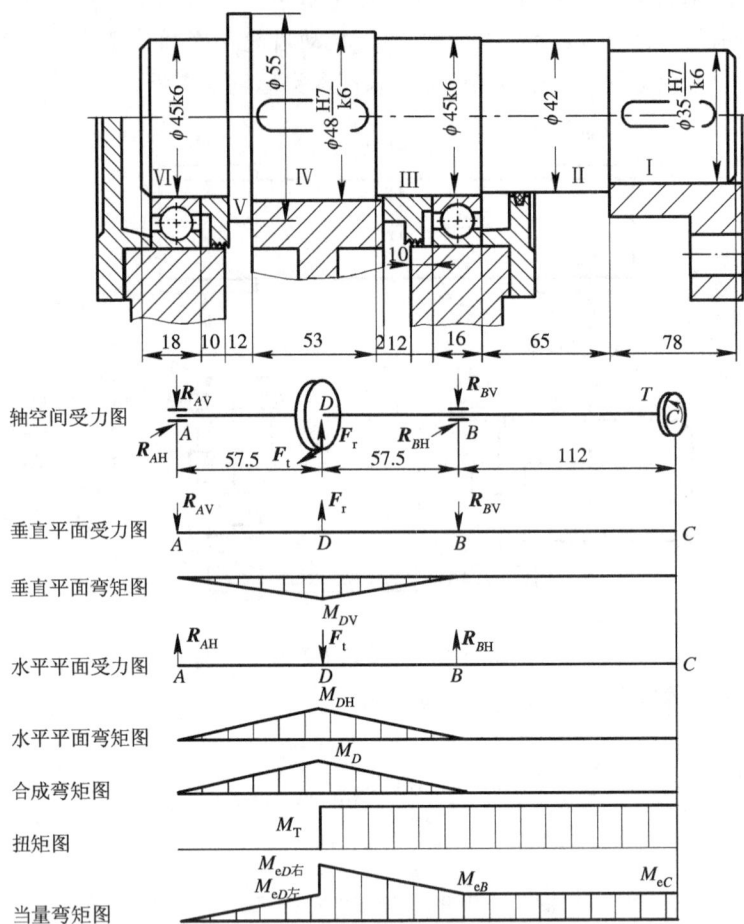

图 16 - 13　减速器从动轴设计

② 确定轴的各段直径和长度。如图 16 - 13 所示，将轴分为 6 段，分别用 Ⅰ、Ⅱ、Ⅲ、Ⅳ、Ⅴ、Ⅵ表示。

外伸端Ⅰ：取 $d_1 = 35$ mm，长度根据联轴器的轮毂长度（82 mm）来确定，取长度为 75 mm。

轴身Ⅱ：取 $d_2 = 42$ mm（考虑与Ⅰ段轴肩高度的定位要求）。其长度应根据轴承盖及考虑轴承盖与联轴器之间有一定的距离来确定，取长度为 65 mm。

轴颈Ⅲ：取 $d_3 = 45$ mm，长度为 35 mm（选择轴承型号为 6009，宽度 $B = 16$ mm，且齿轮端面与箱体内壁有适当的距离）。

轴头Ⅳ：取 $d_4 = 48$ mm，因齿轮轮毂宽度为 55 mm，故取轴头长度为 53 mm。

轴环Ⅴ：取 $d_5 = 55$ mm（考虑轴肩高度的定位要求），取长度为 7 mm（约 1.4 倍的轴肩高度）。

轴颈Ⅵ：取 $d_6 = 45$ mm，长度为 28 mm（考虑轴承宽度 $B = 16$ mm，且齿轮端面与箱体内壁有适当距离）。

（5）按弯、扭组合作用验算轴的强度。

① 绘出轴的空间受力图，求轴上的作用力。

轴的跨度：

$$L = \frac{16}{2} + 17 + 55 + 17 + \frac{16}{2} \text{ mm} = 105 \text{ mm}$$

悬臂长度：

$$L_1 = \frac{16}{2} + 65 + \frac{75}{2} \text{ mm} = 110.5 \text{ mm}$$

从动轮转矩：

$$M_{T2} = 9.55 \times 10^6 \frac{P_2}{n_2} = 9.55 \times 10^6 \frac{2.57}{135.24} \text{ N} \cdot \text{mm} = 181\ 481 \text{ N} \cdot \text{mm}$$

圆周力：

$$F_t = \frac{2M_{T2}}{d_2} = \frac{2 \times 181\ 481}{282.5} \text{ N} = 1284.8 \text{ N}$$

径向力：

$$F_r = F_t \tan 20° = 1284.8 \times 0.364 \text{ N} = 467.7 \text{ N}$$

② 垂直平面内的弯矩图。

支承反力：

$$R_{AV} = R_{BV} = \frac{F_r}{2} = \frac{467.7}{2} \text{N} = 233.9 \text{ N}$$

D 点弯矩：

$$M_{DV} = R_{AV} \frac{L}{2} = 233.9 \times \frac{105}{2} \text{ N} \cdot \text{mm} = 12279.8 \text{ N} \cdot \text{mm}$$

③ 水平平面内的弯矩图。

支承反力：

$$R_{AH} = R_{BH} = \frac{F_t}{2} = \frac{1284.8}{2} \text{ N} = 642.4 \text{ N}$$

D 点弯矩：

$$M_{DH} = R_{AH} \frac{L}{2} = 642.4 \times \frac{105}{2} \text{ N} \cdot \text{mm} = 33\ 726 \text{ N} \cdot \text{mm}$$

④ 合成弯矩图。

最大弯矩在 D 点所在的剖面上，其值为

$$M_D = \sqrt{M_{DV}^2 + M_{DH}^2} = \sqrt{12\ 279.8^2 + 33\ 726^2} \text{ N} \cdot \text{mm} = 35\ 892 \text{ N} \cdot \text{mm}$$

⑤ 作扭矩图。扭矩等于从动轮的转矩，即

$$M_T = M_{T2} = 181\ 481 \text{ N} \cdot \text{mm}$$

⑥ 作当量弯矩图。因为减速器单向运转，故扭转剪应力按脉动循环变化，取 $\alpha = 0.6$，最大当量弯矩在 D 点处，其值为

$$M_{eD左} = M_D = 35\ 892 \text{ N} \cdot \text{mm}$$

$$M_{eD右} = \sqrt{M_D^2 + (\alpha M_T)^2} = \sqrt{35\ 892^2 + (0.6 \times 181\ 481)^2} \text{ N} \cdot \text{mm} = 114\ 651.5 \text{ N} \cdot \text{mm}$$

⑦ 确定危险剖面处的轴径。根据轴所选材料为 45 钢正火，$\sigma_b = 600$ MPa，查表 16 - 4

得许用对称循环弯曲应力$[\sigma_{-1b}]=55$ MPa，将以上数值代入式(16-4)得

$$d \geqslant \sqrt[3]{\frac{M_e}{0.1[\sigma_{-1b}]}} = \sqrt[3]{\frac{114\ 651.5}{0.1 \times 55}}\ \text{mm} = 27.5\ \text{mm}$$

考虑键槽对轴的削弱，将轴径增大5%，即$27.5 \times 1.05 = 28.9$ mm。设计草图的轴头直径为48 mm。由上面计算可见强度较为富余，但如果将轴径改小，则外伸端也必须相应减小，这样将影响外伸端强度。因此仍按原草图设计的直径。

（6）绘制轴的零件图，见图16-14。

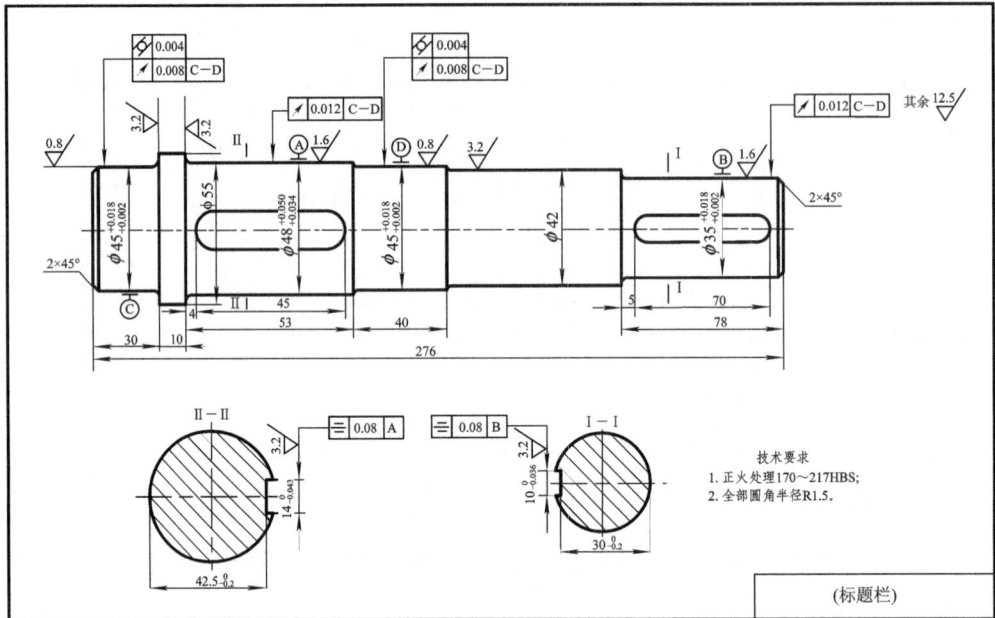

图 16-14　轴零件图

16.2　滚　动　轴　承

轴承是用来支承轴的。根据轴承中摩擦性质的不同，可把轴承分为滑动摩擦轴承（简称滑动轴承）和滚动摩擦轴承（简称滚动轴承）两大类。而每一类轴承，按其所能承受的载荷方向的不同，又可分为向心轴承（承受径向载荷）、推力轴承（承受轴向载荷）和向心推力轴承（同时承受径向载荷和轴向载荷）。

由于滑动轴承的摩擦损耗比较大，维护也较复杂，所以工程上广泛应用的是滚动轴承。滚动轴承是机械中最常用的标准件之一，具有摩擦阻力小、启动灵敏、效率高、旋转精度高、润滑简便和装拆方便等优点。本节仅介绍滚动轴承的选择和组合设计。

16.2.1　滚动轴承的结构、类型和代号

1. 滚动轴承的结构

典型的滚动轴承结构如图16-15、图16-16所示，它一般由内圈、保持架、滚动体和

外圈组成。内圈装在轴颈上，外圈装在轴承座孔内。轴承内圈、外圈上都有滚道，转动时，滚动体沿滚道滚动。保持架将滚动体均匀分隔。多数情况下，外圈不转动，内圈与轴一起转动。常见的滚动体形状如图 16 - 17 所示，依次为球、圆柱滚子、圆锥滚子、滚针及鼓形滚子。

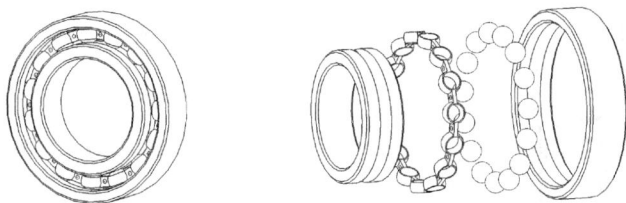

图 16 - 15　深沟球轴承

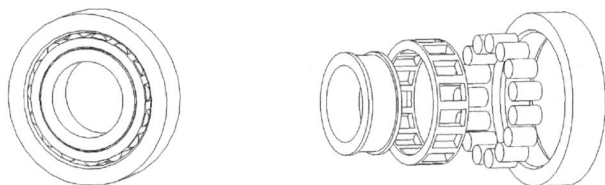

图 16 - 16　圆柱滚子轴承

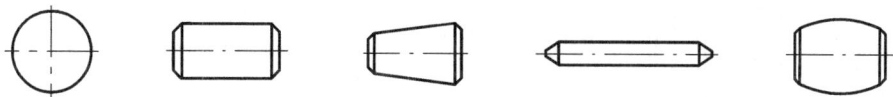

图 16 - 17　常见的滚动体形状

　　滚动体是在滚动轴承中形成滚动摩擦的主要元件，因此它是滚动轴承中不可缺少的零件。其他三个零件则视具体的结构需要可有可无，如轴承无内圈或外圈。此外，还有一些轴承除了以上四种基本零件外，还加有其他特殊的零件，如外圈上加密封盖等。

2. 滚动轴承的类型

　　为满足机械的各种要求，滚动轴承有多种类型。滚动体的形状可以是球或滚子；滚动体的列数可以是单列或双列等。表 16 - 5 列出了常用滚动轴承(GB/T 272—93)的类型、代号及特性。

表 16 - 5　常用滚动轴承的类型、代号及特性

轴承类型	简　图	类型代号	标准号	特　性
调心 球轴承		1	GB/T 281	主要承受径向载荷，也可同时承受少量的双向轴向载荷。外圈滚道为球面，具有自动调心性能，适用于弯曲刚度小的轴

轴承类型	简　图		类型代号	标准号	特　性
调心滚子轴承			2	GB/T 288	用于承受径向载荷，其承载能力比调心球轴承大，也能承受少量的双向轴向载荷。具有调心性能，适用于弯曲刚度小的轴
圆锥滚子轴承			3	GB/T 297	能承受较大的径向载荷和轴向载荷。内外圈可分离，故轴承游隙可在安装时调整，通常成对使用，对称安装
双列深沟球轴承			4	—	主要承受径向载荷，也能承受一定的双向轴向载荷。它比深沟球轴承具有更大的承载能力
推力球轴承	单向		5 (5100)	GB/T 301	只能承受单向轴向载荷，适用于轴向力大而转速较低的场合
	双向		5 (5200)	GB/T 301	可承受双向轴向载荷，常用于轴向载荷大、转速不高的场合
深沟球轴承			6	GB/T 276	主要承受径向载荷，也可同时承受少量双向轴向载荷。摩擦阻力小，极限转速高，结构简单，价格便宜，应用最广泛
角接触球轴承			7	GB/T 292	能同时承受径向载荷与轴向载荷，接触角 α 有 15°、25°、40° 三种。适用于转速较高、同时承受径向载荷和轴向载荷的场合
推力圆柱滚子轴承			8	GB/T 4663	只能承受单向轴向载荷，承载能力比推力球轴承大得多，不允许轴线偏移。适用于轴向载荷大而不需调心的场合
圆柱滚子轴承	外圈无挡边圆柱滚子轴承		N	GB/T 283	只能承受径向载荷，不能承受轴向载荷。承受载荷能力比同尺寸的球轴承大，尤其是承受冲击载荷能力大

3. 滚动轴承的代号(GB/T 272—93)

滚动轴承的类型、尺寸、结构和公差等级等特征用代号表示。我国在(GB/T 272—93)中规定,一般用途的滚动轴承代号由基本代号、前置代号和后置代号三部分组成,其排列顺序为

　　　　　　　　　前置代号　　　基本代号　　　后置代号

(1) 基本代号。基本代号由轴承的类型代号、尺寸系列代号及内径代号三部分构成。

① 类型代号用数字或大写字母表示,常用的轴承类型代号见表 16-5。

② 尺寸系列代号由轴承的宽(高)度系列代号和直径系列代号组合而成,见表 16-6。

表 16-6　尺寸系列代号

直径系列代号	向 心 轴 承								推 力 轴 承			
	宽度系列代号								高度系列代号			
	8	0	1	2	3	4	5	6	7	9	1	2
	尺 寸 系 列 代 号											
7	—	—	17	—	37	—	—	—	—	—	—	—
8	—	08	18	28	38	48	58	68	—	—	—	—
9	—	09	19	29	39	49	59	69	—	—	—	—
0	—	00	10	20	30	40	50	60	70	90	10	—
1	—	01	11	21	31	41	51	61	71	91	11	—
2	82	02	12	22	32	42	52	62	72	92	12	22
3	83	03	13	23	33	—	—	—	73	93	13	23
4	—	04	—	24	—	—	—	—	74	94	14	24
5	—	—	—	—	—	—	—	—	—	95	—	—

直径系列代号表示内径相同的同类轴承有几种不同的外径和宽度,如图 16-18 所示。

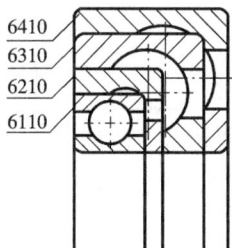

图 16-18　直径系列

③ 内径代号表示轴承的内径尺寸,如表 16-7 所列。

(2) 前置代号和后置代号。前置代号和后置代号是当轴承的结构形状、公差技术要求等有改变时,在轴承基本代号左右添加的补充代号,其代号及含义如表 16-8 所列。

表 16-7　轴承内径代号

轴承公称内径/mm		内　径　代　号	示　　例
0.6～10（非整数）		直接用公称内径毫米数表示，在其与尺寸系列代号之间用"/"分开	深沟球轴承 618/2.5 $d=2.5$ mm
1～9（整数）		直接用公称内径毫米数表示，对深沟球轴承及角接触球轴承 7、8、9 直径系列，内径与尺寸系列代号之间用"/"分开	深沟球轴承 625　618/5 $d=5$ mm
10～17	10	00	深沟球轴承 6200 $d=10$ mm
	12	01	
	15	02	
	17	03	
20～480（22、28、32 除外）		用公称内径除以 5 的商表示，商为一位数时，需在商左边加"0"	调心滚子轴承 23208 $d=40$ mm
≥500 以及 22、28、32		直接用公称内径毫米数表示，但在内径与尺寸系列代号之间用"/"分开	调心滚子轴承 230/500 $d=500$ mm 深沟球轴承 62/22 $d=22$ mm

表 16-8　前置代号和后置代号

前　置　代　号			基本代号	后置代号							
代号	含　义	示例		1	2	3	4	5	6	7	8
F	凸缘外圈的向心球轴承（仅适用于 $d\leqslant10$ mm）	F618/4		内部结构	密封与防尘套圈变形	保持架及材料	轴承材料	公差等级	游隙	配置	其他
L	可分离轴承的可分离内圈或外圈	LNU207									
R	不带可分离内圈或外圈的轴承	RNU207									
WS	推力圆柱滚子轴承轴圈	WS81107									
GS	推力圆柱滚子轴承座圈	GS81107									
KOW—	无轴圈推力轴承	KOW—51108									
KIW—	无座圈推力轴承	KIW—51108									
K	滚子和保持架组件	K81107									

　　轴承代号中的基本代号最为重要，而 7 位数字中以右起头 4 位数字最为常见。

　　后置代号用字母或字母加数字表示。有关后置代号的内容可查阅轴承标准及设计手册。

16.2.2　滚动轴承类型的选择

　　滚动轴承是标准件，而且类型很多，在机械设计中，主要是合理选择轴承的类型和尺寸。选择轴承类型时主要依据以下原则：

　　（1）转速较高，载荷不大，宜用点接触的球轴承。

　　（2）转速较低、载荷不大或有冲击载荷时，宜选用线接触的滚子轴承。

（3）当径向载荷和轴向载荷都较大时，若转速高，宜用角接触球轴承；若转速较低，宜选用圆锥滚子轴承。

（4）当径向载荷比轴向载荷大得多且转速较高时，常用深沟球轴承或角接触球轴承；若转速较低，也可选用圆锥滚子轴承。

（5）当轴向载荷比径向载荷大得多且转速较低时，常采用推力轴承与圆柱滚子轴承或深沟球轴承两种不同类型的轴承组合，分别承受轴向载荷与径向载荷。

（6）支点跨距大，轴的变形大或多支点轴，宜采用调心轴承。

（7）经济性原则。球轴承比滚子轴承便宜，精度低的轴承比精度高的轴承便宜。在能够满足基本工作要求的情况下，应尽可能选用价格低廉的轴承。

16.2.3　滚动轴承尺寸的选择

1. 滚动轴承的失效形式

滚动轴承的失效形式主要有以下几种：

（1）疲劳点蚀。在载荷作用下，滚动体和内外圈接触处将产生接触应力。当接触应力循环次数达到一定数值后，内外圈滚道或滚动体表面将形成疲劳点蚀，使轴承失去工作能力，即失效。

（2）塑性变形。在过大的静载荷或冲击载荷作用下，滚动体和内外圈滚道可能产生塑性变形，致使轴承不能正常工作而失效。

（3）磨损。在密封不可靠、润滑剂不清洁或多尘环境下工作时，轴承易产生磨粒磨损。

2. 滚动轴承的尺寸选择

正常工作条件下的滚动轴承绝大多数是因为疲劳点蚀而失效的，所以滚动轴承应进行接触疲劳寿命计算。

1）基本额定寿命和基本额定动载荷

（1）寿命。轴承中任何一个元件出现疲劳点蚀以前运转的总转数，或轴承在一定转速下工作的小时数称为轴承的寿命。

（2）基本额定寿命。一批同型号的轴承即使在同样的工作条件下运转，由于材料、热处理及加工因素等的影响，各轴承的寿命也不会完全相同。

一批同型号的轴承在相同条件下运转时，90％的轴承未发生疲劳点蚀前运转的总转数，或在一定转速下工作的小时数，称为轴承的基本额定寿命，分别以 L_{10}（10^6 转为单位）和 L_{10h}（小时为单位）表示。

（3）基本额定动载荷。基本额定寿命为 10^6 转，即 $L_{10}=1$ 时轴承能承受的最大载荷称为基本额定动载荷，用符号 C 表示。基本额定动载荷是衡量轴承抵抗疲劳点蚀能力的主要指标。如果轴承的基本额定动载荷大，则其抗疲劳点蚀的能力强。对于向心轴承，基本额定动载荷是指径向载荷，用 C_r 表示；对于推力轴承是指轴向载荷，以 C_a 表示。轴承的基本额定动载荷值可由设计手册查得。

2）当量动载荷

如果作用在轴承上的实际载荷是径向载荷 F_r 和轴向载荷 F_a 的复合作用，为了计算轴承寿命时能与基本额定动载荷作等价比较，需将实际工作载荷转化为等效的当量动载荷

P。在当量动载荷 P 作用下的寿命与实际工作载荷条件下的寿命相同。

当量动载荷的计算公式如下：

(1) 向心轴承("6"类、"1"类、"2"类)。当 $F_a/F_r \leqslant e$ 时，当量动载荷为

$$P = f_P \cdot F_r$$

当 $F_a/F_r > e$ 时，当量动载荷为

$$P = f_P(XF_r + YF_a) \tag{16-5}$$

式中，f_P 为载荷系数，见表 16-9；X、Y 分别为径向载荷系数和轴向载荷系数，见表 16-10；e 为轴向载荷影响系数，见表 16-10。

表 16-9　载荷系数 f_P

载荷性质	举　例	f_P
无冲击或轻微冲击	电机、汽轮机、通风机、水泵	1.0～1.2
中等冲击	机床、车辆、内燃机、冶金机械、起重机械、减速器	1.2～1.8
强大冲击	轧钢机、破碎机、钻探机、剪床	1.8～3.0

表 16-10　当量动载荷的 X、Y 系数

轴承类型 名称	类型代号	F_a/C_{or}	e	单列轴承 $F_a/F_r \leqslant e$ X	单列轴承 $F_a/F_r \leqslant e$ Y	单列轴承 $F_a/F_r > e$ X	单列轴承 $F_a/F_r > e$ Y	双列轴承(或成对安装单列轴承) $F_a/F_r \leqslant e$ X	双列轴承(或成对安装单列轴承) $F_a/F_r \leqslant e$ Y	双列轴承(或成对安装单列轴承) $F_a/F_r > e$ X	双列轴承(或成对安装单列轴承) $F_a/F_r > e$ Y
圆锥滚子轴承	3	—	$1.5 \tan\alpha$	1	0	0.4	$0.4 \cot\alpha$	1	$0.45 \cot\alpha$	0.67	$0.67 \cot\alpha$
深沟球轴承	6	0.014	0.19	1	0	0.56	2.30	1	0	0.56	2.30
深沟球轴承	6	0.028	0.22				1.99				1.99
深沟球轴承	6	0.056	0.26				1.71				1.71
深沟球轴承	6	0.084	0.28				1.55				1.55
深沟球轴承	6	0.11	0.30				1.45				1.45
深沟球轴承	6	0.17	0.34				1.31				1.31
深沟球轴承	6	0.28	0.38				1.15				1.15
深沟球轴承	6	0.42	0.42				1.04				1.04
深沟球轴承	6	0.56	0.44				1.00				1.00
角接触球轴承 $\alpha=15°$	7	0.015	0.38	1	0	0.44	1.47	1	1.65	0.72	2.39
角接触球轴承 $\alpha=15°$	7	0.029	0.40				1.40		1.57		2.28
角接触球轴承 $\alpha=15°$	7	0.058	0.43				1.30		1.46		2.11
角接触球轴承 $\alpha=15°$	7	0.087	0.46				1.23		1.38		2.00
角接触球轴承 $\alpha=15°$	7	0.12	0.47				1.19		1.34		1.93
角接触球轴承 $\alpha=15°$	7	0.17	0.50				1.12		1.26		1.82
角接触球轴承 $\alpha=15°$	7	0.29	0.55				1.02		1.14		1.66
角接触球轴承 $\alpha=15°$	7	0.44	0.56				1.00		1.12		1.63
角接触球轴承 $\alpha=15°$	7	0.58	0.56				1.00		1.12		1.63
角接触球轴承 $\alpha=25°$	7	—	0.68	1	0	0.41	0.87	1	0.92	0.67	1.41

注：C_{or} 为径向基本额定静载荷，由产品目录查出。α 的具体数值由产品目录或有关手册查出。

（2）圆柱滚子轴承（"N"类）。圆柱滚子轴承一般只能承受径向载荷，当量动载荷为

$$P = f_P \cdot F_r$$

（3）推力轴承。推力轴承只能承受轴向载荷，当量动载荷为

$$P = f_P \cdot F_a$$

3）滚动轴承的寿命计算公式

实验证明，滚动轴承的基本额定寿命 L_{10} 与轴承的当量动载荷 P 的关系为

$$P^\varepsilon L_{10} = 常数$$

式中，P 为当量动载荷（N）；L_{10} 为基本额定寿命（10^6 转）；ε 为寿命指数，对于球轴承 $\varepsilon = 3$，对于滚子轴承 $\varepsilon = 10/3$。

由基本额定动载荷的定义可知

$$P^\varepsilon \cdot L_{10} = C^\varepsilon \cdot 1$$

故

$$L_{10} = \left(\frac{C}{P}\right)^\varepsilon \tag{16-6}$$

若轴承的工作转速为 n(r/min)，则上式改写为以小时为单位的寿命计算公式

$$L_{10h} = \frac{10^6}{60n}\left(\frac{C}{P}\right)^\varepsilon \tag{16-7}$$

基本额定动载荷 C 是在工作温度低于 120℃的条件下得出的。当温度高于 120℃时，会使额定动载荷 C 值降低，此时要引入温度系数 f_T 对 C 值进行修正，f_T 值见表 16-11。修正后，上式变为

$$L_{10h} = \frac{10^6}{60n}\left(\frac{f_T C}{P}\right)^\varepsilon \geqslant [L_h] \tag{16-8}$$

式中，$[L_h]$ 为轴承的预期寿命，单位为小时。轴承的预期寿命可根据机器的具体要求或参考表 16-12 确定。

表 16-11　温度系数 f_T

轴承的工作温度/℃	<120	125	150	175	200	225	250	300	350
f_T	1.0	0.95	0.90	0.85	0.80	0.75	0.70	0.60	0.50

表 16-12　轴承预期寿命 $[L_h]$ 的参考值

机　器　种　类		预期寿命/h
不经常使用的仪器或设备		500
航空发动机		500～2000
间断使用的机器	中断使用不致引起严重后果的手动机械、农业机械等	4000～8000
	中断使用会引起严重后果的机械设备，如升降机、输送机、吊车等	8000～12 000
每日工作8 小时的机器	利用率不高的齿轮传动、电机等	12 000～20 000
	利用率较高的通风设备、机床等	20 000～30 000
连续工作24 小时的机器	一般可靠性的空气压缩机、电机、水泵等	50 000～60 000
	高可靠性的电站设备、给排水装置等	>100 000

若以基本额定动载荷 C 表示，可得

$$C \geqslant \left(\frac{60n[L_{\text{h}}]}{10^6}\right)^{\frac{1}{\epsilon}} \frac{P}{f_{\text{T}}} \qquad (16-9)$$

4）角接触轴承的轴向载荷计算

（1）角接触轴承的内部轴向力计算。角接触轴承在承受径向载荷 F_{r} 作用时，由于其结构的特点，会产生内部轴向力 F_{s}，如图 16-19 所示。各类角接触轴承内部轴向力的计算公式见表 16-13。

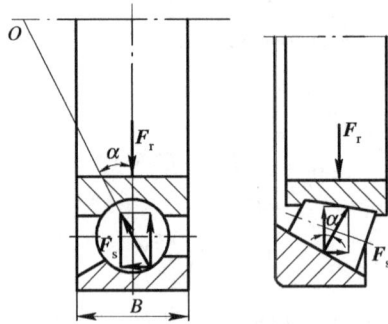

图 16-19　内部轴向力

表 16-13　角接触轴承的内部轴向力 F_{s}

圆锥滚子轴承	角接触球轴承		
	$(7000C)\alpha=15°$	$(7000AC)\alpha=25°$	$(7000B)\alpha=40°$
$F_{\text{s}}=F_{\text{r}}/2Y$	$F_{\text{s}}=eF_{\text{r}}$	$F_{\text{s}}=0.68F_{\text{r}}$	$F_{\text{s}}=1.14F_{\text{r}}$

由于接触角 α 的存在，使得载荷作用线偏离轴承宽度的中点，与轴线交于 O 点，如图 16-19 所示。O 点与轴承端面的距离可由轴承手册查出。

（2）角接触轴承的轴向载荷计算。图 16-20(a) 为一成对安装的角接触轴承。现以此为例，分析并计算两轴承承受的实际轴向载荷 F_{a1} 和 F_{a2}。

图中 F_{r} 与 F_X 分别为作用于轴上的径向和轴向外载荷。在 F_{r} 的作用下，在轴的两支点处产生 F_{r1} 和 F_{r2} 两个径向支反力和伴随产生的内部轴向力 F_{s1} 和 F_{s2}。

根据力平衡条件，当轴处于平衡状态时应满足 $F_{\text{s1}}+F_X=F_{\text{s2}}$。

如不平衡，将出现两种情况：

① 当 $F_{\text{s1}}+F_X>F_{\text{s2}}$ 时，如图 16-20(b) 所示，则轴有向右移动的趋势，此时轴承 II 由于被端盖顶住而压紧（称为紧端），根据力平衡条件，轴承 II 的外圈上，必受到平衡力 $F_{\text{s2}}+F_{\text{s2}}'$ 的作用。这时，轴承 I 则被放松（称为松端），因此有

$$F_{\text{s1}} + F_X = F_{\text{s2}} + F_{\text{s2}}'$$

故

$$F_{\text{s2}}' = F_{\text{s1}} + F_X - F_{\text{s2}}$$

由此得出两轴承所受的实际轴向载荷分别为

轴承 I（松端）　　　　　　$F_{\text{a1}}=F_{\text{s1}}$

轴承 II（紧端）　　$F_{\text{a2}}=F_{\text{s2}}+F_{\text{s2}}'=F_{\text{s2}}+(F_{\text{s1}}+F_X-F_{\text{s2}})=F_{\text{s1}}+F_X$

(a)

(b) $F_{s1}+F_X>F_{s2}$

(c) $F_{s1}+F_X<F_{s2}$

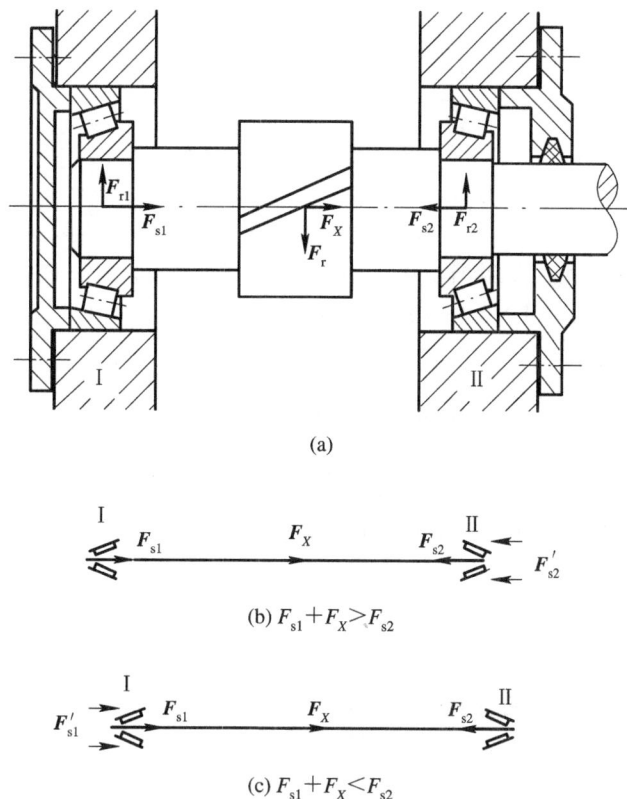

图 16-20　角接触轴承轴向载荷计算

② 当 $F_{s1}+F_X<F_{s2}$ 时，如图 16-20(c)所示，则轴有向左移动的趋势，此时轴承 I 由于被端盖顶住而压紧（紧端），根据力平衡条件，轴承 I 的外圈上必受到平衡力 $F_{s1}+F'_{s1}$ 的作用。这时，轴承 II 则被放松（松端），因此有

$$F_{s2} - F_X = F_{s1} + F'_{s1}$$

故　　　　　　　　　　　　　$$F'_{s1} = F_{s2} - F_X - F_{s1}$$

由此得两轴承所受的实际轴向载荷分别为

轴承 II（松端）　　　　　　　$$F_{a2}=F_{s2}$$

轴承 I（紧端）　　　　　　　$$F_{a1}=F_{s2}-F_X$$

将角接触轴承的实际轴向载荷的计算方法归纳如下：

① 根据轴承的安装方式，确定内部轴向力的大小及方向；

② 判断全部轴向载荷合力的方向，并由此判断哪一端轴承被压紧（紧端）及哪一端轴承被放松（松端）；

③ "紧端"轴承所受的实际轴向载荷等于除自身内部轴向力之外的其他轴向力的代数和，"松端"轴承所受的实际轴向载荷就是自身内部轴向力。

例 16-2　图 16-21 为一减速器输入轴，用一对深沟球轴承支承。轴颈 $d=40$ mm，转速 $n=1470$ r/min。根据受力计算得轴承 I 所受径向载荷 $F_{r1}=2000$ N，轴承 II 所受径向载荷 $F_{r2}=1000$ N，轴向载荷 $F_X=950$ N，预期寿命 $[L_h]=8000$ h，有轻微冲击，试选择轴承型号。

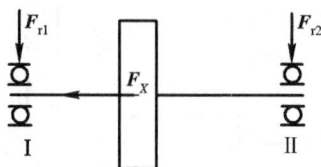

图 16 - 21　例 16 - 2 图

解　(1)初选轴承型号。根据轴承类型及轴颈直径，选择 6308 轴承。由表 16 - 14 查得基本额定动载荷 $C_r=31.2$ kN，基本额定静载荷 $C_{or}=22.2$ kN。

(2)计算当量动载荷 P_1、P_1。

① 查 e 值。由 $\dfrac{F_X}{C_{or}}=\dfrac{950}{22\,200}=0.043$，查表 16 - 10，用插值法得 $e=0.241$。

② 查 X、Y 值。

由 $\dfrac{F_X}{F_{r1}}=\dfrac{950}{2000}=0.475>e$，查表 16 - 10 得 $X_1=0.56$，用插值法得 $Y_1=1.84$。

由 $\dfrac{F_X}{F_{r2}}=\dfrac{950}{1000}=0.95>e$，查表 16 - 10 得 $X_2=0.56$，$Y_2=1.84$。

③ 计算当量动载荷 P_1、P_2。由表 16 - 9 查得 $f_P=1.1$。

由于是深沟球轴承，内部轴向力为零，所以 $F_a=F_X$。

$$P_1=f_P(X_1 F_{r1}+Y_1 F_X)=(0.56\times2000+1.84\times950)\times1.1=3155\text{ N}$$

$$P_2=f_P(X_2 F_{r2}+Y_2 F_X)=(0.56\times1000+1.84\times950)\times1.1=2539\text{ N}$$

(3)验算寿命。由于 $P_1>P_2$，所以应验算轴承 I。

$$L_{10h}=\frac{10^6}{60n}\left(\frac{C_r}{P_1}\right)^{\varepsilon}=\frac{10^6}{60\times1470}\left(\frac{31\,200}{3155}\right)^3=10\,967\text{ h}>[L_h]=8000\text{ h}$$

故选 6308 轴承能满足寿命要求。

表 16 - 14　深沟球轴承(摘自 GB/T 276—1994)

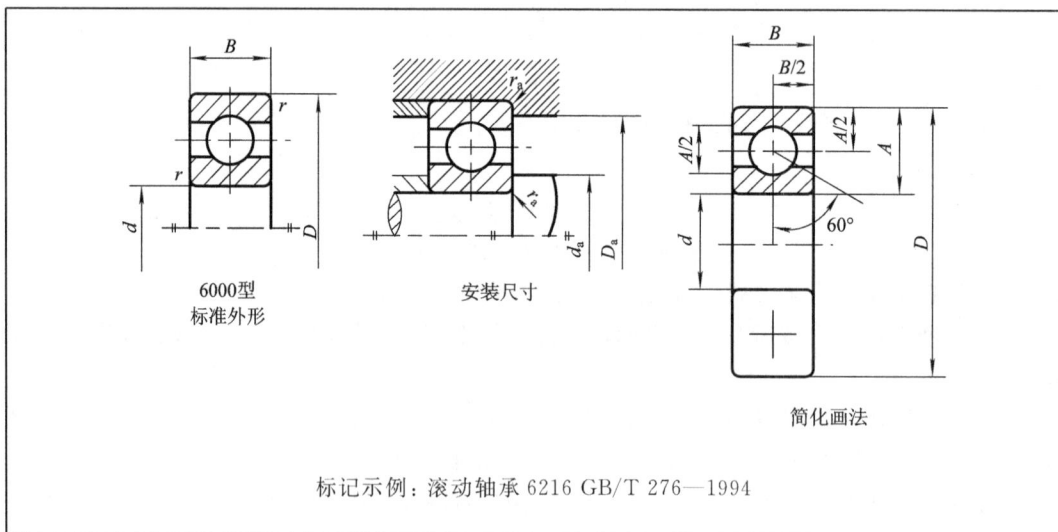

6000型
标准外形

安装尺寸

简化画法

标记示例：滚动轴承 6216 GB/T 276—1994

轴承型号	基本尺寸/mm				安装尺寸/mm			基本额定负荷		极限转速/（r/min）	
	d	D	B	r_s min	d_a min	D_a max	r_{as} max	C_r	C_{or}	脂润滑	油润滑
6204	20	47	14	1	26	41	1	9.88	6.18	14000	18000
6205	25	52	15	1	31	46	1	10.8	6.95	12000	16000
6206	30	62	16	1	36	56	1	15.0	10.0	9500	13000
6207	35	72	17	1.1	42	65	1	19.8	13.5	8500	11000
6208	40	80	18	1.1	47	73	1	22.8	15.8	8000	10000
6209	45	85	19	1.1	52	78	1	24.5	17.5	7000	9000
6210	50	90	20	1.1	57	83	1	27.0	19.8	6700	8500
6211	55	100	21	1.5	64	91	1.5	33.5	25.0	6000	7500
6212	60	110	22	1.5	69	101	1.5	36.8	27.8	5600	7000
6213	65	120	23	1.5	74	111	1.5	44.0	34.0	5000	6300
6214	70	125	24	1.5	79	116	1.5	46.8	37.5	4800	6000
6215	75	130	25	1.5	84	121	1.5	50.8	41.2	4500	5600
6216	80	140	26	2	90	130	2	55.0	44.8	4300	5300
6217	85	150	28	2	95	140	2	64.0	53.2	4000	5000
6218	90	160	30	2	100	150	2	73.8	60.5	3800	4800
6219	95	170	32	2.1	107	158	2.1	84.8	70.5	3600	4500
6220	100	180	34	2.1	112	168	2.1	94.0	79.0	3400	4300
6304	20	52	15	1.1	27	45	1	12.2	7.78	13000	17000
6305	25	62	17	1.1	32	55	1	17.2	11.2	10000	14000
6306	30	72	19	1.1	37	65	1	20.8	14.2	9000	12000
6307	35	80	21	1.5	44	71	1.5	25.8	17.8	8000	10000
6308	40	90	23	1.5	49	81	1.5	31.2	22.2	7000	9000
6309	45	100	25	1.5	54	91	1.5	40.8	29.8	6300	8000
6310	50	110	27	2	60	100	2	47.5	35.6	6000	7500
6311	55	120	29	2	65	110	2	55.2	41.8	5600	6700
6312	60	130	31	2.1	72	118	2.1	62.8	48.5	5300	6300
6313	65	140	33	2.1	77	128	2.1	72.2	56.5	4500	5600
6314	70	150	35	2.1	82	138	2.1	80.2	63.2	4300	5300
6315	75	160	37	2.1	87	148	2.1	87.2	71.5	4000	5000
6316	80	170	39	2.1	92	158	2.1	94.5	80.0	3800	4800
6317	85	180	41	3	99	166	2.5	102	89.2	3600	4500
6318	90	190	43	3	104	176	2.5	112	100	3400	4300
6319	95	200	45	3	109	186	2.5	122	112	3200	4000
6320	100	215	47	3	114	201	2.5	132	132	2800	3600

续表二

轴承型号	基本尺寸/mm				安装尺寸/mm			基本额定负荷		极限转速/(r/min)	
	d	D	B	r_s min	d_a min	D_a max	r_{as} max	C_r	C_{or}	脂润滑	油润滑
6404	20	72	19	1.1	27	65	1	23.8	16.8	9500	13000
6405	25	80	21	1.5	34	71	1.5	29.5	21.2	8500	11000
6406	30	90	23	1.5	39	81	1.5	36.5	26.8	8000	10000
6407	35	100	25	1.5	44	91	1.5	43.8	32.5	6700	8500
6408	40	110	27	2	50	100	2	50.2	37.8	630	8000
6409	45	120	29	2	55	110	2	59.2	45.5	5600	7000
6410	50	130	31	2.1	62	118	2.1	71.0	55.2	5200	6500
6411	55	140	33	2.1	67	128	2.1	77.5	62.5	4800	6000
6412	60	150	35	2.1	72	138	2.1	83.8	70.0	4500	5600
6413	65	160	37	2.1	77	148	2.1	90.8	78.0	4300	5300
6414	70	180	42	3	84	166	2.5	108	99.2	3800	4800
6415	75	190	45	3	89	176	2.5	118	115	3600	4500
6416	80	200	48	3	94	186	2.5	125	125	3400	4300
6417	85	210	52	4	103	192	3	135	138	3200	4000
6418	90	225	54	4	108	207	3	148	188	2800	3600
6420	100	250	58	4	118	232	3	172	195	2400	3200

例 16-3　如图 16-22 所示，轴上成对安装一对角接触球轴承。根据受力计算得轴承 1 所受径向载荷 $F_{r1}=1$ kN，轴承 2 所受径向载荷 $F_{r2}=2.1$ kN，轴上所受轴向载荷 $F_X=900$ N，轴颈 $d=35$ mm，转速 $n=970$ r/min。预期寿命 $[L_h]=5000$ h，受中等冲击载荷，试选择轴承型号。

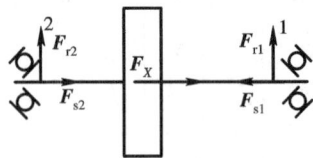

图 16-22　例 16-3 图

解　(1) 初选轴承型号。根据轴承类型及轴颈直径，选择 7307AC 轴承。由表 16-15 查得基本额定动载荷 $C_r=32.8$ kN，基本额定静载荷 $C_{or}=24.8$ kN。

(2) 计算内部轴向力及实际轴向载荷。由表 16-13 得
$$F_{s1}=0.68\,F_{r1}=0.68\times1000=680 \text{ N}$$
$$F_{s2}=0.68\,F_{r2}=0.68\times2100=1428 \text{ N}$$

由于 $F_{s2}+F_X>F_{s1}$，所以轴承 1 为"紧端"，轴承 2 为"松端"。
$$F_{a1}=F_{s2}+F_X=1428+900=2380 \text{ N}$$
$$F_{a2}=F_{s2}=1428 \text{ N}$$

(3) 计算当量动载荷 P_1、P_2。

① 查 e 值。查表 16-10 得 $e=0.68$。

② 查 X、Y 值。

由 $\dfrac{F_{a1}}{F_{r1}}=\dfrac{2328}{1000}=2.328>e$，查表 16-10 得 $X_1=0.41$，$Y_1=0.87$。

由 $\dfrac{F_{a2}}{F_{r2}}=\dfrac{1428}{2100}=0.68=e$，查表 16 - 10 得 $X_2=1$，$Y_2=0$。

③ 计算当量动载荷 P_1、P_2。由表 16 - 9 查得 $f_P=1.4$。

$$P_1 = f_P(X_1F_{r1}+Y_1F_{a1}) = 1.4 \times (0.41 \times 1000 + 0.87 \times 2328) = 3409.5\ \text{N}$$

$$P_2 = f_P(X_2F_{r2}+Y_2F_{a2}) = 1.4 \times 2100 = 2940\ \text{N}$$

④ 计算轴承所需基本额定动载荷值。由于 $P_1>P_2$，应按轴承 1 计算。

$$\left(\frac{60n[L_h]}{10^6}\right)^{\frac{1}{\varepsilon}}\frac{P}{f_T} = \left(\frac{60 \times 970 \times 5000}{10^6}\right)^{\frac{1}{3}}\frac{3409.5}{1} = 22\,594\ \text{N} < C_r = 32\,800\ \text{N}$$

故选 7307AC 轴承能满足寿命要求。

表 16 - 15　角接触球轴承(摘自 GB/T 292—1994)

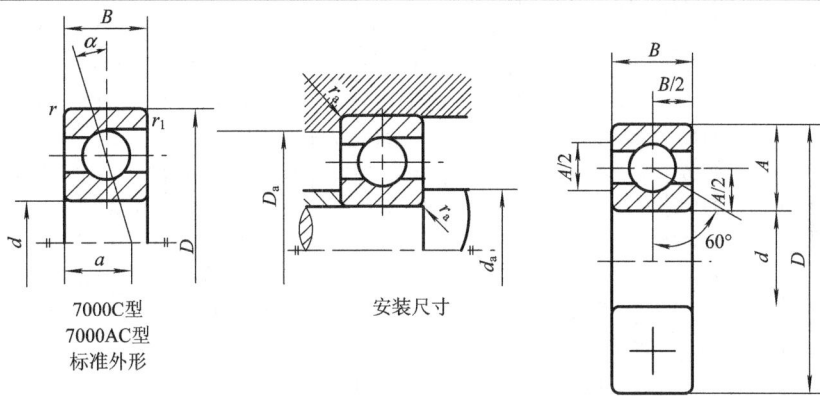

7000C型
7000AC型
标准外形

安装尺寸

轴承型号		基本尺寸 /mm			其他尺寸/mm				安装尺寸 /mm			基本定动负荷 C_r/kN		基本额定静定荷 C_{or}/kN		根限转速 /(r/min)	
					a												
		d	D	B	7000C	7000AC	r_s	r_{1s}	d_a	D_a	r_{as}	7000C	7000AC	7000C	7000AC	脂润滑	油润滑
7204C	7204AC	20	47	14	11.5	14.9	1	0.3	26	41	1	11.2	10.8	7.46	7.00	13000	18000
7205C	7205AC	25	52	15	12.7	16.4	1	0.3	31	46	1	12.8	12..2	8.95	8.38	11000	16000
7206C	7206AC	30	62	16	14.2	18.7	1	0.3	36	56	1	17.8	16.8	12.8	12.2	9000	13000
7207C	7207AC	35	72	17	15.7	21	1.1	0.6	42	65	1	23.5	22.5	17.5	16.5	8000	11000
7208C	7208AC	40	80	18	17	23	1.1	0.6	47	73	1	26.8	25.8	20.5'	19.2	7500	10000
7209C	7209AC	45	85	19	18.2	24.7	1.1	0.6	52	78	1	29.8	28.2	23.8	22.5	6700	9000
7210C	7210AC	50	90	20	19.4	26.3	1.1	0.6	57	83	1	32.8	31.5	26.8	25.2	6300	8500
7211C	7211AC	55	100	21	20.9	28.6	1.5	0.6	64	91	1.5	40.8	38.8	33.8	31.8	5600	7500
7212C	7212AC	60	110	22	22.4	30.8	1.5	0.6	69	101	1.5	44.8	42.8	37.8	35.5	5300	7000
7213C	7213AC	65	120	23	24.2	33.5	1.5	0.6	74	111	1.5	53.8	51.2	46.0	43.2	4800	6300
7214C	7214AC	70	125	24	25.3	35.1	1.5	0.6	79	116	1.5	56.0	53.2	49.2	46.2	4500	6700
7215C	7215AC	75	130	25	26.4	36.6	1.5	0.6	84	121	1.5	60.8	57.8	54.2	50.8	4300	5600
7216C	7216AC	80	140	26	27.7	38.9	2	1	90	130	2	68.8	65.5	63.2	59.2	4000	5300
7217C	7217AC	85	150	28	29.9	41.6	2	1	95	140	2	76.8	72.8	69.8	65.5	3800	5000
7218C	7218AC	90	160	30	31.7	44.2	2	1	100	150	2	94.2	89.8	87.8	82.2	3600	4800
7219C	7219AC	95	170	32	33.8	46.9	2.1	1.1	107	158	2.1	102	98.8	95.5	89.2	3400	4500
7220C	7220AC	100	180	34	35.8	49.7	2.1	1.1	112	168	2.1	114	108	115	100	3200	4300

续表

轴承型号		基本尺寸/mm			其他尺寸/mm				安装尺寸/mm			基本定动负荷 C_r/kN		基本额定静定荷 C_{or}/kN		根限转速/(r/min)	
		d	D	B	a		r_s	r_{1s}	d_a	D_a	r_{as}	7000C	7000AC	7000C	7000AC	脂润滑	油润滑
					7000C	7000AC											
7304C	7304AC	20	52	15	11.3	16.8	1.1	0.6	27	45	1	14.2	13.8	9.68	9.10	12000	17000
7305C	7305AC	25	62	17	13.1	19.1	1.1	0.6	32	55	1	21.5	20.8	15.8	14.8	9500	14000
7306C	7306AC	30	72	19	15	22.2	1.1	0.6	37	65	26.2	25.2	19.8	18.5	8	500	12000
7307C	7307AC	35	80	21	16.6	24.5	1.5	0.6	44	71	1.5	34.2	32.8	26.8	24.8	7500	10000
7308C	7308AC	40	90	23	18.5	27.5	1.5	0.6	49	81	1.5	40.2	38.5	32.3	30.5	6700	9000
7309C	7309AC	45	100	25	20.2	30.2	1.5	0.6	54	91	1.5	49.2	47.5	39.8	37.2	6000	8000
7310C	7310AC	50	110	27	22	33	2	I	60	100	2	58.5	55.5	47.2	44.5	5600	7500
7311C	7311AC	55	120	29	23.8	35.8	2	1	65	110	2	70.5	67.2	60.5	56.8	5000	6700
7312C	7312AC	60	130	31	25.6	38.7	2.1	1.1	72	118	2.1	80.5	77.8	70.2	65.8	4800	6300
7313C	7313AC	65	140	33	27.4	41.5	2.1	1.1	77	128	2.1	91.5	89.8	80.5	75.5	4300	5600
7314C	7314AC	70	150	35	29.2	44.3	2.1	1.1	82	138	2.1	102	98.5	91.5	86.0	4000	5300
7315C	7315AC	75	160	37	31	47.2	2.1	1.1	87	148	2.1	112	108	105	97.0	3800	5000
7316C	7316AC	80	170	39	32.8	50	2.1	1.1	92	158	2.1	122	118	118	108	3600	4800
7317C	7317AC	85	180	41	34.6	52.8	3	1.1	99	166	2.5	132	125	128	122	3400	4500
7318C	7318AC	90	190	43	36.4	55.6	3	1.1	104	176	2.5	142	135	142	135	3200	4300
7319C	7319AC	95	200	45	38.2	58.5	3	1.1	109	186	2.5	152	145	158	148	3000	4000
7320C	7320AC	100	215	47	40.2	61.9	3	1.1	114	201	2.5	162	165	175	178	2600	3600
	7406AC	30	90	23		26.1	1.5	0.6	39	81	1		42.5		32.2	7500	10000
	7407AC	35	100	25		29	1.5	0.6	44	91	1.5		53.8		42.5	6300	8500
	7408AC	40	110	27		31.8	2	1	50	100	2		62.0		49.5	6000	8000
	7409AC	45	120	29		34.6	2	1	55	110	2		66.8		52.8	5300	7000
	7410AC	50	130	31		37.4	2.1	1.I	62	118	2.1		76.5		64.2	5000	6700
	7412AC	60	150	35		43.1	2.1	1.I	72	138	2.1		102		90.8	4300	5600
	7414AC	70	180	42		51.5	3	1.1	84	166	2.5		125		125	3600	4800
	7416AC	80	200	48		58.1	3	1.1	94	186	2.5		152		162	3200	4300
	7418AC	90	215	54		64.8	4	1.5	108	197	3		178		205	2800	3600

16.2.4 滚动轴承的组合设计

为保证滚动轴承的正常工作，除了要合理选择轴承的类型和尺寸外，还必须正确、合理地进行轴承的组合设计。轴承的组合设计主要解决的问题是轴承的轴向固定、轴承与其他零件的配合、轴承的调整、润滑与密封等问题。

1. 滚动轴承的支承结构类型

（1）两端固定式。如图 16-23 所示，两端用深沟球轴承支承。轴承靠端盖轴向固定。通过调整垫片，调节轴承盖与轴承外圈的预留间隙 a。向心轴承中，$a \approx (0.2 \sim 0.3)$ mm；向心角接触轴承（图 16-24）的预留间隙依赖轴承内部游隙进行调节。

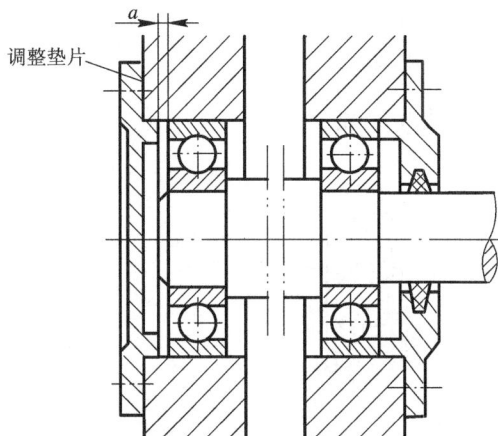

图 16 - 23　深沟球轴承两端固定式　　　　图 16 - 24　向心角接触轴承两端固定式

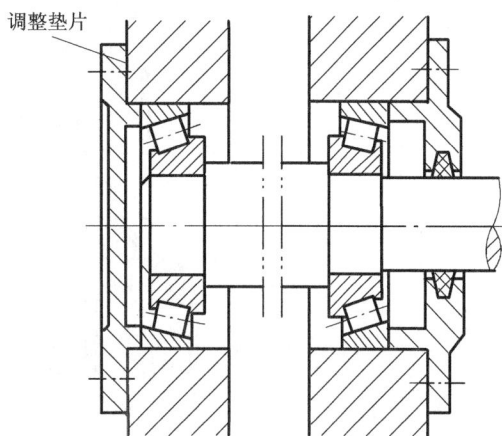

（2）一端固定、一端游动。当轴的支点跨距较大或工作温升较高时，多采用一端固定、一端游动支承。固定端能承受双向轴向载荷，当轴受热膨胀伸长时，游动端能自由伸长或缩短（图 16 - 25）。

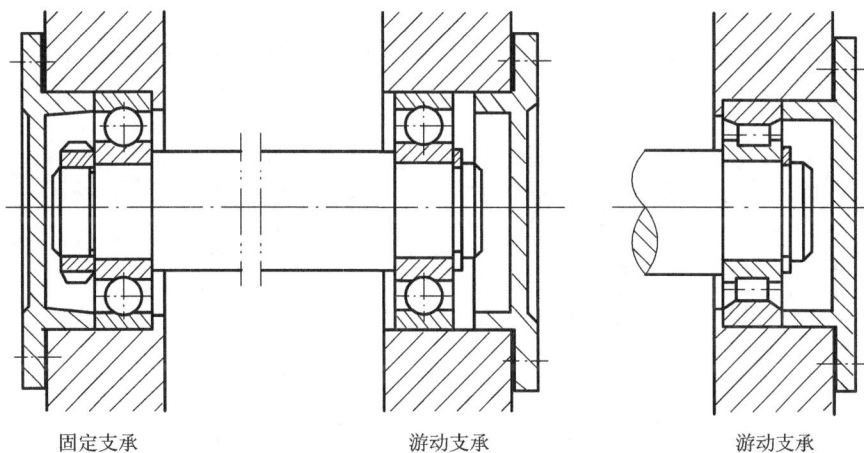

固定支承　　　　　　　　游动支承　　　　　　游动支承

图 16 - 25　一端固定、一端游动

2. 滚动轴承的轴向固定

1）内圈固定

（1）如图 16 - 26（a）所示，内圈靠轴肩单向固定，结构简单，装拆方便。

（2）如图 16 - 26（b）所示，用弹性挡圈与轴肩对轴承双向定位，结构简单，但弹性挡圈承受轴向载荷的能力较小，不宜用于高速场合。

（3）如图 16 - 26（c）所示，用圆螺母与止动垫圈固定，用于轴向载荷大且转速高的场合。

（4）如图 16 - 26（d）所示，用轴端压板和螺钉固定，允许较高转速，能承受中等轴向载荷。

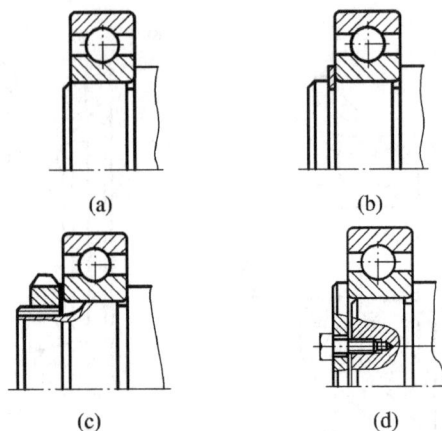

图 16-26　滚动轴承的内圈固定方式

2）外圈固定

（1）如图 16-27(a)所示，用轴承端盖固定，结构简单，固定可靠，调整方便。

（2）如图 16-27(b)所示，弹性挡圈固定，结构简单，装拆方便，占用空间少。

（3）如图 16-27(c)所示，用端盖和座孔挡肩固定，结构简单，固定可靠，能承受较大的轴向载荷，但机座孔加工不方便。

（4）如图 16-27(d)所示，用套筒挡肩和端盖固定，结构简单，机座孔加工方便，利用垫片可调整轴系的轴向位置。

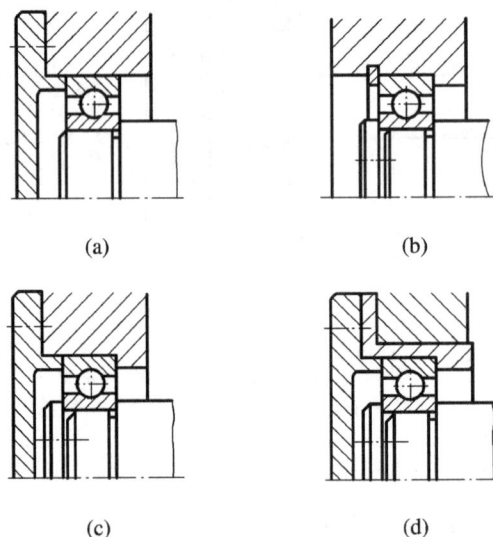

图 16-27　滚动轴承的外圈固定方式

3. 轴承轴向位置的调整

由于加工、装配等因素的影响，轴上的传动件往往不能处于正确的位置，因此必要时应对轴系的轴向位置加以调整。

蜗杆传动要求蜗轮的中间平面通过蜗杆轴线，所以蜗轮轴系必须沿轴线方向能够调整

(图 16-28(a))。对锥齿轮传动，为保证其正确啮合，两轮节圆锥的顶点必须重合，因此装配时两轴系的轴向位置均需能够调整(图 16-28(b))。

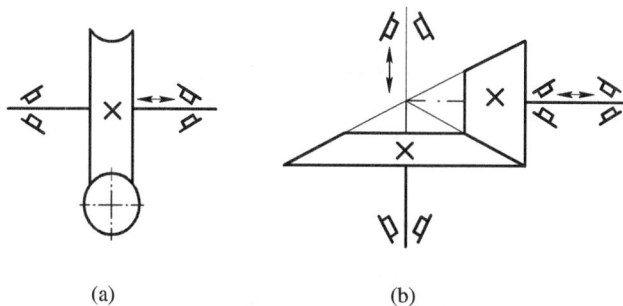

(a)　　　　　　　(b)

图 16-28　轴向位置的调整

为便于调整，可将确定其轴向位置的轴承装在一个套杯中(图 16-29)，套杯则装在外壳孔中。通过增减套杯端面与外壳之间垫片的厚度，可以调整锥齿轮或蜗杆的轴向位置。

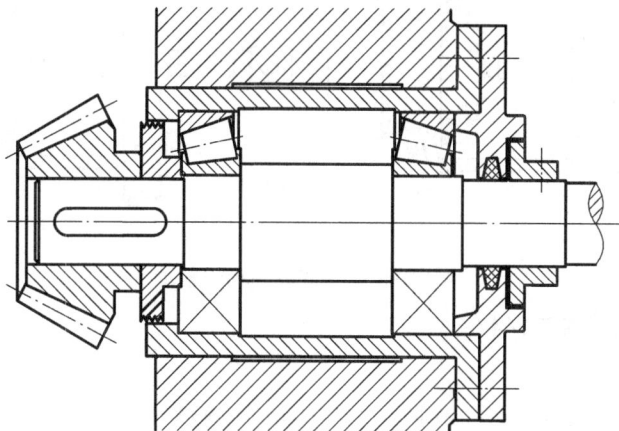

图 16-29　锥齿轮轴系轴向位置的调整

4. 滚动轴承的配合与装拆

1) 滚动轴承的配合

滚动轴承是标准件，因此轴承内孔与轴颈的配合采用基孔制。常选用 n6、m6、k6 等；轴承外圈与箱体座孔的配合采用基轴制，一般选用 G7、H7、J7、K7 等。一般当转速高、载荷大、振动大时，配合应选紧些。经常拆卸的轴承，应采用较松的配合。

2) 滚动轴承的安装与拆卸

在进行轴承的组合设计时，还要考虑轴承的装卸，应留出装拆空间。

对于大尺寸的轴承，安装时可用压力机在内圈上加压，使其紧套在轴颈上。对于中、小尺寸的轴承，采用冷压法，通过手锤和套筒安装，见图 16-30。或者采用热套法，将轴承加热，然后套装在轴上。

轴承拆卸时需要拆卸器，如图 16-31 所示。在拆卸过程中，禁止通过滚动体传递压力，否则将使滚道和滚动体产生变形，引起保持架变形。

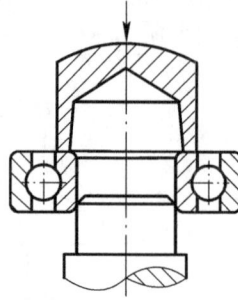

图 16 - 30　安装轴承

为了便于拆卸，设计时应使定位轴肩的高度低于轴承内圈的高度，要留有轴向空间，以便放置拆卸器的钩头（图 16 - 31）。

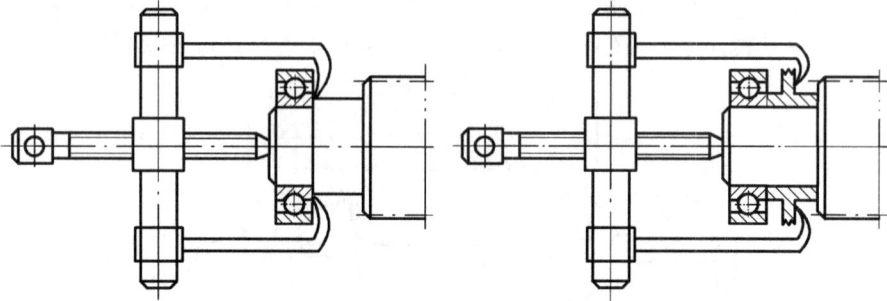

图 16 - 31　用拆卸器拆卸轴承

5. 滚动轴承的润滑与密封

1）滚动轴承的润滑

滚动轴承常用的润滑剂有润滑脂、润滑油及固体润滑剂。润滑方式和润滑剂的选择可根据轴颈的速度因数 dn 的值来确定。表 16 - 16 列出了各种润滑方式下轴承的允许 dn 值。

表 16 - 16　各种润滑方式下轴承的允许 dn 值

轴承类型	脂润滑	油 润 滑			
		油浴润滑	滴油润滑	循环油润滑	喷雾润滑
深沟球轴承	160000	250000	400000	600000	＞600000
调心球轴承	160000	250000	400000		
角接触球轴承	160000	250000	400000	600000	＞600000
圆柱滚子轴承	120000	250000	400000	600000	
圆锥滚子轴承	100000	160000	230000	300000	
调心滚子轴承	80000	120000		250000	
推力球轴承	40000	60000	120000	150000	

注：d 为轴承内径（mm）；n 为轴承转速（r/mm）。

最常用的滚动轴承润滑剂为润滑脂。脂润滑适用于 dn 值较小的场合，其特点是不易流失、便于密封、油膜强度较高，故能承受较大的载荷。

油润滑适用于高速、高温条件下工作的轴承。选用润滑油时，根据工作温度和 dn 值，参考有关手册选出润滑油应具有的黏度值，由此选出适用的润滑油品种及牌号。

2）滚动轴承的密封

对轴承进行密封是为了阻止灰尘、水和其他杂物进入轴承，并阻止润滑剂流失。滚动轴承的密封一般分为接触式密封、非接触式密封和组合式密封。各种密封装置的结构、特点及应用见表 16 - 17。

表 16 - 17　滚动轴承的常用密封形式

密封类型		图　例	适用场合	说　明
接触式密封	毛毡圈密封		脂润滑。要求环境清洁，轴颈圆周速度不大于 4 m/s～5 m/s，工作温度不大于 90℃	矩形断面的毛毡圈被安装在梯形槽内，它对轴产生一定的压力而起到密封作用
	皮碗密封		脂或油润滑。圆周速度 <7 m/s，工作温度不大于 100℃	皮碗是标准件。密封唇朝里，目的是防漏油；密封唇朝外，可防止灰尘、杂质进入
非接触式密封	油沟式密封		脂润滑。干燥、清洁环境	靠轴与盖间的细小环形间隙密封，间隙愈小愈长，效果愈好，间隙为 0.1 mm～0.3 mm
	迷宫式密封		脂或油润滑。密封效果可靠	将旋转件与静止件之间的间隙做成迷宫形式，在间隙中充填润滑油或润滑脂以加强密封效果
组合密封			脂或油润滑	这是组合密封的一种形式，毛毡加迷宫，可充分发挥各自优点，提高密封效果。组合方式很多，这里不一一列举

16.3　联轴器与离合器

联轴器和离合器都是用来联接轴与轴以传递运动和转距的，有时也可作为一种安全装置用来防止被联接件承受过大的载荷，起到过载保护的作用。

用联轴器联接两轴时，只有在机器停止运转后才能使两轴分离。而离合器在机器运转时可使两轴随时接合和分离。

联轴器和离合器的种类很多，大多已标准化，可直接从标准中选用。

16.3.1　联轴器

联轴器联接的两轴，由于制造和安装等误差，将引起两轴轴线位置的偏移，不能严格对中。

联轴器分为两类，一类是刚性联轴器，用于两轴对中严格且在工作时不发生轴线偏移的场合。另一类是挠性联轴器，用于两轴有一定限度的轴线偏移场合。挠性联轴器又可分为无弹性元件联轴器和弹性联轴器。

1. 刚性联轴器

1）套筒联轴器

如图 16-32 所示，套筒联轴器由套筒和联接零件（销钉或键）组成。这种联轴器构造简单，径向尺寸小，但对两轴的轴线偏移无补偿作用，多用于两轴对中严格、低速轻载的场合。当用圆锥销作联接件时，若按过载时圆锥销剪断进行设计，则可用作安全联轴器。

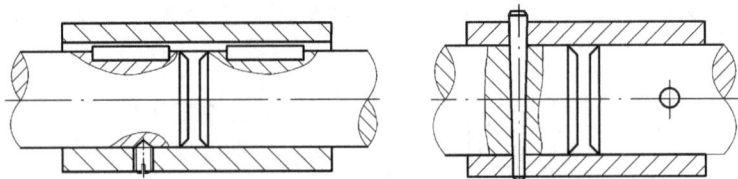

图 16-32　套筒联轴器

2）凸缘联轴器

如图 16-33 所示，凸缘联轴器由两个带凸缘的半联轴器和联接螺栓组成。这种联轴器有两种对中方式：一种是通过分别具有凸肩和凹槽的两个半联轴器的相互嵌合来对中，半联轴器之间采用普通螺栓联接；另一种是通过铰制孔用螺栓与孔的紧配合对中。这种联轴器结构简单，能传递较大转矩，但不能补偿轴线的偏移，是一种应用最广泛的刚性联轴器。

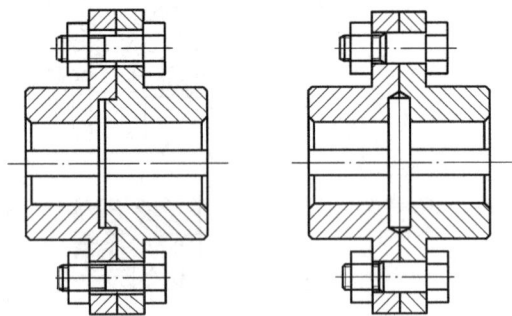

图 16-33　刚性凸缘联轴器

2. 无弹性元件挠性联轴器

1）十字滑块联轴器

十字滑块联轴器是无弹性元件挠性联轴器的一种，由两个在端面上开有凹槽的半联轴器和一个两面带有凸牙的中间盘组成。凸牙可在凹槽中滑动（图 16-34），故可补偿安装及运转时两轴间的相对位移。这种联轴器结构简单、径向尺寸小，主要用于两轴有径向位移和角度位移、冲击小及转速不高的场合。

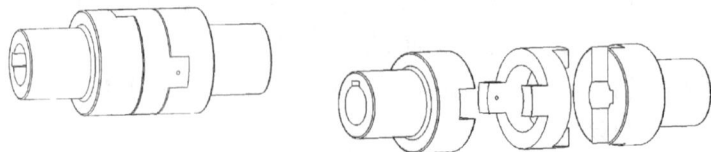

图 16-34　十字滑块联轴器

2）万向联轴器

图 16-35 所示为万向联轴器，它是由两个叉形的万向接头和一个十字销组成的，可用于两轴线交角较大的场合。但当主动轴作匀速转动，而从动轴作周期性变角速度转动时，则会在传动中引起附加动载荷，为了避免这一缺点，常采用双万向联轴器（图 16-35(c)）。

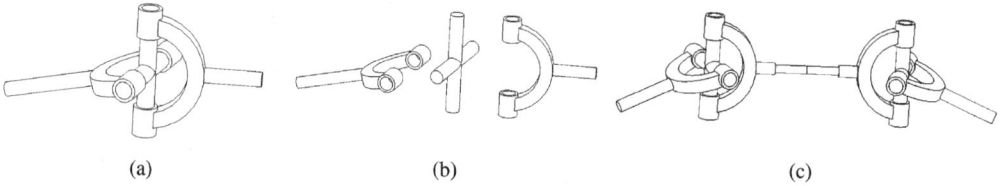

(a)　　　　　　　　(b)　　　　　　　　(c)

图 16-35　万向联轴器

3. 弹性联轴器

1）弹性套柱销联轴器

图 16-36 所示为弹性套柱销联轴器，它的构造与凸缘联轴器相似，只是用套有弹性套的柱销代替了联接螺栓。通过弹性套传递转矩可缓冲减振。这种联轴器结构简单，但弹性套易磨损，用于冲击载荷小，启动频繁的中、小功率传动中。表 16-18 给出了弹性套柱销联轴器的部分规格和尺寸。

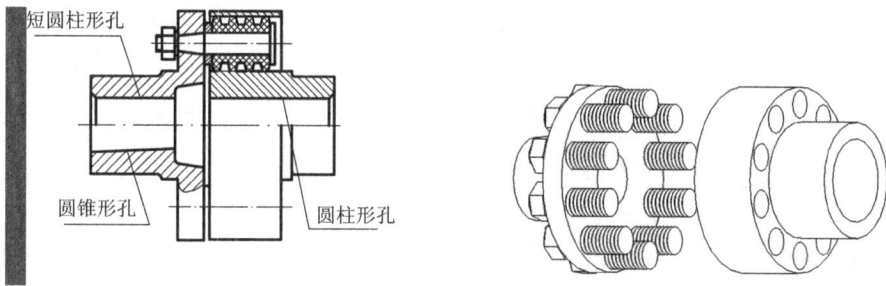

图 16-36　弹性套柱销联轴器

表 16-18　弹性套柱销联轴器（摘自 GB/T 4323—1984）　　mm

标记示例：

TL3联轴器 $\dfrac{ZC16\times30}{JB18\times30}$ GB/T 4323—1984

主动端：Z 型轴孔，C 型键槽，$d_1=16$ mm，$L_1=30$ mm；

从动端：J 型轴孔，B 型键槽，$d_2=18$ mm，$L_1=30$ mm；

1、7—半联轴器；

2—螺母；

3—弹簧垫圈；

4—挡圈；

5—弹性套；

6—柱销

型号	公称转矩 T_n/(N·m)	许用转速 n/(r·min^{-1}) 铁	钢	轴孔直径 * d_1,d_2,d_z	轴孔长度 Y型 L	J、J₁、Z型 L_1	L	D	A	b	质量 m/kg	转动惯量 I/(kg·m^2)	径向 Δy	角向 Δa
TL1	6.3	6600	8800	9	20	14		71	18	16	1.16	0.0004	0.2	1°30′
				10, 11	25	17	—							
				12, (14)	32	20								
TL2	16	5500	7600	12, 14				80			1.64	0.001		
				16, (18), (19)	42	30	42							
TL3	31.5	4700	6300	16, 18, 19				95	35	23	1.9	0.002		
				20, (22)	52	38	52							
TL4	63	4200	5700	20, 22, 24				106			2.3	0.004		
				(25), (28)	62	44	62							
TL5	125	3600	4600	25, 28				130			8.36	0.011	0.3	
				30, 32, (35)	82	60	82							
TL6	250	3300	3800	32, 35, 38				160	45	38	10.36	0.026		1°
				40, (42)	112	84	112							
TL7	500	2800	3600	40, 42, 45, (48)				190			15.6	0.06	0.4	
TL8	710	2400	3000	45, 48, 50, 55, (56)				224			25.4	0.13		
				(60), (63)	142	107	142							
TL9	1000	2100	2850	50, 55, 56	112	84	112	250	65	48	30.9	0.20		
				60, 63, (65), (70), (71)	142	107	142							
TL10	2000	1700	2300	63, 65, 70, 71, 75				315	80	58	65.9	0.64	0.5	
				80, 85, (90), (95)	172	132	172							
TL11	4000	1350	1800	80, 85, 90, 95				400	100	73	122.6	2.06		
				100, (110)	212	167	212							
TL12	8000	1100	1450	100, 110, 120, 125				475	130	90	218.4	5.00		0°30′
				(130)	252	202	252							
TL13	16000	800	1150	120, 125	212	167	212	600	180	110	425.8	16.00	0.6	
				130, 140, 150	252	202	252							
				160, (170)	302	242	302							

注：① "＊"栏内带（ ）的值仅适用于钢制联轴器；② 短时过载不得超过公称转矩 T_n 值的2倍；③ 轴孔形式及长度 L、L_1 可根据需要选取；④ 表中联轴器质量、转动惯量是近似值。

2）弹性柱销联轴器

图 16-37 所示为弹性柱销联轴器，这种联轴器与弹性套柱销联轴器很相似，不同的是用弹性柱销（通常用尼龙制成）将两个半联轴器联接起来。为了防止柱销脱落，在半联轴器的外侧，用螺钉固定了挡板。这种联轴器的制造、装配及维护都简单方便，寿命长，可代替弹性套柱销联轴器，但外廓尺寸较大。

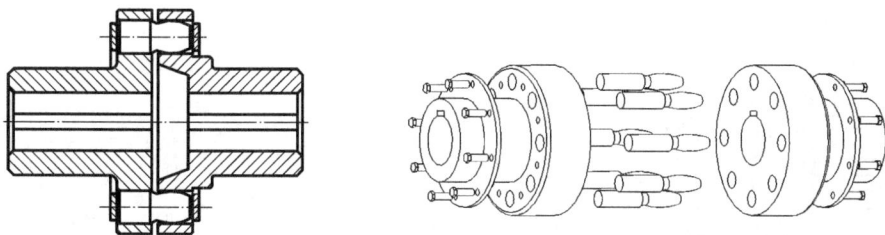

图 16-37　弹性柱销联轴器

4．联轴器的选择

常用联轴器多已标准化，选用时，首先应根据工作条件选择合适的类型，然后再按转矩、轴径及转速选择联轴器的型号、尺寸，必要时应对个别薄弱零件进行强度验算。

1）类型的确定

选择联轴器的类型时，应根据机器的工作特点及要求，结合联轴器的性能选定。

两轴对中精确，轴本身刚度较好时，可选用凸缘联轴器；对中困难，轴的刚性差时，可选用具有补偿偏移能力的联轴器；两轴成一定夹角时，可选用万向联轴器；转速高，要求能吸振和缓冲时，可采用弹性联轴器。

2）型号的确定

类型确定以后，可根据转矩、轴径及转速从有关标准手册中选择型号、尺寸。选择时注意以下几点：

（1）计算转矩不超过所选型号的规定值；

（2）工作转速不大于所选型号的规定值；

（3）两轴径在所选型号的孔径范围内。

联轴器的计算转矩可按下式计算：

$$T_C = KT$$

式中，T 为名义转矩（N·mm）；T_C 为计算转矩（N·mm）；K 为工作情况系数，由手册查取。

16.3.2　离合器

用离合器联接的两轴可在机器运转过程中随时进行接合或分离。对离合器的基本要求是：接合平稳，分离彻底，动作准确可靠；结构简单，外形尺寸小，重量轻；耐磨性好，寿命长并有足够的散热能力。

离合器按其工作原理可分为牙嵌式和摩擦式等类型。牙嵌式离合器利用牙的啮合来传递转矩，摩擦式离合器是利用接合表面之间的摩擦力来传递转矩。

1. 牙嵌式离合器

牙嵌式离合器的结构如图 16-38 所示，它是由两个端面带牙的半离合器组成的。主动半离合器用平键与主动轴联接，从动半离合器用导向键（或花键）与从动轴联接。主动半离合器上安装有对中环，以保证两个半离合器对中。操纵时，通过操纵杆移动滑环，使两个半离合器的牙面嵌入（接合）或分开（分离）。

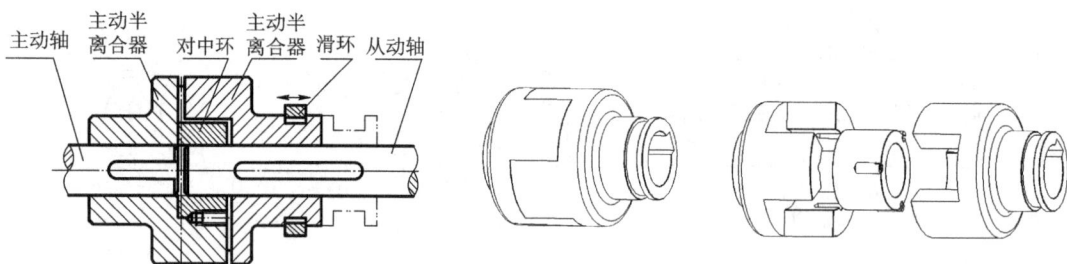

图 16-38　牙嵌式离合器的结构

牙嵌式离合器结构简单，外廓尺寸小。但接合时有冲击，转速差愈大冲击愈严重。为减小齿间冲击、延长齿的寿命，牙嵌式离合器应在两轴静止或转速差很小时接合或分离。

2. 摩擦式离合器

摩擦式离合器是靠摩擦盘接触面间产生的摩擦力来传递转矩的。摩擦式离合器可在任何转速下实现两轴的接合或分离，接合过程平稳，冲击振动较小，有过载保护作用，但尺寸较大，在接合或分离过程中要产生滑动摩擦，故发热量大，磨损较大。

图 16-39 所示为单片摩擦式离合器的工作原理图。在主动轴和从动轴上分别安装了摩擦盘，操纵环可以使摩擦盘沿轴向移动。接合时将从动盘压在主动盘上，主动轴上的转矩即由两盘接触面间产生的摩擦力矩传到从动轴上。

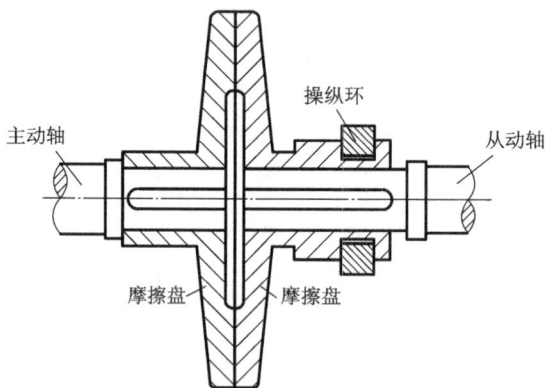

图 16-39　单片摩擦式离合器的工作原理图

思考与练习题

16-1　按承受载荷情况的不同，轴分为哪几种类型？分别举例说明。

16-2　说明轴设计中需要解决的主要问题。

16-3　轴上零件的轴向定位和周向定位有哪些方法，各有何特点？

16-4　按当量弯矩进行轴强度校核的步骤是什么？

16-5　深沟球轴承可以承受一定的轴向载荷，而圆柱滚子轴承一般却不行，为什么？

16-6　选择滚动轴承类型时应考虑哪些因素？

16-7　滚动轴承的组合设计包含哪些内容？

16-8　联轴器和离合器的功用是什么，它们之间有什么区别？

16-9　万向联轴器为何要成对使用？

16-10　有一台水泵，由电动机带动，传递的功率 $P=3$ kW，轴的转速 $n=960$ r/min，轴的材料为 45 钢。试按强度要求计算轴所需的最小直径。

16-11　题 16-11 图示为一电动机通过一级直齿圆柱齿轮减速器带动带传动的简图，已知电动机功率为 30 kW，转速 $n=970$ r/min，减速器效率为 0.92，传动比 $i=4$，单向运转，从动齿轮分度圆直径 $d_2=410$ mm，轮毂长度为 105 mm，采用深沟球轴承。试设计从动齿轮轴。

16-12　解释下列轴承代号：

6309，7208ACJ，30307，51310

16-13　一水泵选用深沟球轴承，已知轴的直径 $d=35$ mm，转速 $n=2900$ r/min，轴承所受径向载荷 $F_r=2300$ N，轴向载荷 $F_a=540$ N，工作温度正常，要求轴承预期寿命 $[L_h]=5000$ h，试选择轴承型号。

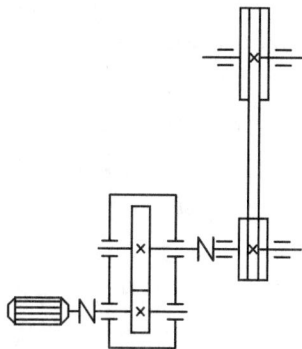

题 16-11 图

16-14　已知某转轴由两个代号为 7207AC 的轴承支承，支点处的径向反力 $F_{r1}=875$ N，$F_{r2}=1520$ N，齿轮上的轴向力 $F_X=400$ N，方向指向轴承 2。轴的转速 $n=520$ r/min，运转中有中等冲击，轴承预期寿命 $[L_h]=3000$ h，试验算轴承寿命。

16-15　某电动机与油泵之间用弹性套柱销联轴器联接，功率 $P=7.5$ kW，转速 $n=970$ r/min，两轴直径均为 42 mm，试选择联轴器型号。

参 考 文 献

[1]　哈尔滨工业大学. 理论力学. 4 版. 北京：高等教育出版社，1988.

[2]　程嘉佩. 材料力学. 北京：高等教育出版社，1994.

[3]　李龙堂. 工程力学. 北京：高等教育出版社，1998.

[4]　张定华. 工程力学. 北京：高等教育出版社，2003.

[5]　濮良贵. 机械零件. 4 版. 北京：人民教育出版社，1982.

[6]　陆金贵. 凸轮制造技术. 北京：机械工业出版社，1986.

[7]　彭国勋，肖正扬. 自动机械的凸轮机构设计. 北京：机械工业出版社，1990.

[8]　申永胜，机械原理教程. 北京：清华大学出版社，1999.

[9]　孙桓，陈作模. 机械原理. 6 版. 北京：高等教育出版社，2000.

[10]　陈立德. 机械设计基础. 北京：高等教育出版社，2000.

[11]　张久成. 机械设计基础. 北京：机械工业出版社，2001.

[12]　胡家秀. 机械设计基础. 北京：机械工业出版社，2001.

[13]　孙宝宏. 机械基础. 北京：化学工业出版社，2002.

[14]　张策. 机械原理与机械设计. 北京：机械工业出版社，2004.

[15]　贺敬宏，宋敏，机械设计基础. 西安：西北大学出版社，2005.

[16]　李伟光. 现代制造技术. 北京：机械工业出版社，2001.

[17]　张世琪，李迎，孙宇，等. 现代制造引论. 北京：科学出版社，2003.